航空力学の基礎
（第3版）

牧野 光雄 著

産業図書

まえがき

　本書は1980年2月の初版発行から数えて32年，改訂第2版発行から23年が経ちました．この間，多くの読者から「わかりやすい入門書」として好評を頂き，増刷を重ねることができたことは著者にとって望外の喜びです．ここに本書の更なる完成度の向上を目指して改訂第3版を上梓することにしました．

　本書の書名にある「航空力学」とは航空機の飛行に関する力学のことであって，内容的には航空機に働く空気力を取り扱う空気力学と航空機の運動を取り扱う飛行力学とから成ります．しかし，本書では空気力学と飛行力学にとどまらず，飛行機の性能や推進装置の解説にまで及んでいるので「航空工学」に近いものになりました．

　初版のまえがきでも述べたように本書は「飛行に関する原理や現象を説明すること」を目的とし，航空力学をできるだけ分かりやすく解説したものです．今回の改訂ではその点が損なわれないように十分配慮しました．

　このたびの改訂に至った動機は，時代に沿ったコンピュータによる翼の空力計算方法であり，以前から必要を感じていた翼理論に揚力面理論を加えること，さらに飛行機の運動論に不可欠な本格的な運動方程式を導入することでした．揚力面理論と運動方程式はさらに専門的に航空工学を専攻する人を予想して加えた項目で，多少レベルが高いので入門者は飛ばして読んで頂いても，この本の最初の目的は達成できます．

　改訂によってページ数が増えないように各章の最初に入れた口絵写真，標準大気の詳しい計算法，および飛行機の飛行に直接関係のない静的浮力の効果などの解説を削除しました．

　この第3版の刊行を機に本書がこれまで以上に読者諸氏のお役に立てば幸い

です．なお，この改訂版の出版に際し，編集部の鈴木正昭氏に大変なお骨折りをいただきました．心からお礼を申し上げます．

2012 年 4 月

牧野　光雄

目　次

まえがき

第1章　航空機 ·· 1
  1.1　揚力の発生原理 ·· 1
  1.2　航空機の分類 ·· 4
  1.3　推進装置 ·· 6
    演習問題 ·· 10

第2章　空気力学の概要 ·· 11
  2.1　空気力学 ·· 11
  2.2　気体の熱力学的性質 ·· 17
    2.2.1　状態方程式 ·· 17
    2.2.2　状態変化 ·· 18
    2.2.3　内部エネルギー，エンタルピー ·· 20
  2.3　圧縮性と音速 ·· 21
  2.4　粘性と摩擦応力 ·· 24
  2.5　流れ場と連続の式 ·· 27
  2.6　ベルヌーイの定理 ·· 29
  2.7　気流の速度を測定する方法 ··· 34
    2.7.1　ピトー静圧管 ··· 34
    2.7.2　ベンチュリ管 ··· 36
    2.7.3　飛行機の対気速度計 ·· 37
  2.8　渦と循環 ·· 38
    2.8.1　渦線，渦管，渦糸 ··· 41

2.8.2　循環 ··· 42
　2.8.3　渦糸による誘導速度 ··· 43
2.9　圧力分布 ··· 44
2.10　ダランベールの背理とクッタ-ジューコフスキーの定理 ········ 48
2.11　揚力と抗力 ··· 54
2.12　次元解析と相似則 ·· 56
2.13　風　洞 ··· 59
　2.13.1　低速風洞 ·· 60
　2.13.2　高速亜音速風洞 ··· 64
　2.13.3　遷音速風洞 ·· 64
　2.13.4　超音速風洞 ·· 65
　2.13.5　極超音速風洞 ··· 66
　2.13.6　風洞の実例 ·· 67
2.14　大　気 ··· 69
　2.14.1　対流圏と成層圏 ··· 69
　2.14.2　国際標準大気 ··· 71
　演習問題 ·· 74

第3章　翼

3.1　翼の幾何学的構成 ·· 75
3.2　翼の性能の表し方 ·· 80
3.3　薄翼理論 ··· 88
　3.3.1　平　板　翼 ··· 96
　3.3.2　放物線カンバー翼 ·· 96
　3.3.3　反転カンバー翼 ··· 97
3.4　薄翼の数値解析法 ·· 98
3.5　ジューコフスキー翼 ·· 99
　3.5.1　対称ジューコフスキー翼 ··· 102
　3.5.2　一般ジューコフスキー翼 ··· 103
　3.5.3　カルマン-トレフツ翼 ·· 104

3.6 翼型の表し方 ………………………………………………… 104
　3.6.1　NACA 4 字番号翼型 …………………………………… 108
　3.6.2　NACA 5 字番号翼型 …………………………………… 109
　3.6.3　NACA 6 系翼型（6 シリーズ翼型）………………… 110
3.7 翼型の空力特性 ……………………………………………… 112
　3.7.1　摩擦抗力係数 ……………………………………………… 115
　3.7.2　翼型の失速 ………………………………………………… 119
3.8 圧縮性の影響 ………………………………………………… 122
　3.8.1　プラントル‐グラウワートの法則 ……………………… 124
　3.8.2　カルマン‐チェンの法則 ………………………………… 125
　3.8.3　遷音速翼型 ………………………………………………… 130
3.9 誘導抗力 ……………………………………………………… 131
3.10 揚力線理論 …………………………………………………… 136
　3.10.1　誘導抗力最小の翼（楕円翼）………………………… 140
　3.10.2　テーパー翼 ……………………………………………… 143
　3.10.3　捩り下げを付けた翼 …………………………………… 145
3.11 縦横比の影響 ………………………………………………… 146
3.12 揚力面理論 …………………………………………………… 148
3.13 揚力分布と翼端失速 ………………………………………… 157
3.14 後退角の効果 ………………………………………………… 160
3.15 デルタ翼，オージー翼 ……………………………………… 163
3.16 ウイングレット ……………………………………………… 167
3.17 高揚力装置 …………………………………………………… 168
　演習問題 ………………………………………………………… 173

第 4 章　全機に働く空気力 ………………………………… 175
4.1 有害抗力 ……………………………………………………… 175
4.2 全機の抗力係数 ……………………………………………… 176
4.3 空力特性の推定 ……………………………………………… 179
4.4 胴体の抗力係数 ……………………………………………… 182
4.5 遷音速面積法則 ……………………………………………… 183

演習問題 ……………………………………………………………… 187

第5章　安定性と操縦性 ……………………………………………… 189
5.1　力とモーメントの釣合い ………………………………………… 189
5.2　静安定と動安定 …………………………………………………… 193
5.3　飛行機の縦の釣合い ……………………………………………… 195
5.4　縦の静安定 ………………………………………………………… 199
5.5　方向静安定 ………………………………………………………… 206
5.6　上反角効果 ………………………………………………………… 207
5.7　飛行機の動安定 …………………………………………………… 210
　　5.7.1　縦の動安定（1）…………………………………………… 210
　　5.7.2　横の動安定 ………………………………………………… 215
5.8　らせん不安定ときりもみ ………………………………………… 216
5.9　昇降舵の働き ……………………………………………………… 218
5.10　方向舵と補助翼の働き ………………………………………… 221
　　演習問題 …………………………………………………………… 225

第6章　飛行機の運動方程式 ………………………………………… 227
6.1　剛体としての運動方程式 ………………………………………… 227
6.2　慣性モーメントと慣性乗積 ……………………………………… 228
6.3　座標軸の選定 ……………………………………………………… 230
6.4　オイラーの運動方程式 …………………………………………… 231
6.5　微小擾乱法 ………………………………………………………… 232
　　6.5.1　縦の動安定（2）…………………………………………… 232
　　演習問題 …………………………………………………………… 242

第7章　飛行機の性能 ………………………………………………… 243
7.1　水平飛行性能 ……………………………………………………… 243
　　7.1.1　ジェット機の場合 ………………………………………… 243
　　7.1.2　プロペラ機の場合 ………………………………………… 248
7.2　利用パワー ………………………………………………………… 251

  7.2.1　定速プロペラの場合 ································ 252
  7.2.2　固定ピッチ・プロペラの場合 ···················· 253
 7.3　上昇性能 ··· 253
  7.3.1　ジェット機の場合 ································ 253
  7.3.2　プロペラ機の場合 ································ 254
 7.4　滑空性能 ··· 256
 7.5　航続性能 ··· 259
  7.5.1　ジェット機の場合 ································ 259
  7.5.2　プロペラ機の場合 ································ 263
 7.6　離着陸性能 ·· 266
  7.6.1　離陸距離 ··· 266
  7.6.2　着陸距離 ··· 269
 演習問題 ·· 271

第8章　超音速飛行 ·· 273
 8.1　擾乱の伝播 ··· 273
 8.2　超音速流の性質と衝撃波の成因 ················· 275
 8.3　音波と垂直衝撃波 ·································· 278
  8.3.1　音波の場合 ·· 280
  8.3.2　衝撃波の場合 ···································· 282
 8.4　斜め衝撃波 ··· 284
 8.5　超音速機の翼型と翼平面形 ······················· 287
 8.6　空力加熱 ··· 290
 8.7　極超音速飛行 ·· 293
 演習問題 ·· 294

参考図書 ·· 297

索　引 ·· 299

第1章

航空機

1.1 揚力の発生原理

　人が乗って大気中を飛行する乗物を総称して**航空機**（aircraft）という．航空機が空中に浮くためには，その重量を支える浮揚力が必要であり，また空気中を前進するためには，空気抵抗に打ち勝つだけの推進力が必要である．浮揚力には発生原理を異にする**静的揚力**（aerostatic lift）と**動的揚力**（aerodynamic lift）があるので，航空機もそのいずれの浮揚力を利用して飛ぶかで，まず2種類に大別される．静的揚力を利用するものを**軽航空機**（lighter-than-aircraft，略してLTA），動的揚力を利用するものを**重航空機**（heavier-than-aircraft，略してHTA）という．

　静的揚力も動的揚力も流体中にある物体の表面に働く圧力の合力であるが，その発生原因はまったく異なり，静的揚力は「流体に作用する重力」，動的揚力は「流体の運動」に起因する．静的揚力は**静的浮力**とも呼ばれ，これはいわゆるアルキメデスの原理にもとづく浮力であって，軽航空機は**気のう**と呼ばれる気密性のガス袋に水素やヘリウムなど空気より軽いガスを詰め，これに働く空気の静的浮力で空中に浮く．アルキメデスの原理によると，静止した流体中に置かれた物体はその物体と同じ体積の流体の重さに等しい大きさの浮力をうける．したがって，軽航空機が空中に浮くためには，それ自身の重さが気のう中のガスと同体積の空気の重さより軽くなければならない．つまり，軽航空機とは空気より軽い航空機という意味である．

　動的揚力は単に**揚力**（lift）と呼ぶことが多いが，**動的浮力**と呼ぶこともある．

これは物体のまわりを流体が流れるときに生ずる浮揚力で，物体が流体中を運動したり，または物体が流体の流れの中に置かれた場合には，物体の形や流れに対する物体の姿勢に応じて静的浮力のほかにこの動的浮力が働く．浮揚力の名称に「動的」とか「浮力」とかいった用語が使われるのは，軽航空機の一種である飛行船のことを論ずるときに必要になるからである．

飛行船は本来，静的浮力によって浮揚するものであるが，船体の先端を少し上げて飛行方向に対して傾いた姿勢で飛ぶ場合，すなわち迎え角をもって飛ぶ場合には動的な浮力が生じ，これを静的な浮力と区別する必要があるからである．ここで注意しなければならないのは，静的揚力が常に重力と反対の向きに作用するのに対し，動的揚力は流れの方向（あるいは物体の運動方向）に垂直に作用するということである．なお，航空力学では抵抗のことを**抗力**（drag）というが，これは流れの方向（あるいは物体の運動と逆の方向）に作用する．

物体が流体中をある速度で運動するときに物体に作用する揚力や抗力は，物体が静止していて，これに物体の速度と同じ速さの流れが逆向きに当たるときに生ずる揚力や抗力に等しい．揚力や抗力の問題を取り扱うときは，物体を静止させておいてそれに流れが当たると考えた方が都合がよいので，普通はそのように考える．

一様な流れの中に物体が置かれると，その付近の流速は変化するから，当然，物体表面の流速も場所によって変化して，いわゆる速度分布ができる．流れの中の圧力は速度と密接な関係があり，速度の大きいところは速度の小さいところに比べ圧力が低くなるので，速度分布は圧力分布を生ずる．動的揚力というのは，こうして生じた圧力分布が物体の上面と下面とで異なることによって発生する浮揚力である．

翼（wing, airfoil）は最も効果的に動的揚力を発生するように形づくられた物体であって，その断面形すなわち**翼型**（wing section, profile）は，図1.1に示すように上面の湾曲が下面より大きいので，大勢として上面に沿う流速は下面より大きく，前述の理由により翼型まわりの圧力分布は上面の負圧*が大きくなり，全体として下から上に押し上げる力——揚力が発生する．もちろん抗

---

*ある基準の圧力より高い圧力を**正圧**，低い圧力を**負圧**という．いまの場合，基準圧力とは上流の一様流中の圧力をいい，「負圧が大きい」とは，基準圧力からの低下が大きいことである．

力も生ずるが，いまの場合，迎え角（翼弦と称する翼型の基準線が流れの方向となす角）が0であるので，抗力は主として粘性摩擦によるもので，圧力分布から生ずるものは非常に小さい．揚力，抗力，流れの方向の位置関係は図1.2(a)のようになる．揚力は図1.2(c)のように迎え角をつけた平板によっても得られるが，この場合，下面では流れがせき止められる傾向になって正圧となるが，上面の流れは先端で剝がれてしまうため上面で十分大きな負圧が得られず，全体としての揚力は翼型に比べて小さい．凧の揚力はこれである．翼型の優れている点は，図1.2(b)のように迎え角をつけても平板のように簡単に流れが剝離（はくり）せず，より大きな揚力が得られることである．といっても，あまり大きな迎え角をつければ，やはり剝離を起

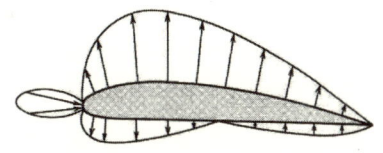

図1.1 翼形まわりの圧力分布（迎え角0°）

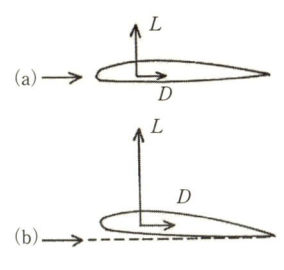

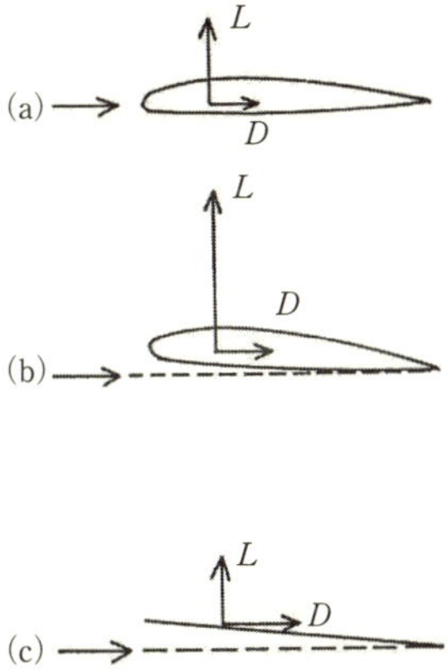

図1.2 翼と平板の比較
（L：揚力，D：抗力）

こして揚力は逆に減じてしまう．これを**翼の失速**という．また，翼型は流線形であるから，迎え角が適当な大きさの範囲では抗力も非常に小さい．結局，翼の働きとしては，揚力はできるだけ大きく，しかしそのときの抗力はなるべく小さいことが望ましい．そこで翼の性能を表す一つの目安として，揚力を抗力で割った値——**揚抗比***（lift/drag ratio）が用いられる．

重航空機はヘリコプターのような回転翼機を含めてすべて翼に働く揚力を利用して飛行していたが，1950年頃から別の原理による浮揚力を利用するものが現れてきた．それは**垂直離着陸**（vertical take-off and landing, 略してVTOL）あるいは**短距離離着陸**（short take-off and landing, 略してSTOL）をするものであって，揚力を発生させる機構は図1.3に示すようにいろいろあるが，原理的にはどれも同じで，噴流の**反動**（reaction）を利用したものである．図1.3(a)はプロペラまたはジェット・エンジンの推進力の方向を変えて，

---

*図1.2には画き表せないが，現在の翼型には揚抗比が100以上に達するものもある．

その全部あるいは一部を揚力として用いるようにしたものであり，図1.3(b)はファンを回転して，上から吸入した空気を下方に加速噴出させたり，圧縮機からの高圧空気を下方に噴出させて，その反動を揚力とするようにしたものである．また，短距離離着陸機には，図1.3(c)に示すごとく離着陸の際にプロペラの後流，あるいはジェット・エンジンの噴流を主翼の後方で大きく下に曲げて揚力の増強をはかるものもある．

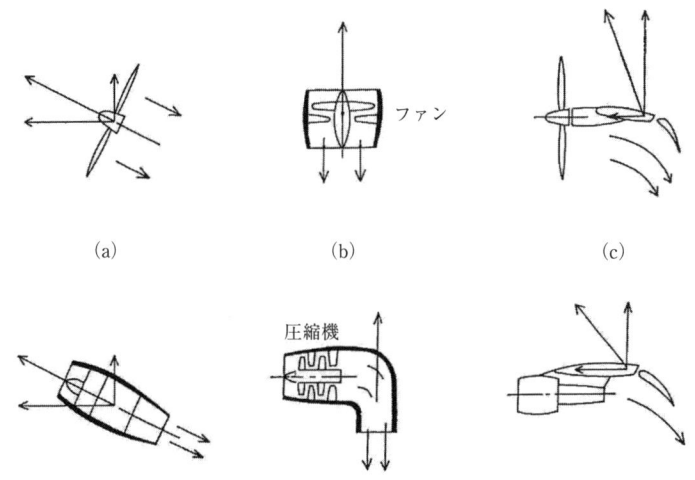

図1.3　V/STOL機の浮揚力の発生機構

1.2　航空機の分類

　航空機は軽航空機と重航空機とに大別されることは最初に述べたとおりであるが，これはさらに次のように分類される．軽航空機は推進装置の有無で分類され，推進装置のないものを**気球**（balloon），推進装置のあるものを**飛行船**（airship）という．

　一方，重航空機をみると，噴流の反動による浮揚力を利用するVTOL機やSTOL機はほんの一部で，ほとんどのものが翼に働く動的揚力を利用して飛行する．そして，これは**固定翼**（fixed wing）をもつものと**回転翼**（rotating wing, rotor）をもつものに分類され，固定翼をもつもののうち，推進装置のないものを**グライダー**（glider），推進装置のあるものを**飛行機**（airplane）と

呼ぶ．回転翼をもつものには，回転翼を原動機で回す方式の**ヘリコプター**（helicopter）と回転翼は風車のように自由回転とし，別に推進用プロペラをもっている**オートジャイロ**（autogyro）がある．噴流の反動による浮揚力も空気の運動でつくられるから，これも動的揚力の一種と考えてもよい．そうすると，「重航空機とは動的揚力を利用して飛行する航空機である」という最初の定義がそのまま成り立つ．そして，ただ重航空機の種類に **V/STOL 機**[*]という項目を設ければよい．以上の分類を図式的にまとめると図 1.4 のようになる．

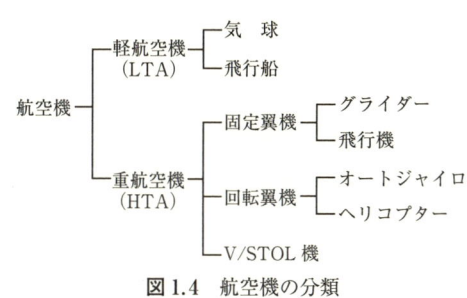

図 1.4 航空機の分類

航空機が飛んでいるとき，これに働く力は，揚力 L，抗力 D，重力 W，推力 T，慣性力 I の 5 種類の力で，これらの力の釣合いのもとに飛行する．図 1.5 は各種航空機に働く力の釣合いの一例を示したものである．なお，慣性力は加速度運動をするときのみ作用する．

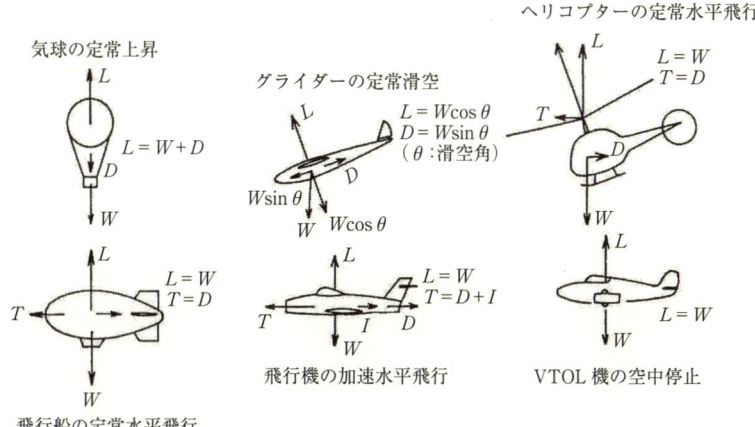

図 1.5 航空機に働く力の釣合い

---

[*] V/STOL 機は，水平飛行では普通の飛行機と同程度の高速で飛ぶことができるものをいい，一般にヘリコプターは V/STOL 機に含めない．

1.3 推進装置

航空機に用いられる推進装置には，ライト兄弟の昔から用いられているプロペラ推進装置と，第2次世界大戦後急速に発達したジェット推進装置とがある．

推進力は普通，**推力**（thrust）と呼び，原理的には噴流の反動である．図1.6は**推進装置**（propulsion device）の概念図であるが，**ロケット**（rocket）以外はすべて前方から流れ込む空気を後方へ加速噴出し，その反動を推力とする装置であって，単位時間に流入する空気の運動量変化は推力に等しい．ロケットは外部から空気を取り入れず，内部で発生するガスを噴出するわけであるが，初速度0のガスを加速すると考えれば，他のものと同じである．ただ，これらのうちでプロペラだけは回転する翼の一種で，それに働く揚力を推力として使っているという見方もでき

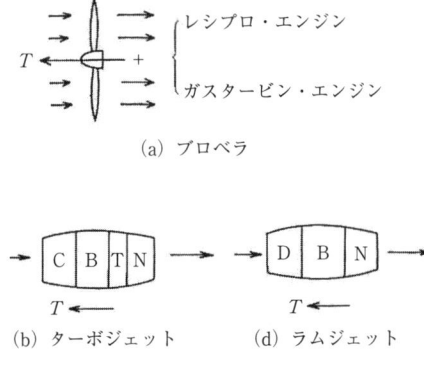

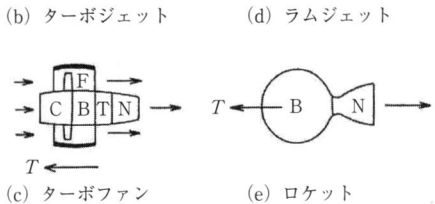

C：空気圧縮機　B：燃焼室　N：ノズル
T：タービン　D：空気圧縮流路
F：ファン

図1.6 航空用推進装置の種類

る．また，図1.6(c)の**ターボファン**（turbofan）は**ターボプロップ**（turboprop，プロペラとガスタービンの組合せ）と**ターボジェット**（turbojet）の中間的な存在であり，図1.6(d)の**ラムジェット**（ramjet）は圧縮機をもたず，前方から流入する空気の押込み圧力（ラム圧）を利用する．圧縮機がないのでタービンの必要もなく，構造は非常に簡単であるが，単独では始動できず，必要なラム圧が得られるまで何らかの方法で航空機を加速してやらなければならない．現用の航空機でロケットおよびラムジェットを使用しているものはない．

プロペラ（propeller，airscrew）は，レオナルド・ダ・ビンチが発明したと

いわれるから非常に古くからある装置である．したがって，航空機の発達の前半期を担ってきた文字通りの原動力であったが，最近はジェット推進装置の方が主流になってきた．プロペラはレシプロ・エンジンまたはガスタービン・エンジンと組合せて用いられ，後者の場合がターボプロップである．プロペラの推力は運動量理論でも説明できるが，図1.7に示すように回転する翼とみて，翼理論でも説明できる．飛行速度を V，プロペラの回転角速度を ω とすると，回転軸から半径 r のところにある翼素にあたる空気速度は

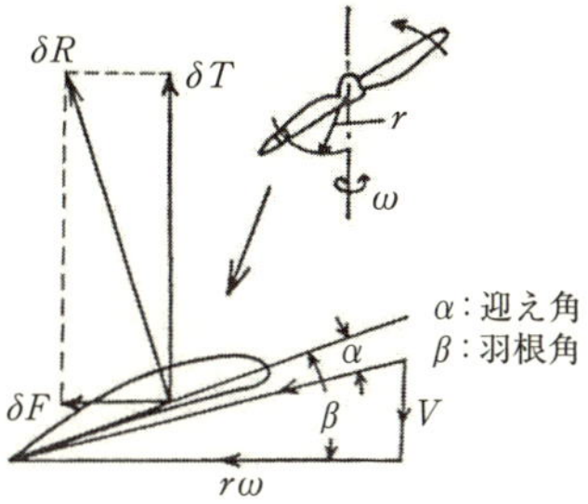

$$\sqrt{V^2 + r^2\omega^2}$$

図1.7 プロペラ翼素理論の概念

となる．そして，推力はこの翼素が飛行機の主翼と同じように迎え角 α をもたなければ生じない．こうして各翼素に働く空気合力 δR の回転軸方向成分 δT の合力が推力となる．

　プロペラにあたる空気速度は飛行速度と回転速度の合速度であるから，当然，飛行速度より大きい．特にプロペラの先端で速度は最も大きくなるから，飛行速度が音速に近くなるとこの部分に超音速が生じ，衝撃波*が発生してプロペラ効率が著しく低下するため，推力に限界ができる．したがって，プロペラを使ってこの速度以上の高速で飛ぼうとすると，非常に大きな馬力のエンジンが必要となり，重量が大きくなる．また，仮にそのようにして飛ばせても，経済性が悪いばかりでなく騒音や振動でいろいろな障害が起こって使いものにはならない．昔はプロペラの翼型をいろいろ変えて衝撃波の発生を遅らせたり，超音速でも使えるように工夫した．このようなプロペラの翼型は必然的に高速機の主翼の翼型に似た翼厚の薄いものとなるが，ジュラルミンでは強度的にも，振動的にも耐えられないので，鋼やチタニウム合金を用いることが考えられた．図1.8

図1.8 超音速プロペラ

---

*空気の流れの中に生じ，圧力の急激な増加を伴う不連続面．p.13参照．

は，このようなプロペラの一つで後退角をつけたものである．しかし，これらのプロペラは実験の域を脱しないうちにジェット・エンジンの実用化の方が進んでしまった．

　ジェット推進（jet propulsion）のうちでもロケットの歴史は大変古く，文献によると13世紀頃，中国では火箭（かせん）と呼ばれるロケットの原理を用いた兵器が用いられた．しかし，ロケットの本格的な研究が始まるのは19世紀に入ってからである．ロケットには，**固体燃料ロケット**と**液体燃料ロケット**がある．航空機用に用いられるものは後者であって，前者に比べて構造は複雑で**ロケット・エンジン**という名称がふさわしい．ロケット・エンジンは燃料の燃焼に必要な液体酸素などの酸化剤を塔載しなければならない．その代わり，大気中から空気を取り入れる必要がないので真空中でも使用することができる．図1.9にロケット・エンジンの構造を示す．燃料と液体酸素は別々にタンクからポンプで送られてくるが，燃料の方はそのまま燃焼室に噴射されず，ノズルや燃焼室を冷却してから噴射される．

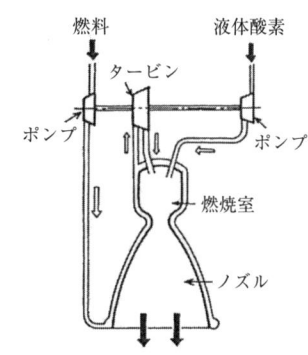

図1.9 ロケット・エンジンの構造

　これに対して，大気中から空気を取り入れなければならないターボジェットやラムジェットの考えはずっと新しく，20世紀に入ってからであり，初めの頃は第2種ロケットなどと呼ばれていた．図1.10はタービンをもつ3種類の推進装置の構造を示したものであるが，いずれもその主要構成部分は空気圧縮機，燃焼室，タービンの三つからなっている．このうち圧縮機とタービンは1本の回転軸で結合され，圧縮機はタービンの発生する動力で回される．飛行中，推進装置の最前部にある空気取入口より取り入れた空気は圧縮機で圧縮して圧力を高め，これを燃焼室に導く．ここで燃料を噴射して燃焼させ，空気に高いエネルギーを与えた後，タービンを通過させる．エネルギーの一部は圧縮機を回すために消費されるが，残りはノズルから噴出するとき運動のエネルギーに変換される．ターボジェットではタービンで吸収されるエネルギーは空気圧縮機を回すに必要な量だけであるが，ターボプロップではほとんどがタービンで吸収され，圧縮機とともにプロペラを回すのに使われる．ターボファン

はターボジェットとターボプロップとの中間的性質をもつ推進装置で，プロペラがファンに置き換えられている．図1.11はラムジェット・エンジンの構造であるが，ターボジェットから空気圧縮機とタービンを取り除いたものと思えばよい．圧縮機はないが，空気は飛行速度と同じ速度で流れ込んでくるから，それ自身の動圧で圧縮される．回転する機械部分がないので構造は非常に簡単であるが，圧縮機をもたないので単独では始動することができず，必要な動圧が得られるまでは何らかの方法（たとえば補助ロケットを用いるなど）で加速してやらなければならない．なお，図に示したラムジェットは超音速用のため空気取入口にショック・コーンを置いて衝撃波で圧縮するが，このほかにもいろいろな取入口の形がある．亜音速用だと拡散形のものが用いられる．

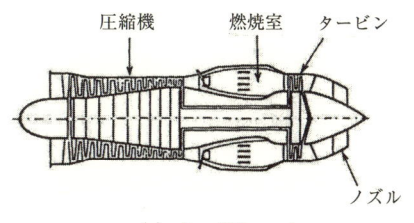

(a) ターボジェット

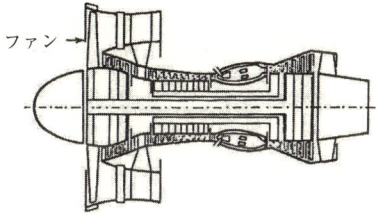

(b) ターボファン

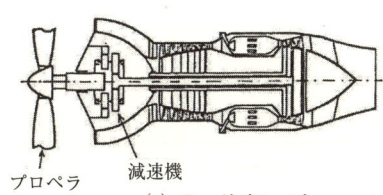

(c) ターボプロップ

図1.10 タービンをもつジェット推進装置

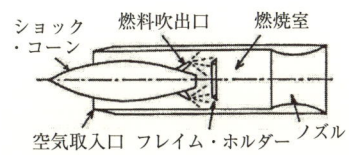

図1.11 ラムジェット・エンジンの構造

演習問題

1. 翼に揚力が発生する理由を説明せよ. (略)
2. 航空機の分類を表す下図の空欄を埋めよ. (略)

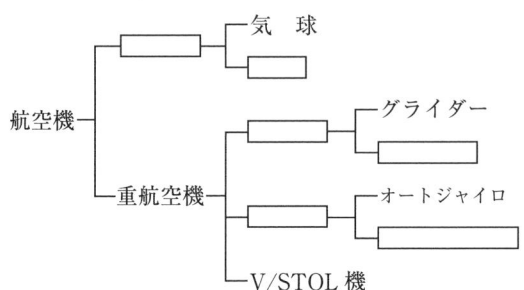

3. 速度 V で飛んでいる飛行機のジェット・エンジンの出す推力 T について考えてみる. ジェット・エンジンに前方から近づいてくる空気の速度は V であるが, この空気はエンジンの中を通過する間にエネルギーが加えられ, 後方に噴出されるときの速度は加速されて V_j となる. 単位時間にエンジンの中を通過する空気の質量を m とすると, 推力 T はどのような式で表されるか. $[T = m(V_j - V)]$
4. 次の各項を簡単に説明せよ. (略)

　　静的揚力　　抗力　　迎え角　　揚抗比　　STOL機

第2章

空気力学の概要

2.1 空 気 力 学

　液体と気体を総称して**流体**（fluid）と呼ぶが，流体の運動およびこれに付随して生じる力，その他の現象について研究する学問分野を**流体力学**（fluid dynamics）という．流体力学のうちでも特に飛行に関する空気の運動を取り扱う分野を**空気力学**（aerodynamics）といい，航空機の進歩とともに急速な発展をとげた．

　静止した空気中を物体が運動すると，その周囲の空気は乱される．この乱れを**擾乱**（じょうらん，disturbance）または**攪乱**（こうらん）と呼ぶが，これは**音速**（sound velocity, speed of sound）で四方に広がっていく．この様子はちょうど池の水面に小石を投げたとき，波が環状に広がっていくのに似ている．音速 a は絶対温度 T の平方根に比例し，$T=288.15\mathrm{K}$（$t=15$℃）に対する空気中の音速は $a=340.3\mathrm{m/s}$ である*

　気体は**圧縮性**（compressibility）があることによって特徴づけられるが，擾乱が音速という有限な速度で空気中を伝わっていくのは実は空気に圧縮性があるためで，圧縮性がなかったならば無限大の速度で伝わるであろう．したがって，物体の運動速度が音速に近くなるほど圧縮性の影響は無視できなくなる．このように気体の圧縮性の影響は音速と密接な関係があって，空気力学では物体の速度あるいは空気の流れの速度を音速で割った値を**マッハ数**（Mach

---

* p.24 参照.

number）といっている．すなわち，速度を V とするとき，マッハ数は

$$M = \frac{V}{a} \tag{2.1}$$

と表される．特に物体の運動の場合，それが飛行機やロケットのような飛行体のときは**飛行マッハ数**（flight Mach number），空気の流れの場合は**流れのマッハ数**（flow Mach number）といって区別することもある．高速度で飛ぶ飛行体の速度を表す場合，一般に速度そのものを用いないで飛行マッハ数で表すことが多いから，このとき音速は速度の単位として用いられているということができる．ただし，後で述べるように大気中の音速は高度によってかなり変化しているので，同じ速度で飛んでいても飛行高度が違うと飛行マッハ数も違ってくる．

第2次世界大戦前は飛行機の速度も亜音速で，そのマッハ数も低かったため，空気力学は主として空気を非圧縮性として取り扱う領域にとどまっていた．しかし，第2次世界大戦（1939年勃発）を境として飛行機の速度は「音の壁」を破って音速以上で飛ぶようになり，ここに**高速空気力学**＊（high speed aerodynamics）と呼ばれる分野が発達してきた．

圧縮性の影響の仕方はマッハ数の大きさによって変わるので，これを基準にして速度を分類する．すなわち，普通，マッハ数0.8以下を**亜音速**（subsonic speed），0.8〜1.2を**遷音速**（transonic speed），1.2以上を**超音速**（supersonic speed）といい，特にマッハ数5以上を**極超音速**（hypersonic speed）という．そして，マッハ数が1に比較して非常に小さいときは圧縮性の影響も小さくなるので，空気を近似的に圧縮性のない流体，すなわち**非圧縮性流体**＊＊（incompressible fluid）として取り扱うことができる．

これとは逆に超音速以上の流れになると，流れの中に擾乱が集積してきて**衝撃波**（shock wave）と呼ばれる圧縮波が形成されるようになる．この衝撃波はマッハ数が1を超えて大きくなると，それとともにますます発達していく．このようにマッハ数が増加すると圧縮性の影響が大きくなるため，流れの性質も大きく変わる．衝撃波については第8章で詳しく説明するとして，図2.1に

＊音速以下でも圧縮性の影響が考慮されるときは，高速空気力学の分野に含まれる．
＊＊非圧縮性流体というのは，流体力学あるいは空気力学上の仮想的な流体であって，実在の流体は気体に限らず液体でも圧縮性がある．

2.1 空気力学

マッハ数1.4で飛んでいる弾丸まわりの**衝撃波**と**流れのパターン**（flow pattern，流れの模様）を示す．空気の圧縮性が原因で生ずる抗力を**造波抗力**（wave drag）というが，衝撃波の発生はこの抗力を著しく大きくする．すなわち，亜音速領域での抗力はほとんど粘性に基づく抗力（摩擦抗力と形状抗力）であるが，遷音速領域に入ると造波抗力が加わり，マッハ数 M に対する抗力係数* C_D の変化を調べると，図 2.2 に示すように造波抗力の占める割合が非常に大きくなることがわかる．

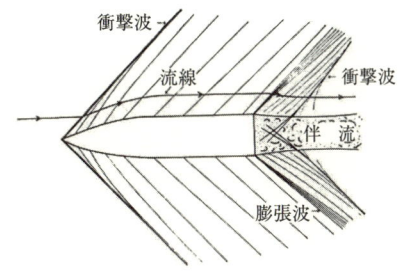

図 2.1 弾丸まわりの衝撃波と流れのパターン

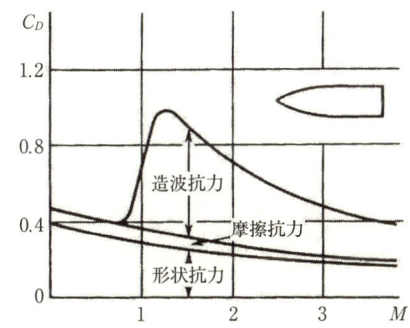

図 2.2 マッハ数による弾丸の抗力係数（底面面積基準）の変化

空気には圧縮性のほかにごくわずかではあるが，**粘性**（viscosity）がある．この世に存在する流体にはみな多かれ少なかれ粘性があるが，物体のまわりの流れの状態や物体に働く力を理論的に調べる場合，粘性を考慮に入れると問題の解法が難しくなるので，粘性のない仮想的な流体を考えることがある．このような流体が**完全流体**（perfect fluid）または**理想流体**（ideal fluid）と呼ばれるものである．粘性を無視した理論によっても，かなりよく実際の現象を説明できる場合があるので重要である．翼の揚力の理論はこの一例である．

「完全流体の一様な流れの中に置かれた物体には抗力が働かない」――これは**ダランベールの背理**（d'Alembert's paradox）である．ダランベールは，その理由を「物体の前方部分に働く圧力は後方部分に働く圧力と釣合うからである」（図 2.3）と説明している．言い換えれば，完全流体には粘性がないので

---

*抗力，速度，空気密度，代表面積（弾丸の場合，最大横断面積）をそれぞれ D, V, ρ, S とするとき，抗力係数は $C_D = D \big/ \left(\frac{1}{2} \rho V^2 S\right)$ で定義される．

摩擦応力が生じないということのほかに，物体表面に働く圧力の合力から求められる抗力が0になってしまうことにある．しかし，**実在流体**［real fluid，＝**粘性流体**（viscous fluid）］の流れの中であると，同じ物体でもそのまわりの流れの状態は完全流体の場合とは異なってくる．特に物体の後部

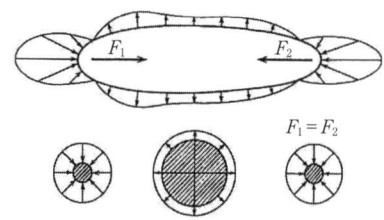

図2.3　完全流体中の抗力に関するダランベールの背理の説明図

における違いが大きく，その付近の圧力分布は完全流体の場合より低くなるので，**摩擦抗力**（friction drag，摩擦応力の合力）を考えに入れないでも，物体の全表面にわたって圧力の合力を求めると抗力が現れる．この抗力は物体の形に依存するので**形状抗力***（form drag）と呼ばれる．完全流体中では，いかなる物体の形状抗力も0だということができる．

　実在流体の流れが完全流体の流れと違ってくる機構について，もう少し詳しく調べてみよう．物体の表面近くを流れる実在流体を考えると，表面に接している流体は粘性のためにそこに付着し，それが原因となって外側の流れは減速される．減速作用は，空気や水のように粘性の小さい流体では，物体の表面から離れるに従って急激に弱まり，その及ぶ範囲は表面近くのごく薄い層の内部に限られてしまう．この層を**境界層**（boundary layer）という．言い換えれば，粘性の影響の及ぶ範囲が境界層である．このため理論においては境界層内の流体のみを粘性流体として取り扱い，その外側を流れる流体は完全流体とみなして差し支えない．

　境界層は物体の先端にはじまり，物体面に沿って下流にいくに従いその厚さを増す．図2.4は一様な流れに平行に置かれた平板上の境界層（厚さ δ は誇張して描いてある）

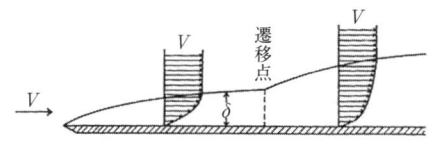

図2.4　平板上の境界層と速度分布

とその内部の速度分布を示したものである．層内の流れは，はじめ秩序正しく滑らかに流れているが，下流のある点で乱れて乱流になるのが普通である．層

---

*圧力抗力の一種で**伴流抗力**と呼ばれることもある．

内の流れが滑らかな部分を**層流境界層**（laminar boundary layer），乱流の部分を**乱流境界層**（turbulent boundary layer）と呼び，移り変わる点を**遷移点**（transition point）という．境界層に覆われた物体の表面は流れの方向に**摩擦応力**（frictional stress）をうけるが，その大きさは層流境界層より乱流境界層の場合の方が大きい．

図 2.5(a) に示すように物体の形状が流れの方向に細長く，滑らかな場合には，境界層の部分を除いて流れの状態は完全流体のものとほとんど同じになる．したがって，形状抗力は非常に小さ

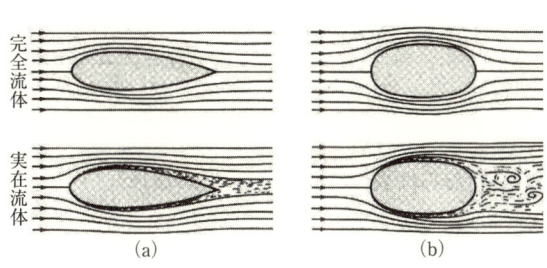

図 2.5　物体形状による流れ場の相異

く，抗力の大部分を摩擦抗力が占める．これに対して，図 2.5(b) のように流れ方向の長さに比べて直角方向の寸法が大きく，ずんぐりした物体の場合には，物体の後部で境界層が剝離して乱流状の**伴流**[*]（はんりゅう，wake，**後流**ということもある）を下流に送り出す．このため物体後部の付近の流れは完全流体の場合とまったく異なったものになるので，形状抗力は著しく大きくなる．形状抗力を減らすためには，物体の形状を流線形にして剝離を起こさないようにすることである．

上に述べたように，一様な流れの中に置かれた物体のまわりには，粘性の影響によって境界層や後流が生じて複雑な流れのパターンができるのであるが，この流れのパターンは同じ物体であっても流体の粘性や密度，流れの速度によって違ってくる．また，粘性や密度，流れの速度が同じであっても物体の大きさ（ただし，形は相似）が異なると違ってくる．いろいろな形の物体について，そのまわりの流れを調べてみると，流れのパターンは次式で定義される**レイノルズ数**（Reynolds number）Re で決まり，幾何学的に相似な物体の場合にはその大きさに関係なく Re 数が同じならば，流れのパターンも同じ（すな

---

[*]静止流体中を物体が動いていくと，その後に物体を追いかけるように流れが生ずる．これが伴流の名のおこりである．

わち相似）になる．

$$Re = \frac{Vl}{\nu} \tag{2.2}$$

ここに，V は一様流の速度（あるいは物体の速度），l はその物体の代表長さ（飛行機ならば翼幅，翼型ならば翼弦長），ν は**動粘性係数**（kinematic coefficient of viscosity）で**粘性係数**（coefficient of viscosity）μ と密度 ρ との比，すなわち $\nu = \mu/\rho$ である．

実は，流れている流体の微小部分——**流体粒子**（fluid particle）に働く慣性力と粘性力の比はレイノルズ数 Re に比例するので，Re の値が小さいときは粘性の効いた流れとなり，大きいときは粘性の効かない，すなわち完全流体の流れに近い流れとなる．マッハ数が圧縮性の影響を表す尺度であったのに対して，レイノルズ数は粘性の影響を表す尺度であり，マッハ数と同様，無次元の量である．レイノルズ数は流れ場全体の流れの状態を規定するものである．しかし，レイノルズ数が大きいからといって，完全流体の流れとまったく同じになるのではなく，粘性は境界層という狭い領域に閉じ込められるだけで，摩擦応力は決して消滅しないということに注意する必要がある．そのうえ，境界層が剥離すれば流れのパターンは完全流体の場合とは大きく違ってくる．なお，図 2.5 で物体の先端のところでは，流れの速度が 0 になる．この点を**よどみ点**［stagnation point，=**岐点**（きてん）］という．

よどみ点の近くでは流れがせき止められて，流体の運動のエネルギーが熱エネルギーに変換される．流れの速度が低く亜音速の場合はあまり問題にならないが，超音速でマッハ数が大きくなると非常に大きな温度上昇を起こし，物体は加熱される．この現象を**空力加熱**（aerodynamic heating）という．生ずる温度はマッハ数の 2 乗で増加し，たとえば成層圏を飛行する場合，マッハ 2 で約 100℃，マッハ 3 で約 300℃ になる．アルミニウムの合金の使用限界は約 155℃ で，これは成層圏飛行でマッハ 2.2 に相当し，これより高いマッハ数ではアルミニウム合金が使えなくなるため，これを「熱の壁」と言っていた．現在ではステンレス鋼，チタニウム合金，その他の耐熱合金を使用している．

極超音速になると，衝撃波は物体の表面に非常に接近し，特に先端付近では衝撃波が境界層に密着し，空気温度が極めて高くなるため，比熱比が変化するので完全気体*（次頁の脚注参照）としての取り扱いができなくなる．マッハ数

がさらに高くなると，空気を構成している分子が高温のために解離（原子に分かれること）や電離（原子がイオン化すること）を起こすため，それまでの空気力学の知識では取り扱えず，**極超音速空気力学**（hypersonic aerodynamics）が生まれた．

以上に述べたのは，程度の差はあっても比較的空気密度の高いところでの話であって，物体が超高空の空気密度の希薄なところを飛ぶときは空気をもはや連続した流体として考えることはできず，空気の分子の運動を統計的に取り扱う**希薄気体力学**（rarefied gasdynamics）によらなければならない．

2.2 気体の熱力学的性質

2.2.1 状態方程式

気体の状態を表す量として，**温度**（temperature），**圧力**（pressure），**密度**（density）があるが，これらの量は**状態量**（quantity of state）と呼ばれる．このほかにも**内部エネルギー**（internal energy），**エンタルピー**（enthalpy），**エントロピー**（entropy）などいろいろな状態量がある．状態量はそれぞれが勝手な値をとるというのではなく，自由な値がとれるのは，これらのうちの任意の二つであって，この二つの値が定まれば残りの状態量は一義的に定まってしまう．すなわち，任意の三つの状態量の間には一定の関数関係があって，この関係式を一般に**状態方程式**（equation of state）という．

空気力学で最も普通に用いられる状態方程式は圧力 p，密度 ρ，絶対温度 T の間に成り立つ次のような方程式であって，**完全気体の状態方程式**（ボイル・シャールの法則）＊と呼ばれる．

$$p = R\rho T \tag{2.3a}$$

絶対温度 T[K] と摂氏の温度 t[℃] の間には

$$T = t + 273.15$$

の関係がある．また，R は**気体定数**（gas constant）であって，気体の種類によって異なる値をとる．実在の気体は常温付近において，ほぼこの式に従って状態変化をするが，厳密にこれに従う気体を仮想して，**完全気体**（perfect

---

＊ボイル・シャールの法則に従う気体をいう．完全流体の「完全」とは意味が違うことに注意．

gas）あるいは**理想気体**（ideal gas）という．

気体定数 R は，その気体の分子量を m とすると

$$R = \frac{\mathscr{R}}{m} \tag{2.4}$$

と書くことができる．ここに $\mathscr{R}$ は**普遍気体定数**（universal gas constant）といい，気体の種類に関係なく一定で，$\mathscr{R} = 8314.3 \mathrm{J/(kg \cdot K)}$ である．空気の場合は平均値として $m = 28.9644$ であるから，その気体定数は $R = 287.053 \mathrm{J/(kg \cdot K)}$ となる．なお，単位質量の気体の占める体積を**比体積**（specific volume）といい，これを v で表すことにすると $v = 1/\rho$ であるから，式（2.3a）は

$$pv = RT \tag{2.3b}$$

と書くことができる．

2.2.2 状態変化

気体の状態変化の仕方は無数にあるが，空気力学において重要なものは，**等温変化**（isothermal change）と**断熱可逆変化**（adiabatic reversible change）である．完全気体の場合，等温変化は式（2.3a），（2.3b）において右辺の温度 T が一定であるから

$$\frac{p}{\rho} = \mathrm{const.} \text{（一定）} \tag{2.5a}$$

$$pv = \mathrm{const.} \tag{2.5b}$$

となる．つまり，密度は圧力に比例し，比体積は圧力に逆比例する．圧力が p_1 のときの密度を ρ_1，比体積を v_1 とすると，これらの式は

$$\frac{p}{p_1} = \frac{\rho}{\rho_1} \tag{2.6a}$$

$$\frac{p}{p_1} = \frac{v_1}{v} \tag{2.6b}$$

と書くこともできる．

ある一定量の均質な気体を考えるとき，これが外部と熱の交換（外部から熱をもらったり，外部へ熱を与えたりすること）なしに状態変化をする場合，**断熱変化**（adiabatic change）という．断熱変化の概念を説明するものとして，図2.6に示すような断熱壁からなるピストン・シリンダー系の気体の状態変化

2.2 気体の熱力学的性質

がある．ピストンを動かして内部の気体を圧縮したり，膨張させたりすると，温度，圧力，密度が変化する．この状態変化は断熱変化である．

一般に摩擦を伴う変化は**不可逆変化**（irreversible change）である．それゆえ，可逆変化というのは変化の理想化したものであり，現実に起こる変化はすべて不

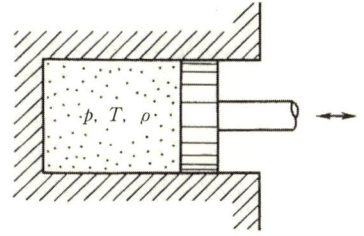

図2.6 断熱壁からなるピストン・シリンダー系の気体の状態変化

可逆であると言える．実在の気体は粘性があるから，考えている気体部分の内部で速度が空間的に変化していると，粘性のために摩擦応力が生じて，運動のエネルギーが熱に変わる．これを**散逸**（dissipation）というが，散逸を伴う気体の状態変化は不可逆変化である．上に述べたピストン・シリンダー系の気体の状態変化の場合，ピストンの速度を極めて小さくすれば，内部の気体に速度の不均一が生じないので散逸は無視することができるが，ピストンの速度を大きくすると速度分布が不均一になって散逸が起こり，不可逆変化となる．実際にはピストンの速度が気体中の音速に比較して小さければ，断熱可逆変化が成り立つと考えてよい．

以上のことからわかるように，結局，断熱可逆変化というのは散逸を伴わない断熱変化，極言すれば，外的にも内的にも熱の供給関係のない変化*のことであって，空気力学，特に高速空気力学においては重要な概念の一つになっている．断熱可逆変化では**エントロピー**と呼ばれる状態量が一定に保たれるので，**等エントロピー変化**（isentropic change）と呼ばれることが多い．

次に，等エントロピー変化の関係式を示しておこう．気体が完全気体であるとすると，等エントロピー変化では圧力 p と密度 ρ の間に

$$\frac{p}{\rho^\gamma} = \text{const.} \tag{2.7a}$$

なる関係式が成り立つ．この式を**ポアソン**の**断熱方程式**（Poisson's adiabatic equation）という．γ は**比熱比**（ratio of specific heats）で，空気の場合は $\gamma = 1.40$ である．式（2.7a）は比体積 v を用いて書くと次のようになる．

---

*このような理由で，断熱可逆変化のことを単に**断熱変化**と呼んでいる人もいる．

$$pv^\gamma = \text{const.} \tag{2.7b}$$

圧力が p_1 のときの密度を ρ_1，比体積を v_1 とすると，式 (2.7a)，(2.7b) は

$$\frac{p}{p_1} = \left(\frac{\rho}{\rho_1}\right)^\gamma \tag{2.8a}$$

$$\frac{p}{p_1} = \left(\frac{v_1}{v}\right)^\gamma \tag{2.8b}$$

と書くこともできる．横軸に v，縦軸に p をとって式 (2.8b) を等温変化の式 (2.6b) とともにグラフに表すと図 2.7 のようになる．

次に，式 (2.7a) と状態方程式 $p = R\rho T$ から ρ を消去すると，圧力 p と温度 T との関係式

$$\frac{p}{T^{\gamma/(\gamma-1)}} = \text{const.} \tag{2.9a}$$

あるいは

$$\frac{p}{p_1} = \left(\frac{T}{T_1}\right)^{\gamma/(\gamma-1)} \tag{2.9b}$$

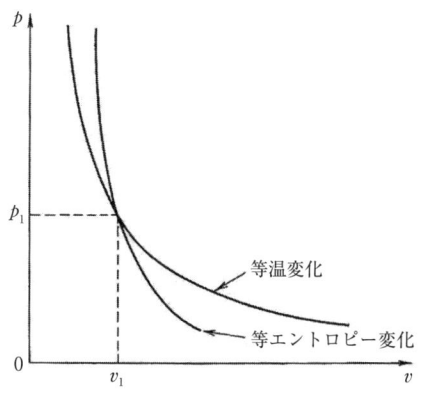

図 2.7 等温変化と等エントロピー変化

が得られ，p を消去すると，密度 ρ と温度 T との関係式

$$\frac{\rho}{T^{1/(\gamma-1)}} = \text{const.} \tag{2.10a}$$

あるいは

$$\frac{\rho}{\rho_1} = \left(\frac{T}{T_1}\right)^{1/(\gamma-1)} \tag{2.10b}$$

が得られる．

2.2.3 内部エネルギー，エンタルピー

気体は分子の集合体（0℃，1 気圧において空気の 1cm^3 中には 2.69×10^{19} 個の分子がある）で，各分子は熱運動をしているから運動エネルギーをもち，また分子間力により蓄えられたポテンシャル・エネルギーもある．これらのエネルギーの全分子についての総和が**内部エネルギー**である．気体の単位質量当た

りの内部エネルギーを e で表すと，これは一般に絶対温度 T と比体積 v の関数であるが，完全気体の場合は熱運動のエネルギーだけであるので，絶対温度 T のみの関数となる．そして，熱力学の理論によると，定積比熱 c_v（体積一定のもとに測られた比熱）を使って $e = c_v T$ と表される．

内部エネルギーとともに重要な状態量の一つとして**エンタルピー**があるが，これは単位質量当たりのものを i で表すと，次のように定義される．

$$i = e + pv = e + \frac{p}{\rho} \tag{2.11}$$

完全気体の場合には状態方程式 $p/\rho = RT$ からわかるように，i も T のみの関数であって，定圧比熱（圧力一定のもとに測られた比熱）を c_p とすると $i = c_p T$ と表される．

式 (2.11) と状態方程式，それに e および i の絶対温度表示を用いると

$$c_p - c_v = R \tag{2.12}$$

なる関係があることがわかる．空気の場合，$c_v = 717.6 \text{J}/(\text{kg} \cdot \text{K})$, $c_p = 1004.64 \text{J}/(\text{kg} \cdot \text{K})$ である．なお，c_p と c_v との比が**比熱比** γ である．

$$\gamma = \frac{c_p}{c_v} \tag{2.13}$$

状態方程式および式 (2.12), (2.13) を用いると，内部エネルギー，エンタルピーはそれぞれ次のように表すこともできる．

$$e = c_v T = \frac{1}{\gamma - 1} \frac{p}{\rho} \tag{2.14}$$

$$i = c_p T = \frac{\gamma}{\gamma - 1} \frac{p}{\rho} \tag{2.15}$$

2.3 圧縮性と音速

流体には大なり小なり圧縮性がある．たとえば，シリンダーの中に流体を満たして，ピストンにより流体に圧力を加えると，流体は縮んで体積が減少する．シリンダー内の圧力を p から $p + \delta p$ まで δp (> 0) だけ変化させたとき，体積は V から $V + \delta V$ へ δV (< 0) だけ変化したとする．このとき，圧力変化 δp と体積の単位変化 $\delta V/V$ は比例することが知られている．すなわち，比

例定数を K とすると

$$\delta p = -K \frac{\delta V}{V} \tag{2.16}$$

である．右辺の負号は，δp と δV が異符号であるためである．シリンダー内の流体の質量は変化せず，これを M で表すと比体積は $v = V/M$ であるから

$$\delta p = -K \frac{\delta v}{v} \tag{2.17}$$

と書くことができる．δp が限りなく小さくなった極限においてこの式は

$$K = -v \frac{dp}{dv} \tag{2.18a}$$

となる．K を**体積弾性率**（bulk modulus of elasticity）という*．密度と比体積との間には $\rho = 1/v$ の関係があるから

$$\frac{dp}{dv} = \frac{dp}{d\rho} \frac{d\rho}{dv} = -\frac{dp}{d\rho} \frac{\rho}{v}$$

したがって，式 (2.18a) は密度 ρ を使って

$$K = \rho \frac{dp}{d\rho} \tag{2.18b}$$

と表すこともできる．

K の値は液体で $(1.2 \sim 5) \times 10^{-9}$ Pa，気体では状態変化の仕方により異なり，等温変化の場合，式 (2.5a) から

$$p/\rho = \text{const.}$$

よって

$$\left(\frac{dp}{d\rho} \right)_T = \frac{p}{\rho}$$

それゆえ

$$(K)_T = p \tag{2.19}$$

等エントロピー変化の場合，式 (2.7a) から

$$p/\rho^\gamma = \text{const.}$$

$$\left(\frac{dp}{d\rho} \right)_S = \gamma \frac{p}{\rho} \tag{2.20}$$

---

*体積弾性率の逆数 $\beta = 1/K$ を**圧縮率**（compressibility）という．

それゆえ
$$(K)_S = \gamma p \tag{2.21}$$
となる．これらの結果からわかるように，気体の体積弾性率は圧力にのみ依存する．なお，上式において添字 T および S はそれぞれ温度 T が一定，エントロピー S が一定での状態変化であることを示す．

2.1節で流れの状態に及ぼす圧縮性の影響はマッハ数 M の大きさに依存することを述べたが，ここで，この点について定量的な証明をしておきたい．図2.8に示すように，一様な速度 V で流れている完全流体の流れの中に滑らかな形状の

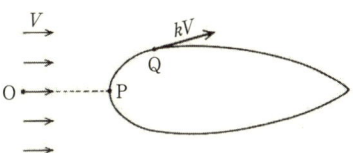

図2.8 滑らかな物体表面にできるよどみ点Pと最大速度の点Q

物体を置いた場合を考える．物体から十分遠く離れたところの流速は V であるが，物体の近くでは場所によって速度は変化している．たとえば物体の先端Pでは流れがせき止められて速度は0であり，少し下流の点Qでは速度が最大で V の k 倍になっているとする．V で一様に流れているところの圧力を p_∞，点Pおよび点Qでの圧力をそれぞれ p_0, p とする．上流の点Oから点Pへ至り，さらに点Qを通って流れる流れに対しては2.6節で述べるベルヌーイの定理が適用できるので，三つの点O，P，Qにおける速度と圧力の間に次式が成り立つ．

$$\underbrace{p_\infty + \frac{1}{2}\rho V^2}_{\text{点O}} = \underbrace{p_0}_{\text{点P}} = \underbrace{p + \frac{1}{2}\rho(kV)^2}_{\text{点Q}} \tag{2.22}$$

この式は流体を非圧縮性，すなわち $\rho = \text{const.}$ とした場合であるが，物体まわりの流れにどの程度の圧力変化が生ずるかを見積るには第1近似として十分使えるものである．流れの中に生ずる圧力としては，p_0 が最大であり，p が最小である．その圧力差は上式より

$$p_0 - p = \frac{k^2}{2}\rho V^2 \tag{2.23}$$

となる．したがって，物体まわりに生じる圧力変化 Δp は ρV^2 の程度である．すなわち

$$\Delta p \sim \rho V^2 \tag{2.24}$$

この圧力変化により生ずる密度の単位変化 $\Delta \rho / \rho$ は式（2.18b）より

$$\frac{\Delta \rho}{\rho} = \frac{\Delta p}{K} \sim \frac{\rho V^2}{K} \tag{2.25}$$

気体の流れの場合，等エントロピー変化であるとすると，K は式（2.21）で与えられるから

$$\frac{\Delta \rho}{\rho} \sim \frac{\rho V^2}{\gamma p} \tag{2.26}$$

第8章で述べるように音が伝播する場合の状態変化は等エントロピー変化で音速は式（8.16）で与えられ

$$a = \sqrt{\left(\frac{dp}{d\rho}\right)_S} \tag{2.27}$$

である．式（2.20）を使うと

$$a = \sqrt{\gamma \frac{p}{\rho}} \tag{2.28}$$

よって式（2.26）は

$$\frac{\Delta \rho}{\rho} \sim \frac{V^2}{a^2} = M^2 \tag{2.29}$$

これで流れている気体の密度変化は流れのマッハ数の2乗程度で生じることがわかった．

さて，式（2.28）に状態方程式（2.3a）を用いると

$$a = \sqrt{\gamma R T} \tag{2.30}$$

が得られる．空気の場合，$\gamma = 1.40$，$R = 287 \text{J/(kg·K)}$ である．15℃，すなわち288.15Kにおける音速を計算すると，$a = 340.3 \text{m/s}$ となる．

2.4 粘性と摩擦応力

粘性というのは流体がせん断変形をうけたとき，内部摩擦によって抵抗する性質である．弾性体の変形に対する抵抗が変形の大きさに依存するのに対して，流体の場合は変形速度の大きさに依存する．そして，その抵抗——**摩擦抗力**は以下に示す簡単な法則に従う．

2.4 粘性と摩擦応力

図 2.9(a)のように 2 枚の平行で滑らかな平板の間に流体を満たし,下側の平板は固定して上側の平板を一定の速度 U でその内面方向に動かすものとする.板面に接している流体は粘性のためにそこに付着するから,平板の間の流体の速度は図に示すように下面の O から上面の U まで直線的に変化する.いま,上下面の間隔を h とし,下面から垂直上方に距離 y を測ると,距離 y における流体の速度 u は

$$u = \frac{U}{h} y \tag{2.31}$$

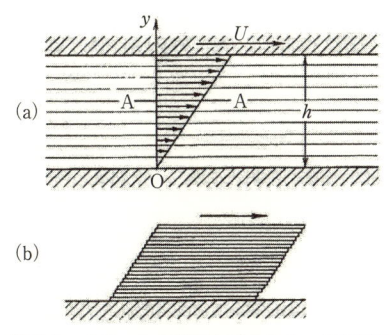

図 2.9 クエットの流れと重ねたカードの類似

で与えられる.このように速度分布が直線的である流れを**クエットの流れ**(Couette's flow)という.また,速度の変化割合 U/h を**速度勾配**(velocity gradient)という.

速度 U で動いている上側の平板には抗力が働くが,平板の単位面積当りに働く抗力——**摩擦応力**を τ で表すことにすると,τ は速度勾配に比例することが実験でわかっている.すなわち

$$\tau = \mu \frac{U}{h} \tag{2.32}$$

と表すことができ,比例定数 μ が**粘性係数***である.もちろん,下側の平板には上側の平板とは反対の向きに同じ大きさの摩擦応力が働く.

式 (2.32) は平板の間の流体をこれに平行な多くの流体の層に分割し,各層に適用することによって一般化することができる.図 2.9(b) は分割した流体層の流れを模型化したもので,積み重ねたカードをずり滑らせるのに似ている.いま,流体層の一つ,たとえば図 2.9(a) で断面 A-A にある層を考える.この層の厚さは極めて薄く,δy であるとすると,この層の上面に接している層と下面に接している層の相対速度もまた極めて小さくなり,これは δu と表される.したがって,この層に式 (2.32) を適用すると

***粘性率**または**粘度**ともいう.

$$\tau = \mu \frac{\delta u}{\delta y} \tag{2.33}$$

となり，この τ は断面 A-A の上側の流体と下側の流体との間に働く摩擦応力であると理解することができる．比 $\delta u/\delta y$ は考えている流体層の位置での局所的な速度勾配であるが，いまの場合，平板間の流体の速度分布が直線的であるから，局所的な速度勾配 $\delta u/\delta y$ は全体の速度勾配 U/h に等しい．

流体が物体表面を流れると境界層ができるが，境界層内での摩擦応力に対しても式 (2.33) と同じ式が成り立つ．ここで注意しなければならないのは，いままで述べてきた摩擦応力の法則はすべて層流に対してのみ有効であるということである．つまり，乱流境界層に対しては適用できないわけである．ところで，境界層内の速度分布はクエットの流れのような直線的なものではなく，図 2.10 に示すように物体表面から垂直方向に測った距離 y に対して速度 u は曲線的に変化している．このような曲線を**速度プロファイル**（velocity profile）と呼び，速度 u は y の関数として $u(y)$ のように表される．関数 $u(y)$ の具体的な形についてはここでは述べないが，これが与えられれば，物体表面から y だけ離れた断面 A-A における摩擦応力 τ は式 (2.33) で $\lim_{\delta y \to 0} \delta u/\delta y$ とした極限，すなわち微分係数 du/dy を用いて次式で与えられる．

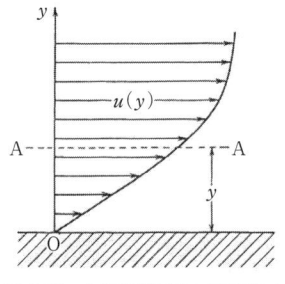

図 2.10 層流境界層の速度分布

$$\tau = \mu \frac{du}{dy} \tag{2.34}$$

この式はニュートンによって与えられたので，**ニュートンの摩擦法則**（Newton's law of friction）として知られている．物体表面における摩擦応力を τ_0 で表すと，これは

$$\tau_0 = \mu \left(\frac{du}{dy} \right)_{y=0} \tag{2.35}$$

で求められる．速度勾配 du/dy は物体の表面で大きく，境界層の厚さを δ とすると，$y = \delta$ のところで実質的に 0 になる．

摩擦応力の法則は，物体表面に接している流体は表面に対する相対速度が 0 であるという条件のもとに成り立っている．これは「滑りなしの条件」と言わ

れているが，完全流体あるいは希薄気体を除いて，普通の流体はすべてこの条件を満足する．

最後に気体の粘性係数の公式を示しておこう．

$$\frac{\mu}{\mu_0} = \left(\frac{T}{T_0}\right)^{\frac{3}{2}} \cdot \frac{T_0 + C}{T + C} \tag{2.36}$$

このように気体の粘性係数は温度の関数であって，**サザーランドの公式**（Sutherland's formula of viscosity）と呼ばれる．μ_0 は絶対温度 T_0 における粘性係数，C は気体の種類によって定まる定数で，国際標準大気では空気に対して $C = 110.4$K という値が用いられている．また，空気の μ_0 の値として，$T_0 = 288.15$K（$= 15$℃）における値 $\mu_0 = 1.7932 \times 10^{-5}$ Pa·s を用いる．

2.5 流れ場と連続の式

流体が流れている空間を**流れ場**（flow field）という．流れ場の各点における流れの状態，すなわち各点における速度，圧力，密度，温度などが時間的に変化しない流れを**定常流**（steady flow），時間とともに変化する流れを**非定常流**（unsteady flow）という．しかし，観測の仕方で同じ流れ場が定常にも非定常にもなる場合がある．たとえば，無風状態の大気中を飛行機が一定の速度（亜音速とする）で飛んでいるときを考えてみる．まず，地上の1点から空気の運動を観測する場合，飛行機の前方の空気に着目すると，はじめはほとんど動かないが，飛行機が近づくにつれて運動を始め，飛行機の通過中に最も激しい運動をする．すなわち，この場合は空気の運動が時間とともに変化するから非定常流である．一方，飛行機に乗っている人から空気の運動を観測すると，前方の空気は飛行機に向かって一定の速度で流れてきて，翼や胴体のまわりの流れは常に同じであると観測される．この場合，空気の流れは定常流となる．

流れ場の様子を直観的に表す方法として**流線**（stream line）があり，すでに本章のはじめでも流線図を使っているが，この概念は非常に重要であるので，正確な定義を述べておく必要がある．ある瞬間に流れ場の各点における速度の方向を小さな矢印で表してみる．このような矢印は無数に書けるが，これらの矢印をつないでみると図 2.11 (a) のように流れ場の中に多くの曲線ができる．この曲線を流線という．もっと厳密に言うならば，その曲線上の各点にお

ける接線がその点における速度ベクトルの方向と一致するような曲線である［図2.11(b)］．非定常流では特別な場合を除いて流線は時間とともに変形するが，定常流では変形しない．また，定常流では**流体粒子**（流体の微小部分）が流れていく道筋と流線とは一致するが，非定常流では一般に一致しない．

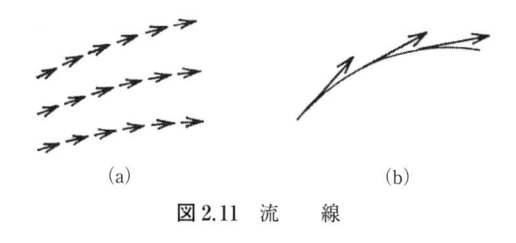

図2.11 流　　線

本節のはじめに同一の流れ場でも観測の仕方によって定常流にも非定常流にもなる場合があると述べたが，これなども流線を使えばその違いが一目瞭然となる．先の説明では，わかりやすいように飛行機のまわりの流れを例にとったが，飛行機の代わりに流線形の物体で置き換えた場合の流線を図2.12に示す．ただし，この図は完全流体の場合である．

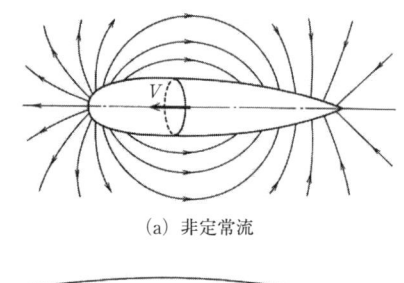

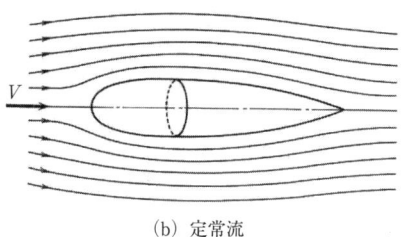

(a) 非定常流

(b) 定常流

図2.12 観測の仕方による流れ場の相異

流線に関連して重要なものに流管がある．図2.13(a)のように定常な流れ場の中に一つの閉曲線 C を考えると，その曲線の各点を通る流線で囲まれた1本の管をつくることができる．これを**流管**（stream tube）という．流線の定義からわかるように，流管の側壁を横切って流体が流れることはない．もしそのようなことがあったとしたら，そこで流線が交差しているか，分岐しているかのいずれかになり，これはその点で速度が二つあることになって矛盾が生

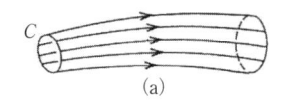

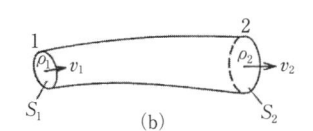

図2.13 流管と連続の式の説明図

じる．結局，1本の流管内を流れている流体は最後までその流管内を流れてい

き，決して外へ流れ出たり，外から流れ込んだりすることはない．この意味では流管の側壁を固体壁と考えても差し支えない．

いま，1本の流管を考え [図2.13(b)]，この流管に沿うある断面1（流管に直角）における断面積をS_1，その断面における平均流速をv_1とすると，この断面を単位時間に通過する流体の体積はv_1S_1である．よって，この断面における流体の密度をρ_1とすると，単位時間にS_1を通過する流体の質量，すなわち**質量流量**（mass flux, mass flow, ＝**質量流束**）は$\rho_1v_1S_1$となる．同様に，この流管の他の断面2における流量は$\rho_2v_2S_2$となる．流れが定常であると，断面1と断面2の間にある流体の質量は時間的に変わらないから，断面1を通過していま考えている流管部分へ流れ込む流量$\rho_1v_1S_1$と，断面2を通過して流れ出る流量$\rho_2v_2S_2$は等しくなければならない．すなわち

$$\rho_1v_1S_1 = \rho_2v_2S_2 \tag{2.37a}$$

が成り立つ．これを**連続の式**（continuity equation）という．連続の式は物理学でいう質量保存の法則の流体運動への適用にほかならない．

流体が非圧縮性である場合は$\rho_1 = \rho_2$であるから，式（2.37a）は

$$v_1S_1 = v_2S_2 \tag{2.37b}$$

となる．この式から非圧縮性流体の流れでは，流管の断面積の小さいところでは流速が大きく，断面積の大きいところでは流速が小さいことがわかる．このことから流線図において流線間隔の密なところは流速が大きく，粗なところは小さいこともわかる．上の2式 (2.37a) および (2.37b) は，ある特定の断面1, 2について書いたものであるが，流量は流管に沿ったどの断面についても同じ（一定）であることを考えると，ある任意な断面の断面積をS, そこでの平均速度および密度をvおよびρとすると

$$\rho vS = \text{const.（一定）} \tag{2.38a}$$

が成り立つ．そして，流体が非圧縮性であれば

$$vS = \text{const.} \tag{2.38b}$$

2.6 ベルヌーイの定理

この定理は完全流体の定常流において，1本の流線または細い流管に沿う速度と圧力の関係を与えるものである．連続の式が流体運動における質量保存の

法則であるのに対して，ベルヌーイの定理は流体運動におけるエネルギー保存の法則である．

流体を非圧縮性として，その密度を ρ，1本の流線（または細い流管）に沿うある点の圧力を p，流速を v，水平な基準面から測ったその点の高さを h（図2.14），重力の加速度を g とすると，この流線（または流管）に沿って

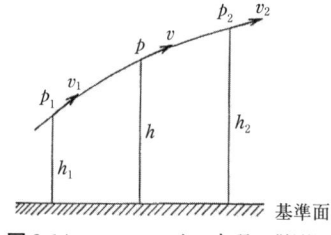

図2.14 ベルヌーイの定理の説明図

$$p + \frac{1}{2}\rho v^2 + \rho gh = \text{const.} \tag{2.39}$$

なる式が成り立つ．これが**ベルヌーイの定理**（Bernoulli's theorem）あるいは**ベルヌーイの方程式**（Bernoulli's equation）と呼ばれるものである．右辺の const. は左辺の三つの量の和が1本の流線上で一定であることを表しており，const. の値は一般に流線が違えば異なった値をとる．しかし，流れの状態が上流において一様であるときは，すべての流線について const. の値は同じになる．次に，ベルヌーイの方程式 (2.39) を導いてみよう．

1本の細い流管に沿う二つの断面1と2の間にはさまれた流体について考えると，断面1の上にある流体は微小時間 dt ののちには $v_1 dt$ だけ進んで断面 $1'$ に，断面2の上にある流体は $v_2 dt$ だけ進んで断面 $2'$ にくる（図2.15）．

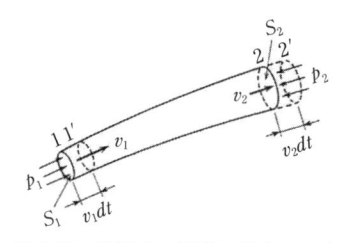

図2.15 流管内の流体に対するエネルギー保存の法則の適用

エネルギー保存の法則によると，仕事とエネルギーは等価であって，ある系が仕事をされるとその系のエネルギー（運動エネルギー，位置エネルギー，内部エネルギー）は増加する．いまの場合，断面1では考えている流体部分に $p_1 S_1$ なる合圧力が働いて $v_1 dt$ だけ変位するから，この断面では $p_1 S_1 v_1 dt$ の仕事をされる．一方，断面2では合圧力 $p_2 S_2$ に逆らって $v_2 dt$ だけ変位するから，$p_2 S_2 v_2 dt$ の仕事をすることになる．なお，流管の側面に働く圧力は圧力の方向への変位がないので仕事は0である．したがって，断面1，2間の流体がなされる正味の仕事は

2.6 ベルヌーイの定理

$$p_1 S_1 v_1 dt - p_2 S_2 v_2 dt \tag{2.40}$$

ということになる．この仕事のために考えている流体のエネルギーは断面 $1'$ と $2'$ の間へ移る間に増加する．定常流の場合には，断面 $1'$ と断面 2 の間の流れの状態は時間的に変わらないから，このエネルギーの増加は断面 2-$2'$ の部分の流体のエネルギーと断面 1-$1'$ の部分の流体のエネルギーの差に等しい．

流れている流体を非圧縮性としているから，断面 1 と 2 の間には連続の式 (2.37b) が成り立つ．流体の密度を ρ として，この連続の式の両辺に ρdt を乗じると左辺の $\rho S_1 v_1 dt$ は 1-$1'$ 部分の流体の質量，右辺の $\rho S_2 v_2 dt$ は 2-$2'$ 部分の質量となり，この二つの部分の質量が等しいことを示しているから，これを dm で表すことにする．すなわち

$$\rho S_1 v_1 dt = \rho S_2 v_2 dt = dm \tag{2.41}$$

で，これを使うと正味の仕事を表す式 (2.40) は

$$\frac{p_1}{\rho} dm - \frac{p_2}{\rho} dm = \frac{p_1 - p_2}{\rho} dm \tag{2.42}$$

のように書くことができる．

次に，上の二つの流体部分のもつエネルギーについて考えてみる．非圧縮性流体の場合は質点の力学や剛体の力学におけると同じような力学的なエネルギーだけを考えればよい*．まず，1-$1'$ 部分の運動エネルギーは $\frac{1}{2} v_1^2 dm$，位置エネルギーは $gh_1 dm$ であるから，全エネルギーは $\left(\frac{1}{2} v_1^2 + gh_1\right) dm$ となる．同様に 2-$2'$ 部分の全エネルギーは $\left(\frac{1}{2} v_2^2 + gh_2\right) dm$ である．よって，エネルギーの増加は

$$\left(\frac{1}{2} v_2^2 + gh_2\right) dm - \left(\frac{1}{2} v_1^2 + gh_1\right) dm \tag{2.43}$$

で，これが正味の仕事に等しい．すなわち，式 (2.42) と式 (2.43) を等置して両辺を dm で割り，その結果を整理すると

$$p_1 + \frac{1}{2} \rho v_1^2 + \rho gh_1 = p_2 + \frac{1}{2} \rho v_2^2 + \rho gh_2 \tag{2.44}$$

が得られる．この関係式は細い流管（または流線）に沿うどんな二つの断面の

---

*非圧縮の完全流体の断熱流れでは内部エネルギー e は一定である．すなわち，温度一定で流れる．エネルギーの式の中で一定値の項は，式の運用にあたっては無くともよいので除く．

間にも成り立つから，ある任意の断面については式（2.39）の形に書くことができる．

いま，式（2.44）の左辺の $\rho g h_1$ を右辺に移すと

$$p_1 + \frac{1}{2}\rho v_1^2 = p_2 + \frac{1}{2}\rho v_2^2 + \rho g(h_2 - h_1)$$

となる．気体の場合には密度が小さいので，高さの差 $h_2 - h_1$ が小さいときには，$\rho g(h_2 - h_1)$ を他の項に比較して無視することができるから，空気力学では

$$p_1 + \frac{1}{2}\rho v_1^2 = p_2 + \frac{1}{2}\rho v_2^2 \tag{2.45}$$

を使えば十分である．この式から流線上の任意の点に対する式をつくると

$$p + \frac{1}{2}\rho v^2 = \text{const.} \tag{2.46}$$

となる．この式によれば，流速の大きいところは圧力が低く，流速の小さいところは圧力が高くなることがわかる．

流れの中に物体が置かれた場合，その先端はよどみ点になるので，そこの流速は0となる．いま，よどみ点の圧力を p_0 とし，この点に達する流線について式（2.46）を適用すると

$$p + \frac{1}{2}\rho v^2 = p_0 \tag{2.47}$$

となる．この式は流れをせき止めると圧力が $\frac{1}{2}\rho v^2$ だけ大きくなることを示している．$\frac{1}{2}\rho v^2$ は流体が運動しているために生じる圧力であるので，これを**動圧***（dynamic pressure）と呼ぶ．これに対して p を**静圧**（static pressure）という．動圧と静圧の和は**総圧**（total pressure，＝**全圧**）と呼ばれ，その値は**よどみ点圧**（stagnation pressure，＝**岐点圧**）に等しい．これらの用語を用いると式（2.47）の形に表されたベルヌーイの定理は，1本の流線に沿って静圧と動圧の和は一定であって，その一定値 const. はよどみ点圧 p_0 に等しいことを述べている．なお，実際によどみ点をもたない流線に対しても，その流線上の速度を0にしたと仮定すれば p_0 の圧力を生ずるわけであるから，現実に

---

*動圧を q なる記号で表すことがある．すなわち，$q = \frac{1}{2}\rho v^2$．

2.6 ベルヌーイの定理

よどみ点をもたない流線やまったくよどみ点の現れない流れ場の流線に対してもよどみ点圧を定義することができる．

以上は非圧縮性流体の場合であるが，**圧縮性流体**（compressible fluid）の場合のベルヌーイの定理*は次のように導くことができる．この場合は流体のエネルギーに内部エネルギー（e）を含めなければならない．すなわち，式(2.43)の二つのカッコの中にそれぞれ e_1, e_2 を加えると

$$\left(\frac{1}{2}v_2^2 + e_2 + gh_2\right)dm - \left(\frac{1}{2}v_1^2 + e_1 + gh_1\right)dm \qquad (2.48)$$

他方，式(2.41)の代わりに連続の式(2.37a)から得られる

$$\rho_1 S_1 v_1 dt = \rho_2 S_2 v_2 dt = dm \qquad (2.49)$$

を用いる．したがって，式(2.42)に相当する式は

$$\left(\frac{p_1}{\rho_1} - \frac{p_2}{\rho_2}\right)dm \qquad (2.50)$$

となる．非圧縮性流体のときと同様に式(2.48)と式(2.50)を等置すると

$$\frac{1}{2}v_1^2 + e_1 + \frac{p_1}{\rho_1} + gh_1 = \frac{1}{2}v_2^2 + e_2 + \frac{p_2}{\rho_2} + gh_2 \qquad (2.51)$$

が得られる．完全気体の場合，内部エネルギー e_1, e_2 は式(2.14)により

$$e_1 = \frac{1}{\gamma-1}\frac{p_1}{\rho_1}, \quad e_2 = \frac{1}{\gamma-1}\frac{p_2}{\rho_2}$$

と書けるから，これらを式(2.51)に代入し，前と同様な理由で重力加速度 g を含む項を省略したうえ，式(2.47)に対応する形に直すと圧縮性流体の断熱流れに対するベルヌーイの定理が得られる．

$$\frac{1}{2}v^2 + \frac{\gamma}{\gamma-1}\frac{p}{\rho} = \frac{\gamma}{\gamma-1}\frac{p_0}{\rho_0} \quad (\equiv \text{const.}) \qquad (2.52)$$

ここに，ρ_0 はよどみ点における密度，γ は比熱比（空気の場合は $\gamma = 1.40$）である．

ベルヌーイの定理は完全流体に対するものであるが，空気や水など粘性の小さい流体に対しても，実用上十分な精度で適用できる．

---

*ただし，流管の外部と熱の交換のない断熱流れとする．なお，流体が気体であっても流れが亜音速で，マッハ数が十分小さければ非圧縮性流体のベルヌーイの定理が適用できる．

2.7 気流の速度を測定する方法

ベルヌーイの定理の応用例として，気流の速度を測定する方法について述べる．

2.7.1 ピトー静圧管

式 (2.47) を v について解くと

$$v = \sqrt{\frac{2}{\rho}(p_0 - p)} \qquad (2.53)$$

となるから，総圧（よどみ点圧）と静圧を測定すれば流速を求めることができる．細い管を流れの中に平行に入れ，管口を流れに向ければ管の中に総圧が伝わる．このような管を**ピトー管**（Pitot tube）という．この管の管口をふさいで管壁に穴をあけると，管の中には静圧が伝わる．これを**静圧管**（static tube）という．ピトー管と静圧管を組合せたものが**ピトー静圧管**（Pitot static tube）で，図 2.16 のような構造をしており，先端の穴 (P) を総圧孔，側面の穴 (S) を静圧孔というが，静圧孔は上流の流速と等しくなるような位置にあける．総圧 p_0 と静圧 p をそれぞれゴム管で U 字管マノメータのような圧力差を測る器具に導けば $p_0 - p$ が求められる[*]から，式 (2.53) により速度が計算できる．

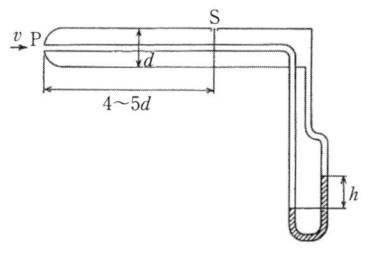

図 2.16 ピトー静圧管

式 (2.53) は気流の速度が音速に比較して小さい間は十分正確な速度を与えるが，速度が音速に近づくにつれて圧縮性の影響が現れ，式 (2.52) を使わないと正確な速度は計算できなくなる．この式で ρ_0 はいまの場合，総圧孔における密度であるが，上流の状態とよどみ点の状態の間にポアソンの断熱方程式 (2.8a) が成り立つので，これを使うと ρ_0 を消去することができる．式 (2.52)

---

[*] U 字管マノメータの場合，使用する液体（水，アルコール，水銀など）の密度を ρ_w，重力加速度を g，液面の高低差を h とすると（図 2.16），$p_0 - p = \rho_w g h$ なる関係がある．

の両辺を $\gamma p/[(\gamma-1)\rho]$ で割ると

$$\frac{\gamma-1}{2}\frac{\rho}{\gamma p}v^2 + 1 = \frac{p_0}{p}\frac{\rho}{\rho_0}$$

となる．式 (2.8a) において $p_1 = p_0$，$\rho_1 = \rho_0$ とおくと

$$\frac{\rho}{\rho_0} = \left(\frac{p_0}{p}\right)^{-\frac{1}{\gamma}}$$

と書けるから，これを上式の右辺に用いると

$$\frac{p_0}{p} = \left(1 + \frac{\gamma-1}{2}\frac{\rho}{\gamma p}v^2\right)^{\frac{\gamma}{\gamma-1}} \tag{2.54}$$

が得られる．音速 a は式 (2.28) から

$$a = \sqrt{\frac{\gamma p}{\rho}}$$

また，マッハ数は $M = v/a$ と表されるから，式 (2.54) は

$$\frac{p_0}{p} = \left(1 + \frac{\gamma-1}{2}M^2\right)^{\frac{\gamma}{\gamma-1}} \tag{2.55}$$

となる．$M<1$ とすると，右辺は次のように級数に展開される*．

$$\frac{p_0}{p} = 1 + \frac{\gamma}{2}M^2 + \frac{\gamma}{8}M^4 + \frac{(2-\gamma)\gamma}{48}M^6 + \cdots\cdots$$

これはさらに

$$p_0 - p = \frac{1}{2}\rho v^2\left(1 + \frac{1}{4}M^2 + \frac{2-\gamma}{24}M^4 + \cdots\cdots\right) \tag{2.56}$$

と書くことができる．非圧縮性の場合（$a = \infty$）は $M=0$ であるから，式 (2.56) は式 (2.47) と同じになる．式 (2.56) を使って $p_0 - p$ の測定値から v を求めるには，逐次近似法によらなければならない．すなわち，はじめ右辺のカッコの中を1として v の第0近似（非圧縮解）を求め，これより M の第1近似が得られる．次に，この M をカッコ内に代入し，再び v を未知量としてその第

---

* $|x|<1$ のとき
$$(1+x)^n = 1 + nx + \frac{n(n-1)}{2!}x^2 + \frac{n(n-1)(n-2)}{3!}x^3 + \cdots\cdots + \frac{n!}{(n-k)!k!}x^k + \cdots\cdots$$
式 (2.55) の級数展開は $M < \sqrt{\dfrac{2}{\gamma-1}}$ に対して有効であるが，たかだか $M<1$ としなければピトー静圧管の先端に衝撃波が生じて，式そのものが成り立たなくなる．

1 近似を求める．こうしてマッハ数の第 2 近似が求まるから，同じことをもう一度行えば v の第 2 近似が得られる．この操作を繰り返すと v の値は収束してくるから，必要な精度が得られたところで打ち切ればよい．

いま，式（2.53）で計算した速度を $\tilde{v}$，式（2.56）による速度を v とすると，$\tilde{v}$ は v よりやや大きくなる．流れのマッハ数 M に対する $\tilde{v}/v$ の値を示すと次のようになる．

M	0.1	0.2	0.5	1.0
$\tilde{v}/v$	1.001	1.005	1.032	1.129

気流の速度が音速に近づくと，ピトー静圧管の前面に衝撃波ができるので別の理論によらなければならない．

2.7.2 ベンチュリ管

図 2.17 のように円管の断面を絞り，その後方を壁から流れの剝離が起こらないように徐々に拡げたものを**ベンチュリ管**（Venturi tube）という．管の各断面で流れは一様なものと仮定し，断面 1 と 2 の間に連続の式およびベルヌーイの定理を適用すると

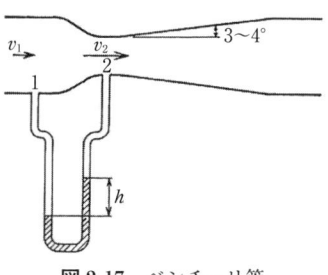

図 2.17 ベンチュリ管

$$v_1 S_1 = v_2 S_2$$

$$p_1 + \frac{1}{2}\rho v_1^2 = p_2 + \frac{1}{2}\rho v_2^2$$

ただし，流体は非圧縮性とした．この 2 式から v_2 を消去して 2 断面の圧力差 $p_1 - p_2$ を求めると次のようになる．

$$p_1 - p_2 = \frac{1}{2}\rho v_1^2 \left[\left(\frac{S_1}{S_2}\right)^2 - 1\right]$$

この式を v_1 について解くと

$$v_1 = C\sqrt{\frac{2(p_1 - p_2)}{\rho}} \tag{2.57}$$

となる．ここに

$$C = \cfrac{1}{\sqrt{\left(\cfrac{S_1}{S_2}\right)^2 - 1}}$$

で，これは断面積の比 S_1/S_2 で決まるベンチュリ管に固有な定数である．したがって，ピトー静圧管の場合と同様な方法で圧力差 $p_1 - p_2$ を測定すれば流速 v_1 が求められる．

2.7.3 飛行機の対気速度計

飛行機の速度を表すのに**対気速度**（air speed）と**対地速度**（ground speed）がある．前者は大気に相対的な速度であり，後者は地面に相対的な速度である．この2種類の速度は風のない静止した大気中を飛ぶときは同じになるが，たとえば向かい風の状態で飛ぶときは対地速度は風速だけ対気速度より小さくなり，追い風の状態で飛ぶときは風速だけ大きくなる．対気速度を測る方法は熱伝達や音響を使うものなどいろいろあるが，飛行機は普通，ピトー静圧管を使っている（グライダーではベンチュリ管を使っているものもある）．ピトー静圧管の取り付け位置は主翼の前縁や下面などであるが，なるべく機体の影響をうけないようにする．また，静圧孔を管の側壁にあけないで，胴体の側面に設けることも多い．総圧と静圧の差は空ごう（空盒，diaphragm capsule）を使って測定する．図2.18は**対気速度計**（air speed indicator）の構造を示したもので，総圧は空ごうの内部に，静圧はその外部に作用するようになっている．空ごうは金属の薄板でつくられた一種の容器で，内外の圧力差，すなわち動圧に比例して変形する．この変形量を

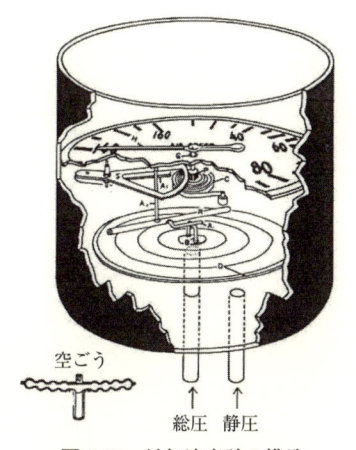

図2.18 対気速度計の構造

リンク機構で拡大して指針を動かすわけである．指針の動く量は動圧 (1/2) ρv^2 に比例するから，速度の大きさだけでなく，空気密度の大きさも関係してくる．そこで速度計の目盛り板に目盛りをする場合，空気密度を決めてやる必要がある．その代表として標準大気（2.14節参照）の海面における空気密度

$\rho_s = 1.225 \text{kg/m}^3$ を選んでいる．このことは，飛行機が標準大気の海面上を飛ぶ場合にのみ正しい対気速度が指針で示されることを意味する．たとえば，海面上 5,000 m の高度では指針は真の対気速度を示さない．そこで，速度計の示す速度を**指示対気速度**（Indicated Air Speed，略して IAS）といい，**真対気速度**（True Air Speed，略して TAS）と区別する．

いま，空気密度 ρ の大気中を飛んでいるときの真対気速度を V，指示対気速度を V_s とすると

$$\frac{1}{2}\rho V^2 = \frac{1}{2}\rho_s V_s^2 \text{（空ごうに働く圧力差）}$$

であるから，V について解くと

$$V = \sqrt{\frac{\rho_s}{\rho}} V_s = \frac{1}{\sqrt{\sigma}} V_s \qquad (2.58)$$

ここに

$$\sigma = \frac{\rho}{\rho_s}$$

は空気密度比である．たとえば，高度 12,000 m では空気密度比は $\sigma \fallingdotseq 1/4$ であるから，真対気速度は指示対気速度の約 2 倍である．

ピトー静圧管を機体に取り付ける場合，その位置が適当でないと，速度計の読みに誤差を生ずる．これを**位置誤差**（position error）というが，これの生ずる原因は機体まわりの静圧が場所によって，正圧（飛行高度の大気圧より高い圧力）になったり，負圧になったりしているためである．一般に位置誤差は飛行試験によって測定し，指示対気速度（IAS）に位置誤差の修正を施した値を**校正対気速度**（Calibrated Air Speed，略して CAS）という．

2.8 渦 と 循 環

洗面器のような円形の容器に水を満たし，これをかきまわして水に円運動を起こさせると，水の各微小部分は容器の中心まわりに円を描いて流れるから，流れ場は無数に多くの同心円の流線で表される．一般に流線が閉じた曲線になるような流れを**循環流**（circulatory flow）という．循環流の中で最も簡単なものは流線が円をなすもので，上の例もその一つであるが，自然界には竜巻や

台風のように極めて大きなものがある．竜巻の例からわかるように，このような流れは竜巻の柱に直交するすべての断面に現れ，固体壁にでもさえぎられないかぎり，一般にこの柱は断面の上下に遠くまで続いている（図 2.19 参照）．また，

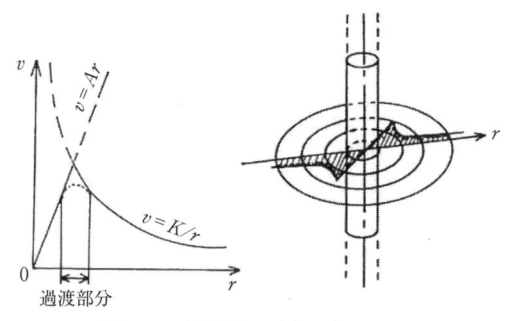

図 2.19 循環流の速度分布

規模の大小はあっても流れのパターンはみな同じであるので，ここでは台風を例にとって説明する．

台風は眼と呼ばれる中心部分のまわりに大気が回転運動をしているもので，回転運動の中心から回転軸に直角な方向に距離 r を測ると，半径が r の流線上の速度 v は K を定数として

$$v = \frac{K}{r} \tag{2.59}$$

のように表すことができる．このことは円形の循環流が定常な流れを保つための条件を求めてみると，流速が半径に逆比例しなければならないことからわかる．図 2.19 は式 (2.59) で表される速度分布を描いたもので，この図からわかるように，速度は中心から遠ざかるにつれて小さくなるが，中心に近づくと非常に大きくなり，中心では無限大となる．しかし，実際の現象では粘性の作用により速度が無限大になるようなことは起こらず，台風の眼にあたる中心付近の速度は A を定数として

$$v = Ar \tag{2.60}$$

で表されるようになり，$r=0$ では速度は 0 になる．台風の眼に入ると風が弱まるのはこのためである．式 (2.59) と式 (2.60) で表される速度分布の接合する部分は破線で示したように速度が滑らかに移り変わっている（過度部分）．式 (2.60) で表される速度分布は半径 r に比例して回転速度が増していることを示しているから，この速度分布をもつ空気の部分は全体として，ちょうど固体の円柱がその中心軸まわりに回転しているのと同じである．

日常用いられる「渦」という言葉は漠然と流体の旋回運動を指すようである

が，流体力学ではもう少し厳密な定義をする．これによると，旋回運動をしている流れのすべての部分を渦というのではなく，上の場合だと，固体的な回転をしている部分のみが渦である．正確に言うならば，自転している［これを**渦度**[*]（うずど，vorticity）があるという］流体の微小部分（流体粒子）が集まってできているのが**渦**（vortex）である．

図 2.20 は上述の循環流の渦部分とその外側の部分を別々に取り出して，微小部分（誇張して描いてある）の時間的変化を示したものである．図 2.20(a) ではある時刻に扇形 ABCD であったものが，時間の経過によって A′B′C′D′ になっ

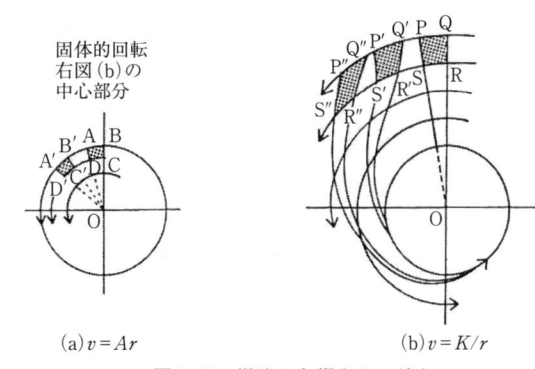

(a) $v = Ar$ (b) $v = K/r$

図 2.20 渦流れと渦なしの流れ

たとすると，渦部分は固体的な回転をするからこの微小部分は変形しない．しかし，位置を変えると同時に自転している（渦度がある）．このことは，この微小部分の対角線 A′C′ が AC と平行にならず，固体的な回転角∠AOA′ に等しい角度だけずれていることからわかる．次に図 2.20(b) に示す外側の流れでは中心に近いほど回転速度が大きいため，ある時刻に扇形 PQRS であった微小部分は位置を変えるとともに P′Q′R′S′，P″Q″R″S″ と変形していく．しかし，それらの対角線 PR，P′R′，P″R″ はほぼ平行である．この場合，有限な時間経過後の対角線を比較しているので，厳密には平行にならないが，時間経過を限りなく短くするとこれらの対角線は平行になる．このことは微小部分が自転していないことを示す（渦度がない）．以上のことは他の微小部分についても言えることで，渦度のある流れを**渦のある流れ**（rotational flow），渦度のない流れを**渦なしの流れ**（irro-tational flow）という．

ここで注意しなければならないことは，渦のある流れというのは流体粒子が自転している流れであるが，循環している流れとは必ずしも一身同体ではない

---

[*] 自転している角速度の 2 倍を渦度という．

ということである．たとえば，2.4節に出てきたクエットの流れのように流線が直線である流れでも渦のある流れとなるからである．図2.21はこれを示すものであって，ある時刻に正方形ABCDであった流体粒子は時間の経過とともにA′B′C′D′になる．このとき，対角線ACとA′C′は平行とならず，明らかに回転している．このほか，翼など物体の後流（伴流）は渦のある流れである．

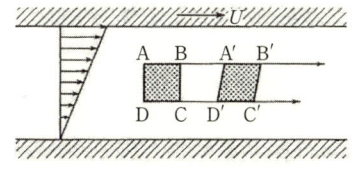

図2.21 クエットの流れが渦流れであることの説明

以上の説明で渦がどのようなものか，一応わかったと思うので，次に渦に関するいくつかの重要な概念について述べる．

2.8.1 渦線，渦管，渦糸

渦のある流れでは，すべての流体粒子が自転しているから，それらの回転軸をつなげると流れ場の中に無数の曲線ができる．これを**渦線**（うずせん，vortex line）という．また，流れ場の中に一つの閉曲線を考えると，その曲線上の各点を通る渦線で囲まれた1本の管をつくることができる．これを**渦管**（うずくだ，vortex tube）という．ある瞬間に1本の渦管の中にある流体は，時間がたって渦管が変形したり，移動したりしてもその中にあるので，いわば1本の流体のヒモである．そして，ヒモの断面積が無限に小さくなったものを**渦糸**（うずいと，vortex filament）と呼ぶ．渦糸は非常に細いので，その断面上での渦度の分布は一様であると考えてよい．渦線が単なる幾何学的な線であるのに対して，渦糸は質量のある流体の糸である．渦線－渦管－渦糸の関係は流線－流管－流糸（stream filament）の関係に対応している．

実在流体の中では，渦糸は粘性のために時間がたつと消滅したり，空間的にも途中で消えうせたりするが，完全流体の中では時間の経過による消滅も，ある点から始まってある点で終わるような

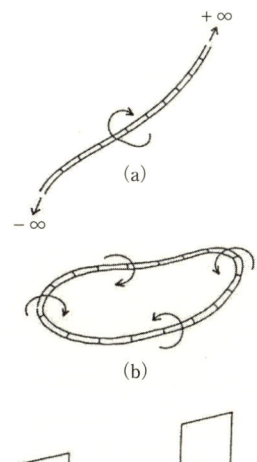

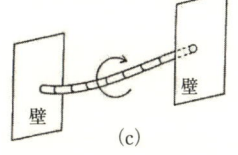

図2.22 渦糸の3形態

有限な長さの渦糸の存在の仕方もない．完全流体中の渦糸の存在の仕方としては図 2.22 に示すように，(a)：無限に長く伸びているか，(b)：それ自身で閉じて環状になっているか，あるいは (c)：その端が壁につきあたって終わるか，のいずれかである．

2.8.2 循　環

図 2.23 のように流れ場の中に一つの閉曲線 C を考え，これを多数の短い線分に分割する．曲線に沿って方向を決めておくと（ここでは時計方向をとる），これらの線分にも方向をもたせることができる．いま，各線分上において，速度 v^* の線分方向の成分 v_t と線分の長さ ds との積をつくり（速度成分の方向が線分と逆向きになるときは負の値とする），閉曲線を 1 周してこれらの総和を求める．この総和は次のような積分（これを速度場の閉曲線 C に沿う線積分という）で表され，**循環**（circulation）と呼んで，普通 Γ なる記号で示す．

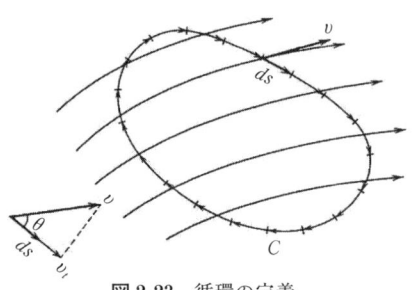

図 2.23　循環の定義

$$\Gamma = \int_c v_t ds = \int_c v \cos\theta ds \tag{2.61}$$

ここに，θ は v と ds のなす角である．

渦管や渦糸のまわりの循環流の中に，これらを囲む任意の閉曲線をとり，これに沿って循環を計算すると，閉曲線の大きさや形に関係なくその値は一定となる．したがって，循環を使って渦管や渦糸の強さを表すことができる．もちろん，閉曲線の内側に渦管や渦糸がない場合は循環は 0 になる．しかし，閉曲線の内側に渦管や渦糸がなくても，たとえば揚力を生じている翼のように渦に相当する物体があるときは，循環は 0 にならない．空気力学において循環が重要なのは，翼理論で翼の揚力が翼型まわりの循環から，クッタ–ジューコフスキーの定理を用いて直接求められるからである．

---

*速度はベクトル量であるが，ここではベクトル演算を用いないので，v は速度の大きさ，すなわち絶対値 $|v|$ を表す．

2.8.3 渦糸による誘導速度

図 2.24 のように $-\infty$ から $+\infty$ まで伸びている強さ $\varGamma$ の直線の渦糸を考える．この渦糸から h だけ離れた点 P に誘導される速度を求めてみよう．P から渦糸に下ろした垂線の足を O とし，この点を原点にして渦糸方向に s 軸を定める．まず，点 Q にある渦糸の微小部分 ds によって，点 P に誘導される速度は

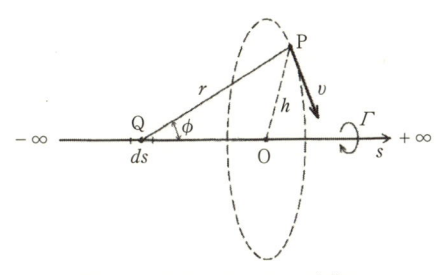

図 2.24 渦糸のまわりに誘導される速度の計算方法の説明図

$$dv = \frac{\varGamma}{4\pi} \frac{\sin\phi}{r^2} ds \tag{2.62}$$

で与えられる．ここに r は点 P と点 Q との距離，ϕ は r と渦糸を含む面内で r と渦糸なす角である．そして，誘導速度の方向はこの面に垂直な方向である．式 (2.62) は電磁気学におけるビオ・サバールの法則とまったく同じものである．渦糸全体によって点 P に誘導される速度 v は，この式を $-\infty$ から $+\infty$ まで積分することによって得られる．

$$v = \frac{\varGamma}{4\pi} \int_{-\infty}^{+\infty} \frac{\sin\phi}{r^2} ds \tag{2.63}$$

$r = h\mathrm{cosec}\phi$, $ds = -h\mathrm{cosec}^2\phi\, d\phi$ の関係があるから，これを上式に代入して積分を実行すると，誘導速度は

$$v = \frac{\varGamma}{4\pi h} \int_0^\pi \sin\phi\, d\phi = \frac{\varGamma}{2\pi h} \tag{2.64}$$

のように求まる．もし，渦糸が O $(s=0)$ から出発して一方向にのみ無限に伸びているものとすれば，次のようになる．

$$v = \frac{\varGamma}{4\pi h} \tag{2.65}$$

式 (2.64), (2.65) は薄翼理論および3次元翼理論で用いられる重要な式である．

2.9 圧力分布

流れの中に置かれた物体まわりの圧力分布を知ることは極めて重要なことである．物体に働く力を求めるにも，また抗力の小さい物体や翼型を設計するにもこの知識が必要である．いま，一様な流れの速度を V, 圧力を P_∞, 密度を ρ（一定）とし，この流れの中に置かれた物体の表面上，任意の1点における速度を v, 圧力を p とすると，ベルヌーイの定理により

$$p_\infty + \frac{1}{2}\rho V^2 = p + \frac{1}{2}\rho v^2 \tag{2.66}$$

が成り立つ．この式を少し書き換えると

$$p - p_\infty = \frac{1}{2}\rho V^2 \left(1 - \frac{v^2}{V^2}\right) \tag{2.67}$$

となる．左辺の $p-p_\infty$ は物体表面の圧力が一様流の圧力からどのくらい変化しているか，すなわち圧力変化であって，完全流体の流れの場合は物体の形が与えられると表面速度 v は理論により正確に計算できるので，これを右辺に入れれば，圧力変化 $p-p_\infty$ は容易に求められる．また，実験によって求めるには，図2.25の翼表面の圧力分布の測定のように，表面に沿って多くの小穴をあけ，これをU字管マノメータの一端に接続し，他端は主流の一様流の静圧がかかるようにすればよい．

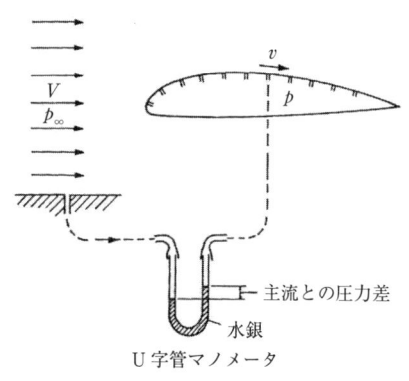

図 2.25 翼型まわりの圧力分布の測定

このようにして**圧力分布**（pressure distribution）は求められるのであるが，流体力学や空気力学では直接 $P-P_\infty$ の形で表さないで，主流の動圧 $(1/2)\rho V^2$ で割って無次元化した値で表すのが普通である（圧力を圧力と同じ単位をもつ動圧で割るから，単位をもたないただの数値となる．これが無次元化である）．すなわち

$$C_p = \frac{p - p_\infty}{\frac{1}{2}\rho V^2} \tag{2.68}$$

と書き，C_p を**圧力係数**（pressure coefficient）という．

次に，例として円柱まわりの圧力分布を圧力係数の形で求めてみよう．円柱は形が単純で計算が比較的に楽だという以外に，実際にもよく使われるし，それ以上に翼型の理論（2次元翼理論）の基礎となるので重要である．完全流体の一様流中に，流れに直角に置かれた円柱まわりの流線は図 2.26 のようになる．円柱の中心軸を z 軸とし，図に示すように速度 V の方向に x 軸を，これに直角に y 軸をとる．円柱は無限に長いものとする

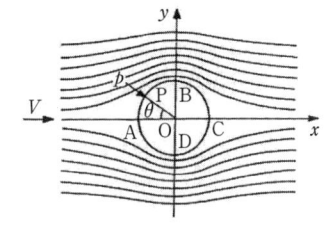

図 2.26 円柱まわりの流線（完全流体）

と，z 軸に直角などの断面をとってみても，円柱まわりの流れの状態はみな同じで，中心軸方向には変化しない．これは x-y 平面内の物体の大きさ（いまの場合は円柱の直径）だけで流れの状態が決まり，z 軸方向の大きさは関係しないことを意味し，このような流れを **2次元流**（two-dimensional flow）という．なお，z 軸方向に大きさが有限な物体の場合は，流れの状態が z 軸方向にも変化すると同時に，一般に z 軸方向にも流れが存在する．このような流れは **3次元流**（three-dimensional flow）である．

さて，円柱から遠く離れたところの流速は一様流の速度 V であるが，円柱近くの流れの速度は場所によって変わっている．円柱表面に沿う速度 v を調べてみると，流れが円柱表面に直角にあたる点 A では $v=0$（よどみ点）であるが，円柱表面に沿って進むにつれて次第に加速されていく．速度 v は完全流体力学の理論によると

$$v = 2V\sin\theta \tag{2.69}$$

のように表され，θ は点 A（前方よどみ点）から時計方向に測った角度である．この式からわかるように，$\theta = 90°$，すなわち点 B（あるいは対称性から点 D）で $v = 2V$ となって流速は最大となり，この点から先は減速して点 C（後方よどみ点*（次頁の脚注参照））で再び $v = 0$ となる．

円柱表面に沿う流速がこのようにわかると，式 (2.68) に式 (2.67), (2.69)

を順次代入することにより，圧力係数は次のように求まる．

$$C_p = \frac{p - p_\infty}{\frac{1}{2}\rho V^2} = 1 - \frac{v^2}{V^2} = 1 - 4\sin^2\theta \tag{2.70}$$

図2.27(a)はθに対するC_pの変化を図示したものであり，図2.27(b)は同じ結果を円グラフ状に画き表したものである．図2.27(b)からわかるように圧力分布が左右対称となるので，円柱は流れの方向(x軸方向)に力をうけない．すなわち，抗力が働かないことがわかる（ダランベールの背理）．また，圧力分布は上下対称であるから，円柱は流れに直角な方向（y軸方向）にも力をうけない．すなわち，揚力も働かない．

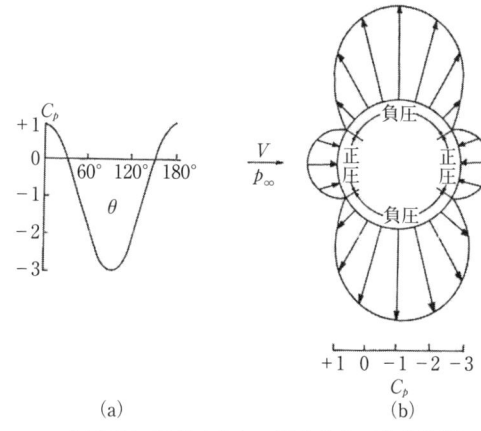

図2.27 円柱まわりの圧力分布（完全流体）

次に，円柱まわりの流れに粘性はどのような影響を与えるか考えてみよう．

図2.28(a)は円柱まわりの圧力分布の実験結果である．破線で示した完全流体の理論結果と比較すると，その違いが一目瞭然となる．両者は前方よどみ点付近ではよく一致しているが，θが増すにつれて，すなわち円柱表面に沿って下流に進むにつ

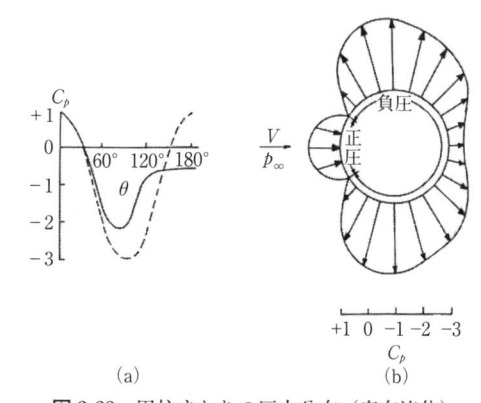

図2.28 円柱まわりの圧力分布（実在流体）

---

*完全流体の流れでは，物体の後部が閉じている場合，後端にもよどみ点ができる．しかし，実在流体であると，物体の後端からは渦状の後流が主流中へ出るため，明確なよどみ点はできない．

2.9 圧 力 分 布

れて開きが生じ，円柱の後半部では大幅に違ってくる．この原因は，実在流体の流れでは境界層が円柱の表面から剥離することにある．

完全流体の場合の図 2.27 からもわかるように，圧力は前方よどみ点 A で最も高く，そこから表面に沿って進むにつれて次第に減少し，中央部の点 B で最も低くなり，以後，点 C に向かって増加する．点 A から点 B に至る間は圧力は減少していくので，**圧力勾配**（pressure gradient）は負 [**順圧力勾配**（assisting pressure gradient）] である．したがって，この区間にある境界層内の流れは，ちょうど球が坂を下るように滑らかに流れていくが，点 B から点 C に至る間は圧力勾配が正 [**逆圧力勾配**（adverse pressure gradient）] で登り坂となる．図 2.29 に示す球と坂の類似を参照すると理解しやすい．

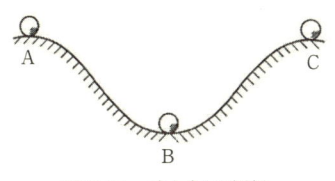

図 2.29　球と坂の類似

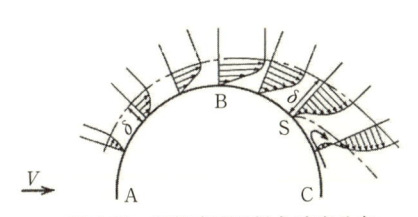

図 2.30　円柱表面に沿う速度分布

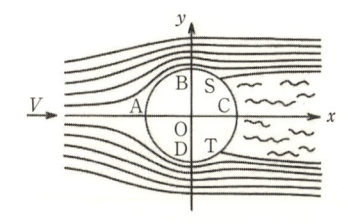

図 2.31　円柱まわりの流線（実在流体）

境界層内の流体は粘性摩擦のために運動エネルギーを消費していくから，逆圧力勾配のところではこれに打ち勝って進むことができなくなり，流体は点 C にたどり着く前にある点で静止してしまい，この点より先のところでは逆流が生じる．そこに後から流れてくる流体が重なりあい，ついにこの点に渦ができ，さらに後から層内を流れてきた流体は円柱の表面を離れて主流の中に出ていく．これが境界層の**剥離**（separation）である．図 2.30 はこの様子を速度分布で示したもので，点 S で境界層が剥がれるので，この点を**剥離点**（separation point）と呼ぶ．図 2.31 は全体の流れのパターンを示す流線図である．もちろん，流れのパターンは 2.1 節で述べたようにレイノルズ数（円柱の場合，代表長さとして直径を用いる）によって変わるので，剥離点や速度分布，したがって圧力分布も変わってくる．図 2.32 にレイノルズ数による円柱まわ

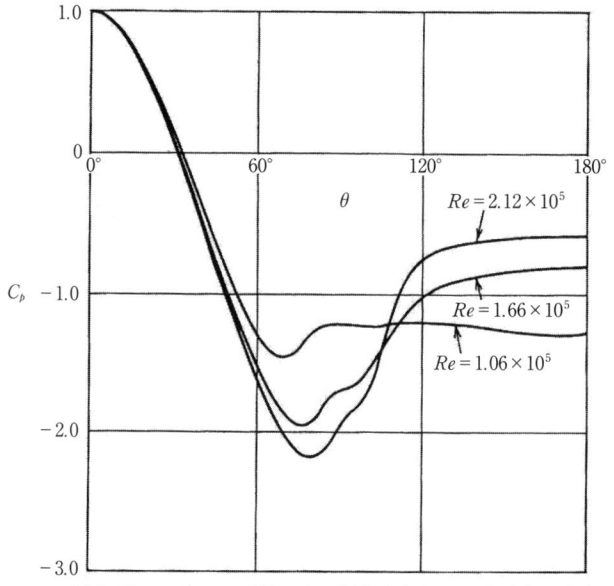

図 2.32 レイノルズ数による円柱まわりの圧力分布の変化

りの圧力分布の変化を示す．なお，図 1.1 および図 2.33 は図 2.25 に示した方法で測定した翼型まわりの圧力分布である．

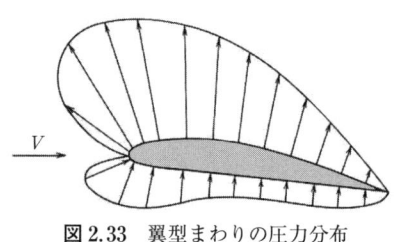

図 2.33 翼型まわりの圧力分布
（迎え角 $8°$，レイノルズ数 $Re = 2 \times 10^6$）

2.10 ダランベールの背理とクッタ-ジューコフスキーの定理

前節でみたように完全流体の一様な流れの中に置かれた円柱には揚力も抗力も働かない．このことは，式 (2.70) で与えられる圧力 p を円柱の表面全体にわたって積分することによって証明することができる．一般に 2 次元物体に働く力を計算するときに注意しなければならないことは，物体の長さが無限大で

2.10 ダランベールの背理とクッタ‐ジューコフスキーの定理

あるから,これに働く力を求めるには有限な長さの部分を考えて,そこに働く力を求めなければならないということである.普通は単位長さ(たとえば1m)の部分について計算する.

図2.26の円柱断面上の点Pにおいて微小な中心角$d\theta$(radian)をなす面積要素$dA = ad\theta$(aは円柱の半径)を考えると,これに働く力は$pad\theta$で,これは円柱の中心に向かっている.いま,この力をx方向の成分dXとy方向の成分dYに分けると

$$dX = pad\theta \cdot \cos\theta, \quad dY = -pad\theta \cdot \sin\theta$$

となる.これらを$\theta = 0$から2πまで積分すると,円柱の単位長さの部分に働くx方向の力X,y方向の力Yが得られる.

$$\left. \begin{array}{l} X = a \int_0^{2\pi} p\cos\theta\, d\theta \\[4pt] Y = -a \int_0^{2\pi} p\sin\theta\, d\theta \end{array} \right\} \quad (2.71)$$

pは式(2.70),または直接ベルヌーイの定理より

$$p = p_\infty + \frac{1}{2}\rho V^2 (1 - 4\sin^2\theta)$$

$$= p_0 - 2\rho V^2 \sin^2\theta \quad (2.72)$$

であるから,これを式(2.71)に代入し,三角関数の積分

$$\int_0^{2\pi} \cos\theta\, d\theta = 0, \quad \int_0^{2\pi} \sin^2\theta\cos\theta\, d\theta = 0$$

$$\int_0^{2\pi} \sin\theta\, d\theta = 0, \quad \int_0^{2\pi} \sin^3\theta\, d\theta = 0$$

を用いると,上の積分の結果は

$$\left. \begin{array}{l} X = 0 \text{(ダランベールの背理)} \\ Y = 0 \end{array} \right\} \quad (2.73)$$

こうして,完全流体の一様流中に直角に置かれた円柱には何の力も働かないことがはっきり示されたわけである.しかし,実在流体では粘性があるので,どんな物体にも常に抗力が働く.それは摩擦応力が生じるという以外に,圧力分布が完全流体の場合と違ってくるからである.この違いは物体の後端部で大きく,円柱のように切り立っている場合は特に著しい.左右対称だった圧力分布

は図 2.28 (b) に示すように非対称となり,その結果,円柱に圧力抗力(形状抗力)が働く.このときの圧力分布を使って式 (2.71) の積分を行えば X は 0 にはならない.

完全流体の一様な流れの中に置かれた円柱には何の力も働かないことは上に示したとおりである.今度は同じ円柱を静止した完全流体の中に置き,何らかの方法でその周囲の流体に式 (2.59) で表されるような循環流を起こさせたとする.このときの流線は図 2.34 (b) のような同心円となり,明らかに円柱には何の力も働かない.いま,図 2.34 (a) と (b) の流れを合成することを考えてみる.完全流体力学の理論によると,その流線図は図 2.34 (c) のようになる*.一般に流体力学では幾つかの単純な流れを重ね合わせて,より複雑な流れをつくることをよく行う.これを**重ね合わせの原理**という.

さて,図 2.34 (b) の流れは 2.8 節で説明したように円柱まわりに循環のある流れである.したがって,(a) に (b) の流れを重ね合わせて得られた (c)

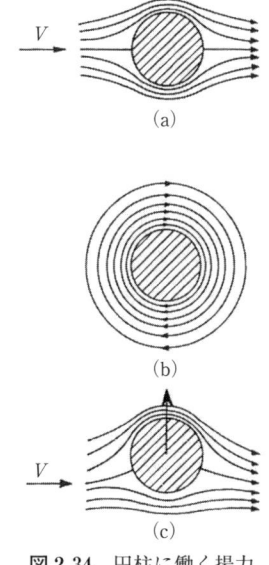

図 2.34 円柱に働く揚力

の流れの中には (b) の循環のある流れが隠されていると考えることができる.そこで (c) の流れには循環があるという.実際,2.8 節の終わりで述べた方法により,円柱を囲む任意の閉曲線に沿って循環を計算してみると 0 にはならないことがわかる**.ところで,(a) の場合も,(b) の場合も円柱には何の力も働かなかったのであるが,(c) の場合には図に示すような上向きの力が働く.その理由は,次のように説明することができる.(c) の場合,円柱の上側の流れは加速されて (a) の場合より流速は大きく,下側の流れは減速されて流速は小さくなっている.ベルヌーイの定理によれば,同一の状態から出発する流れ

---

*一様流の速度 V と円柱まわりの循環 $\varGamma$ の大小関係により,この図と違った流れも生ずる.この図は円柱の半径を a とするとき,$\varGamma < 4\pi aV$ なる場合である.

**たとえば,半径 a の円柱の周囲に沿う循環を求めると

$$\varGamma = \int_0^{2\pi} \left(2V\sin\theta + \frac{K}{a}\right) \cdot a\, d\theta = 2\pi K$$

(円柱に当たる流れは一様流であるから，この条件にあてはまる）において速度が大きいところでは圧力が減じ，速度が小さいところでは圧力が増すから，円柱の上側の圧力は下側の圧力よりも低くなり，この圧力差のために円柱は上方に押し上げられるのである．

　上の説明で流れを重ね合わせると言ったが（合成すると言ってもよい），これは少々理解しにくいかも知れない．しかし，次のような身近な例を考えてみれば納得できるであろう．野球やテニスのボールを考えてみる．ボールは球であって円柱ではないが，断面はやはり円であるから同様な現象が起こる．すなわち，ボールに回転を与えないで飛ばした場合は，図 2.34 (a) の場合に相当する．ボールに回転を与えて飛ばすと，表面近くの空気は粘性のために引きずられて循環を生ずるので，図 2.34 (c) のような流れとなり，進行方向に直角な力が発生して，カーブやドロップがつく．この現象は 1852 年にドイツの物理学者マグナスが弾丸の飛翔の研究から発見したので，**マグナス効果**（Magnus effect）と呼ばれている．また，円柱を流れに直角方向に押しやる力の大きさを理論的に求めたのがドイツのクッタとロシアのジューコフスキーで，その結果は**クッタ-ジューコフスキーの定理**（Kutta-Joukowski's theorem）として知られている．それは，「速度 V なる一様流中に直角に 2 次元物体が置かれたとき，その物体まわりの循環の強さが Γ，流体の密度が ρ であるとすると，一様流の方向と物体軸の方向を含む面に直角に，物体の単位幅当り $\rho V \Gamma$ の力が生ずる」というものである．クッタ-ジューコフスキーの定理の一般的な証明は難しいが，円柱の場合には前節で行った循環のない円柱に働く力の計算と同じ手順でできる．

　まず，円柱表面の流速を求める．一様流による流速は前節の式 (2.69)，すなわち

$$v = 2V\sin\theta$$

で与えられ，循環流（円柱の中心軸からの距離に逆比例するような速度分布をもつ）による円柱表面の流速は円柱の半径を a，循環の強さを Γ とすると

$$v = \frac{\Gamma}{2\pi a} \tag{2.74}$$

で与えられるから［式 (2.59) において $K = \Gamma/2\pi$，$r = a$ とすればよい］，円柱表面の合成流速は式 (2.69) と式 (2.74) を加え合わせたもので表される．

$$v = 2V\sin\theta + \frac{\Gamma}{2\pi a} \quad (2.75)$$

円柱表面の圧力係数 C_p は式 (2.68) に式 (2.67), (2.75) を用いると

$$C_p = \frac{p - p_\infty}{\frac{1}{2}\rho V^2} = 1 - \frac{v^2}{V^2}$$

$$= 1 - \left(2\sin\theta + \frac{\Gamma}{2\pi aV}\right)^2 \quad (2.76)$$

となる．したがって，円柱の単位長さに働く力は式 (2.76) から得られる円柱表面の圧力

$$p = p_\infty + \frac{1}{2}\rho V^2 - \frac{1}{2}\rho V^2 \left(2\sin\theta + \frac{\Gamma}{2\pi aV}\right)^2$$

$$= p_0 - \frac{\rho \Gamma^2}{8\pi^2 a^2} - \frac{\rho V\Gamma}{\pi a}\sin\theta - 2\rho V^2 \sin^2\theta \quad (2.77)$$

を式 (2.71) に代入して積分を行えばよい．式 (2.73) を求めたときの積分公式のほかに

$$\int_0^{2\pi} \sin\theta\cos\theta\, d\theta = 0, \quad \int_0^{2\pi} \sin^2\theta\, d\theta = \pi$$

を用いると

$$\left.\begin{array}{l} X = 0 \quad \text{（ダランベールの背理）} \\ Y = \rho V\Gamma \begin{pmatrix} \text{クッタ - ジューコフス} \\ \text{キーの定理} \end{pmatrix} \end{array}\right\} \quad (2.78)$$

図 2.35 回転円柱まわりの流線（実在流体）

が得られる．図 2.35 は実在流体の一様流中に置かれた回転円柱まわりの流線図で，伴流が生じて抗力が働く．

　流れに直角な方向に力が生ずる現象は円柱に限らず，どのような形状の物体でも，そのまわりに循環があれば起こる．これはクッタ - ジューコフスキーの定理にも述べられているとおりである．実は，翼に働く揚力もこの力にほかならないのであって，翼とはそのまわりに最も効果的に循環を生ずる物体である[*]ということもできる．ところで，翼は円柱やボールのように回転する物体ではない．それにもかかわらず循環を生ずるのはなぜであろうか．

---

[*] 回転する円柱によれば翼に比べてはるかに大きな揚力が得られる．しかし，抗力が大きいのでこれを翼の代わりにすることはできない．

2.10 ダランベールの背理とクッタ-ジューコフスキーの定理

いま，翼を静止した流体中に置き，静止の状態から徐々に流速をあげて，最終的には定常で一様な流れが翼に当たるようにする．図2.36は，このときに生じる流れの変化を示したものである．(a) は流体が完全流体であるとした場合の最終状態における流線図である．流れは翼の後縁のところで上側にまわり込む．普通，後縁は鋭くとがっているので，この部分では流速が非常に大きく，したがって圧力は大変低くなる．流体が完全流体ではなく，空気のような実在流体であると，流れは図2.37に示すように粘性作用のため後縁をまわってよどみ点に至るまでの急激な逆圧力勾配に抗しきれず，すぐに後縁で剥離して(b)に示すごとく下流に渦を放出する．その後は，翼の上下面に沿った流線は(c)のように後縁で滑らかに合流して安定した流れとなる．(c)で示される最終状態の流線図を円柱の場合の図2.34(c)に相当するものと考えると，この流れは図2.36(a)の完全流体における循環のない流れと図2.36(d)に示す翼型をめぐる循環流に分解することができる．すなわち，翼は後縁から渦を放出することにより，翼型まわりに循環を生じ，クッタ-ジューコフスキーの定理で表される揚力を発生するのである．

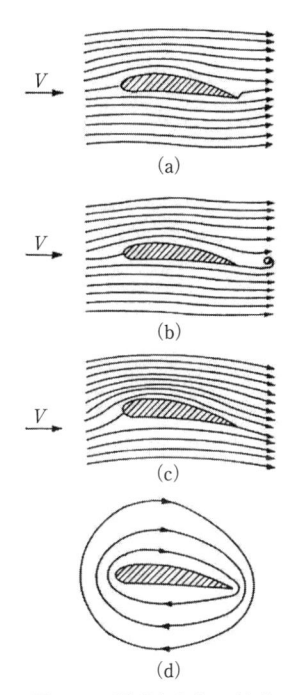

図2.36 翼形まわりの循環の発生

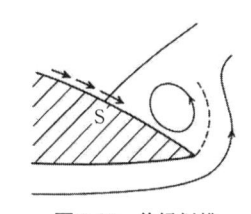

図2.37 後縁剥離

粘性は摩擦抗力や形状抗力を生ずるが，循環の発生機構をみると揚力もまた粘性作用があってはじめて生ずることを知るのである．完全流体の流れの場合も翼型まわりに循環を加えない限り揚力は生じない．一般に完全流体の一様な流れの中に置かれた物体には二つのよどみ点——**前方よどみ点**と**後方よどみ点**ができる．翼の場合は図2.36(a)のように後方よどみ点は翼上面の後縁近くにできる．完全流体力学の理論では翼の後縁での流れが，実在流体の場合のように後縁から滑らかに流れ出るように，図2.36(d)のような循環流を数学的に加えるのである．すなわち，後方よどみ点が後縁に

くるように循環の強さを決めるのである．この条件を**クッタ-ジューコフスキーの条件**（Kutta-Joukowski's condition）という．図2.38は完全流体の一様流中に迎え角をつけて置かれた平板まわりの流線図である．(a)は循環のない場合で，よどみ点はA, Bの2点にできる．したがって，この場合は板の前縁と後縁に速度無限大が生じる．(b)はクッタ-ジューコフスキーの条件により平板まわりに循環を加えたもので，後方よどみ点は後縁Cに移動するが，前方よどみ点は前縁より遠のいた点Dにくるので，前縁における速度無限大は解消されない．このようにクッタ-ジューコフス

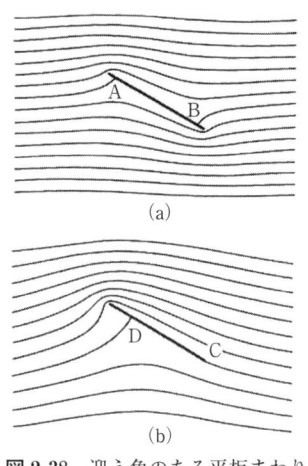

図2.38 迎え角のある平板まわりの流線

キーの条件を適用しても，一般に前縁での問題は解決しない．実在流体の場合は，流れは前縁で剝離する．前縁での速度無限大や剝離を避けるためには前縁を丸くすることである．

クッタ-ジューコフスキーの定理は完全流体の理論から得られたもので，粘性は考慮されておらず，その結果は抗力と無関係なものになった．しかし，空気力学において完全流体の理論が大きな成功をおさめたものの一つであり，翼理論の発展のもととなった．

2.11 揚力と抗力

空気の一様な流れの中に置かれた物体，あるいは静止した空気の中を並進運動する物体について考えてみる．物体は空気から力をうけるが，静的揚力を除いて考えるならば，この力は物体と空気との相対的な運動によって生ずるので，**動的空気力**（aerodynamic force）または**空気合力**（aerodynamic resultant force）と呼ぶ．流れの速度（あるいは物体の前進速度）は一定でVとし，物体に働く動的空気力をRとする．Rはまず，流れの方向（あるいは物体の運動方向と逆の方向）の成分とこれに直角な方向の成分に分解する．前者を**抗力**（drag）と呼び，後者は図2.39に示すようにさらに互いに直角をなす2力に分

解して，一方を**揚力**（lift），他方を**横力**（side force）と呼ぶ．揚力は L，抗力は D，横力は Y なる記号で表す．揚力および横力という名称をどちらの方向の力に与えるかは，考えている物体によって決まる．一般的に言えば，重力と逆の方向に近い方向を向いている力を揚力と呼

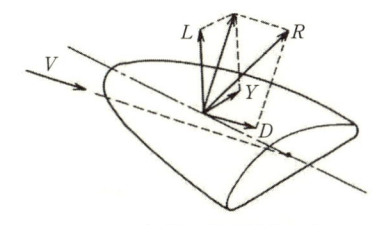

図 2.39 物体に働く揚力（L），抗力（D），横力（F）

ぶ．飛行機のように左右対称な物体では対称面内に揚力，それに直角に横力（通常の直線飛行では生じない）をとる．

物体に働く揚力および抗力は一般に動圧 $(1/2)\rho V^2$ と代表面積 S との積で割って無次元化して表す．

$$C_L = \frac{L}{\frac{1}{2}\rho V^2 S} \tag{2.79}$$

$$C_D = \frac{D}{\frac{1}{2}\rho V^2 S} \tag{2.80}$$

C_L を**揚力係数**（lift coefficient），C_D を**抗力係数**（drag coefficient）と呼ぶ．

揚力，抗力，横力は実験（たとえば風洞実験）によって測定することもできるが，物体の表面に働く圧力や摩擦応力を物体の表面全体にわたって積分することによっても求めることができる．以下，説明の便宜上，図 2.40 のように揚力と抗力を含

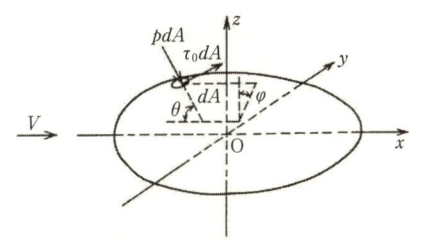

図 2.40 力 pdA，$\tau_0 dA$ の分解

む面を xz 平面，横力と抗力を含む面を xy 平面，揚力と横力を含む面を yz 平面とする[*]．物体の表面 A の上の 1 点 P における微小面積を dA とし，この点における静圧を p，摩擦応力を τ_0 とする．圧力による力 pdA は物体の表面に直角に働き，摩擦応力による力 $\tau_0 dA$ はその点において流れ方向にとった物体面の接線方向に働く．まず，力 pdA の一様流に平行な成分を物体の全表面に

---

[*]結局，x 軸，y 軸，z 軸の正の方向の分力が抗力，横力，揚力となる．

わたって積分したものを**圧力抗力**（pressure drag）または**形状抗力**（form drag）といい，D_p で表す．

$$D_p = \int_A p\cos\theta dA \tag{2.81}$$

同様に摩擦力 $\tau_0 dA$ の一様流に平行な成分を物体の全表面にわたって積分したもの*を**摩擦抗力**（friction drag）といい，D_f で表す．

$$D_f = \int_A \tau_0 \sin\theta dA \tag{2.82}$$

物体の抗力 D は D_p と D_f の和として与えられる．

$$D = D_p + D_f \tag{2.83}$$

次に，力 pdA の一様流に垂直な成分 $p\sin\theta dA$ について考える．$p\sin\theta dA$ が xz 平面となす角を φ とするとき，$-p\sin\theta\cos\varphi$ を物体の全表面にわたって積分したものが揚力である．

$$L = -\int_A p\sin\theta\cos\varphi dA \tag{2.84}$$

摩擦力 $\tau_0 dA$ の揚力への寄与は

$$\int_A \tau_0 \cos\theta\cos\varphi dA$$

で与えられる．これはわずかに揚力を減少させるように働くが，圧力による揚力に比較して非常に小さいので無視できる．なお，$p\sin\theta\sin\varphi dA$ は $p\sin\theta dA$ の xy 平面に平行な成分で $-\int_A p\sin\theta\sin\varphi dA$ は横力となる．

2.12 次元解析と相似則

力学や物理学には，速度，加速度，力，圧力，面積，密度，モーメント，エネルギー，比熱，……などさまざまな量が現れるが，これらの量は小数の基本量を定めれば，すべて基本量の積や商で表すことができる．基本量として用いられるものは質量，長さ，時間の三つで，その**次元**（dimension）をそれぞれ M，L，T なる記号で表すと，他の量の次元はこの三つの次元で組み立てられ

---
*その点の流れの方向がその点における物体面の法線を含む一様流に平行な平面内にあるか，またはこの平面に対して大きく傾いていないことを前提とする．

る．たとえば，速度は長さを時間で割った量であるから，速度の次元はL/TあるいはLT^{-1}と表される．同様にして加速度の次元はL/T^2あるいはLT^{-2}であり，また，力はニュートンの運動の法則によれば［力］＝［質量］×［加速度］であるから，その次元はMLT^{-2}である．その他の量の次元もこのようにして調べてみると次のようになる．なお，温度が関係してくる量，たとえば比熱，熱膨張率などの次元を表すには前述の三つの次元のほかに温度を表す第4の次元Θを導入しなければならない．

面積	L^2	圧力	$ML^{-1}T^{-2}$
体積	L^3	エネルギー	ML^2T^{-2}
速度	LT^{-1}	粘性係数	$ML^{-1}T^{-1}$
加速度	LT^{-2}	体積弾性率	$ML^{-1}T^{-2}$
密度	ML^{-3}	比熱	$L^2T^{-2}\Theta$
力	MLT^{-2}	熱膨張率	Θ^{-1}

　次元理論の最も重要な応用は，ある現象において諸量の間に成り立つ関係が未知であるときに，次元の性質を利用してその関係式を推定することで，この方法を**次元解析**（dimensional analysis）という．空気力学や流体力学では流れの中に置かれた物体に働く力が，流速や流体の密度，物体の形や大きさなどによってどのような式で表されるかということは非常に重要である．次のその関係式を次元解析により求めてみよう．

　物体に働く力Rの大きさは，物体の代表長さlのほかに一様流の速度V，流体の密度ρ，粘性係数μ，体積弾性率Kに関係すると考えられる．すなわち，Rはこれらの量の関数であるから一応

$$R = f(l, V, \rho, \mu, K) \qquad (2.85)$$

と表されるわけであるが，次元解析を行うためには関数fの形を具体的な形で表す必要がある．そこで，kを無次元の係数，a, b, c, d, eを未知の指数として

$$R = k l^a V^b \rho^c \mu^d K^e \qquad (2.86)$$

のように表されるものとする．この式を次元M, L, Tで表せば，次のような次元方程式が得られる．

$$MLT^{-2} = L^a (LT^{-1})^b (ML^{-3})^c (ML^{-1}T^{-1})^d (ML^{-1}T^{-2})^e$$
$$= M^{c+d+e} L^{a+b-3c-d-e} T^{-b-d-2e} \qquad (2.87)$$

両辺の次元は等しくなければならないから

$$\left.\begin{array}{l}1=c+d+e\\1=a+b-3c-d-e\\-2=-b-d-2e\end{array}\right\}$$

なる連立方程式が得られる．5個の未知数に対して方程式は三つしかないから，5個の未知数すべてを決めることはできないが，このうちの a, b, c を残りの d と e で表すことはできる．その結果は次のようになる．

$$\left.\begin{array}{l}a=2-d\\b=2-d-2e\\c=1-d-e\end{array}\right\}$$

式（2.86）にこれらの指数を代入すると

$$\begin{aligned}R&=kl^{2-d}V^{2-d-2e}\rho^{1-d-e}\mu^d K^e\\&=k\rho V^2 l^2\left(\frac{Vl}{\mu/\rho}\right)^{-d}\left(\frac{V}{\sqrt{K/\rho}}\right)^{-2e}\end{aligned} \qquad (2.88)$$

となる．この式の最後の二つのカッコ内の量 $\frac{Vl}{\mu/\rho}$ と $\frac{V}{\sqrt{K/\rho}}$ はともに無次元の量であることがわかる．$\frac{Vl}{\mu/\rho}$ は，分母の μ/ρ が動粘性係数 ν であるから，これはレイノルズ数 Re である．また，$\frac{V}{\sqrt{K/\rho}}$ は，分母の $\sqrt{K/\rho}$ が音速 a を表すから，これはマッハ数 M である．したがって，記号 Re, M を用いると式（2.88）は

$$R=kRe^{-d}M^{-2e}\rho V^2 l^2 \qquad (2.89)$$

と書ける．l は物体の代表長さであるから，物体の代表面積を S とすると $l^2 \propto S$ であると考えてよく，また一様流の動圧は $(1/2)\rho V^2$ であるから，式（2.89）はさらに次のように書くことができる．

$$R=C\cdot\frac{1}{2}\rho V^2\cdot S \qquad (2.90)$$

ここに，C は無次元量で物体の形状，姿勢，レイノルズ数，マッハ数で決まる係数である．

R は前節で述べたように動的空気力，または空気合力と呼ばれ，揚力 L, 抗力 D などに分解して取り扱われる．そして，これら分力に対しても式（2.90）

の形は変わらないから，揚力および抗力はそれぞれ

$$L = C_L \cdot \frac{1}{2}\rho V^2 \cdot S \tag{2.91}$$

$$D = C_D \cdot \frac{1}{2}\rho V^2 \cdot S \tag{2.92}$$

と表される．C_L は揚力係数，C_D は抗力係数であって，前節で揚力および抗力を動圧と代表面積の積で割って無次元化する根拠はここにある．C_L も C_D も C と同様，物体の形状，姿勢，レイノルズ数，マッハ数の関数である．

式 (2.91), (2.92) は係数 C_L, C_D がわかれば，V, S, ρ を与えることにより，L, D が計算できることを示している．それゆえ，模型を使って風洞実験を行い，各係数を求めれば，実物に働く空気力が得られるわけであるが，風洞実験から求めた係数が実物のものと同じにならなければならない．そのためには，模型の形が実物と相似（姿勢も含めて）でなければならないことは言うまでもないが，上の結果からすると，Re と M が実物と模型とで同一でなければならない．しかし，Re と M の両方を同時に一致させることは一般に不可能であるから，場合に応じて重要な方を合わせる．

M が 1 以下で非常に小さい場合は，圧縮性の影響は無視できるので Re のみを合わせればよい．そして，このような場合，実物と模型の Re 数が同じであると，たとえば図 2.41 に示すように境界層の遷移についても，遷移点が互いに対応する位置にくる．

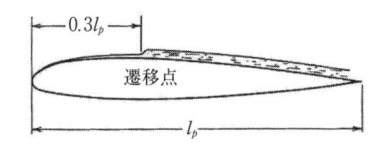

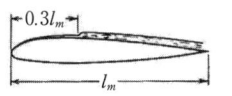

図 2.41　レイノルズ数の等しい場合の境界層の遷移

実物と模型とでレイノルズ数とマッハ数が等しいということは，幾何学的な相似が力学的な相似（C_L や C_D が互いに等しいこと）になることで**相似則**（law of similarity）という．

2.13　風　洞

人工的に一様な気流をつくり，その中に置いた物体に働く力やモーメントを測ったり，あるいはそのまわりの圧力分布や風速分布を測定したり，または流

れの状態を可視化によって調べたりするための装置を**風洞**（wind tunnel）という．

風洞は，構造，機能，性能，用途などの面からいろいろに分類される．まず，気流のマッハ数によって，**低速風洞**（low-speed wind tunnel，$M:0.5$以下），**高速亜音速風洞**（high-speed subsonic wind tunnel，$M:0.5 \sim 0.8$），**遷音速風洞**（transonic wind tunnel，$M:0.8 \sim 1.2$），**超音速風洞**（supersonic wind tunnel，$M:1.2 \sim 5$），**極超音速風洞**（hypersonic wind tunnel，$M:5$以上）に分類される*．

低速風洞や高速亜音速風洞では送風機を連続的に回転させて気流をつくるが，超音速以上の風洞では空気タンク（貯気槽という）に充てんした高圧空気を放出して気流をつくるものが多い．前者を**連続式風洞**，後者を**間欠式風洞****という．連続式風洞は，気流が閉じた回路を循環する回流式と，気流が循環しない吹抜け式に分けられる．また，測定部に気流を包む隔壁がなく，噴流が外気に開放されているか，それとも隔壁で遮断されているかで，測定部開放型と測定部密閉型に分けられる．

風洞では，実物を縮尺した小さな模型でいろいろな実験ができるわけであるが，前節で述べたようにレイノルズ数またはマッハ数を実物と一致させないと，相似則が成り立たなくなり，実験結果にいわゆる**寸法効果**（scale effect）が入ってきて，実験の意味が失われることもあるので十分な注意が必要である．以下，各分類の中から主要な形式の風洞を選び説明することにしたい．

2.13.1 低速風洞

図 2.42 は吹抜け式風洞の一般的な構成を示したものである．空気は左端にあるファンの駆動により左から右へ流れる．風洞の特性として重要なことは測定部において乱れの

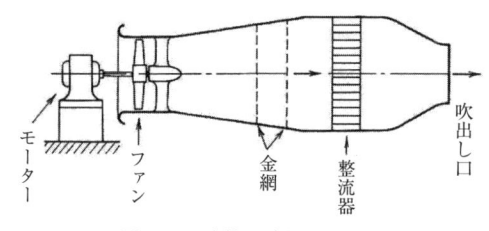

図 2.42 吹抜け式風洞の一例

---

*分類のマッハ数は大体の目安であって，厳密には決められない．また，一つの風洞で二つあるいは三つのマッハ数領域をカバーするものもある．
**真空タンクの中へ吸い込む方式もある．

少ない，一様な流れが得られることである．このため風路の入口には流線形のおおいがつけられ，さらに整流器，絞りノズルが設けられている．整流器は風路に直角にハニカム*や何層かの金網を配したもので，渦を取り除き，流れを平行かつ一様にする．また，絞りノズルは流速を増大させると同時に，さらに流れの一様性を高める．この形式の風洞はファンで空気にエネルギーを与えても，風洞の外へ放出してしまうので動力の損失が大きい．

図2.43のように風洞全体を適当な大きさの実験室の中央に置き，測定部を小さな気密室で囲んだ形式は，1909年，フランスの技術者エッフェル（エッフェル塔の設計者でもある）によっ

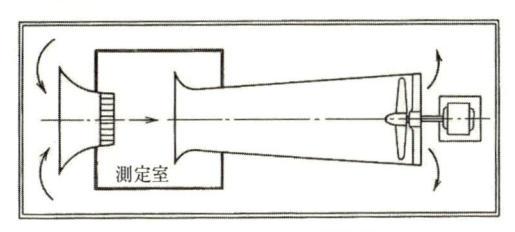

図2.43 エッフェル型風洞

て，はじめてつくられたので**エッフェル型風洞**（Eiffel type wind tunnel）と呼ばれる．気流の乱れを少なくするためにファンを測定部の下流に置いている．

エッフェル型風洞は測定部が開放型となっているが，これを密閉型とし，気密室をなくしたものを **NPL型風洞**（NPL type wind tunnel, 原形は絞りノズルをもたない）という．この形式は1903年にイギリスの国立物理研究所（National Physical Laboratory, 略してNPL）が最初につくったのでそう呼ばれている．密閉型なので模型の交換などには不便であるが，測定部の少し上流に多数の細管を気流に平行に並べ，そこから煙を噴出させて煙の筋によって物体まわりの流線を観察する**煙風洞**（smoke tunnel）にはもっぱらこの形式が用いられる．もちろん，煙で汚れた空気は戸外に排出しなければならない．

回流式の風洞はイギリスのNPLなどでもつくられたが（1910年），本格的なものは1917年にドイツのゲッチンゲン大学でつくられたもので，風路はC字形をしており，以後この形式の風洞は**ゲッチンゲン型風洞**（Göttingen type wind tunnel）と呼ばれている．図2.44はその構造を示したもので，風路の曲がり角には多数の案内翼を設けて空気の乱れるのを防いでいる．同じ空気を循

---

*金属板でつくった蜂の巣状の格子（honeycomb）．

環させているため，吹抜け式に比べて少ない動力ですむ．ゲッチンゲン型風洞は今日，最も多く用いられている形式で，測定部における気流の一様性を保つために密閉型の測定部にしているものも多い．

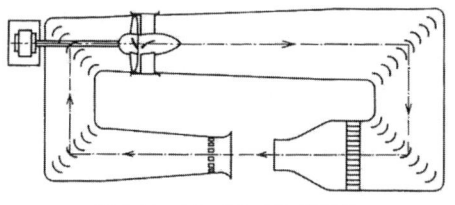

図2.44　ゲッチンゲン型風洞

以上，主として風洞の構造様式について説明したが，前節にも述べたように，実物の縮尺模型を使って風洞実験をする場合，常に問題になるのは，実物とレイノルズ数を一致させることが難しいということである*．そこで，風洞の大きさとレイノルズ数の関係について，ここで少し考えてみることにしたい．

いま，空力特性を調べようとする物体の代表長さを l（飛行機の場合は普通，翼幅をとる），速度を V，空気の動粘性係数を ν とし，模型であることを示すために添字 m，実物を示すためには添字 p をつけることにすれば，模型と実物とでレイノルズ数が等しいためには

$$\frac{V_m l_m}{\nu_m} = \frac{V_p l_p}{\nu_p} \tag{2.93}$$

が成り立たなければならない．普通の風洞では大気圧の状態の空気を使うから，$\nu_m = \nu_p$ で実験すれば

$$V_m l_m = V_p l_p \tag{2.94}$$

となり，模型のレイノルズ数を実物のそれに近づけるためには，模型の寸法と風速をできるだけ実物に近づけなければならない．

たとえば，翼幅 $l_p = 20\mathrm{m}$ の飛行機が速度 $V_p = 150\mathrm{m/s}$（$= 540\mathrm{km/h}$）で飛んでいる場合と，1/20 模型に $V_m = 30\mathrm{m/s}$ の風を当てて実験した場合を比較すると，実物では $V_p l_p = 3{,}000\mathrm{m^2/s}$，模型では $V_m l_m = 30\mathrm{m^2/s}$ となり，風洞実験のレイノルズ数は実物の場合の 1/100 にすぎない．仮に，模型を実物の 1/2 倍にし，風速を実物の 2 倍にしてレイノルズ数を一致させたとしても，V_m は 300m/s という大きな速度になり，しかも風洞の吹出し口の直径は 10m 以上な

---

*実物の縮尺模型の実験以外に理論を実験で確かめるなど，純粋に研究的な実験もするから，このようなときはこの問題はあまり起こらない．

ければならないから莫大な設備と動力費が必要になる．さらに重要なことは，もしこのような風洞をつくって実験したとしても，流れのマッハ数は約 0.9 となり，もはや実機との間の相似則は成り立たなくなる．

結局，実物あるいは実物に近い大きさの模型を使って，実際に近い風速で実験しないかぎり，レイノルズ数を一致させることは困難だということになる．このため，大きな実物風洞がアメリカやフランスでつくられた時代がある．アメリカの NACA [National Advisory Committee for Aeronautics（国立航空諮問委員会）の略，現在の NASA] のラングレー研究所では吹出し口が縦 9.2m，横 18.3m の楕円形で，最大風速 53m/s，送風機用電動機は 8,000 馬力というものをつくった（1931 年）．また，同じく NACA のエームズ研究所には縦 12m，横 24m の楕円形吹出し口をもち，最大風速 100m/s，36,000 馬力という巨大な風洞がつくられた．フランスでは，パリ郊外のシャレー・ムードンに縦 8m，横 16m の楕円形吹出し口で，最大風速 45m/s，6,000 馬力のものがつくられた．しかし，このような風洞実験のやり方は，高速化し，大型化していく飛行機の進歩には結局ついていけなかった．

こうして，風洞の大型化によってレイノルズ数を高めようとする方法は行き詰まったが，これを別の方法で打開しようとする努力もされた．つまり，レイノルズ数を高める方法として，分子の l_m や V_m を大きくするのではなく，分母の ν_m，すなわち風洞内の空気の動粘性係数を小さくする方法が考えられたのである．動粘性係数 ν_m は

$$\nu_m = \frac{\mu_m}{\rho_m}$$

で，粘性係数 μ_m を変えることはできないが，密度 ρ_m を大きくすれば ν_m を小さくできる．そのためには高圧の空気を使えばよい．温度が一定ならば空気密度は圧力に比例するから，20 気圧の空気を使えば密度は 20 倍となり，したがってレイノルズ数も 20 倍となる．この原理を使った風洞が**高圧風洞**（highpressure wind tunnel）あるいは**変圧風洞**（variable density wind tunnel）と呼ばれるものである．

図 2.45 は 1920 年に NACA がつくった高圧風洞で，圧力は 21 気圧まで高められるので，風洞全体が一種の高圧容器をなし，厚さ 50mm の鋼板でつくられている．吹出し口直径は 1.52m，最大風速は 40m/s，電動機は 200 馬力であ

る．NACAではこの風洞を使って一連の大規模な翼型の開発実験を行ったが，レイノルズ数が 8×10^6 という高い値まで実験されている．

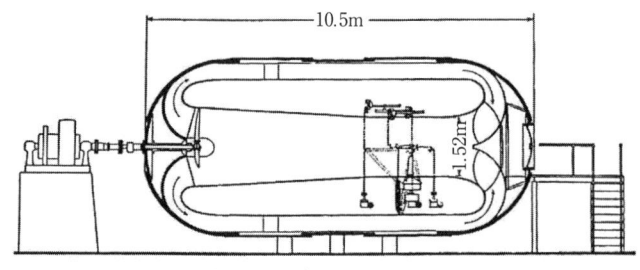

図2.45 高圧風洞（NACA, Langley Field）

2.13.2 高速亜音速風洞

構造的には低速風洞と同じであるが，吹抜け式にすると大きな動力を必要とするので，回流式が用いられる．また，測定部は一般に密閉型につくられる．流速は低速風洞と同様にファンの回転数を上げることにより増すことができる．密閉型の場合，測定部における流路の有効断面積は境界層の発達のために，下流に向かって減少し，この結果，流速は増加する．流速が音速に近いときは，下流のある断面における局所流速が音速に達し，この状態になるとファンの回転数をいくら上げても，流れのマッハ数は増加しなくなる．このとき風洞は**チョーク**（choking, ＝閉塞）したという．模型を入れると，気流の通過する断面積が減るから，さらに低いマッハ数でチョークする．したがって，測定部の断面積は模型に対して十分大きくなければならない．また，測定部の断面積を流れ方向に適当に拡大してやれば，多少はチョークを遅らせることができる．しかし，このような考慮を払っても，到達できるマッハ数は0.9程度が限度で，模型を入れればもっと小さくなる．なお，回流式のため，このような高速運転を続けると風洞内の空気の温度が上がってしまうので（マッハ数はますます低くなる），流路に冷却装置をそう入する．

2.13.3 遷音速風洞

遷音速風洞も構造や流速を上げる方法においては高速亜音速風洞と何ら変わらないが，測定部の壁面が違っている．前述のように，測定部が普通の平行な

固体壁では 0.9 以上のマッハ数を得ることは不可能であるが，たくさんの穴またはスリットのある壁面にすると，0.8 から 1.2 のいわゆる遷音速領域のマッハ数を得ることができる．この

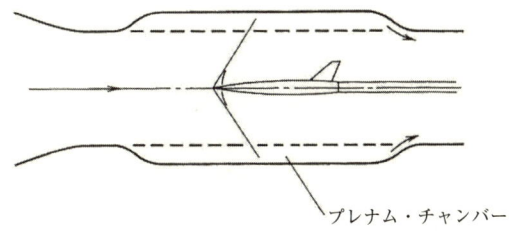

図 2.46　遷音速風洞の測定部

多孔壁の外側は図 2.46 に示すように別の固体壁が包み，その間は空間になっている．この空間は**プレナム・チャンバー**（plenum chamber）と呼ばれ，境界層の発達あるいは模型の存在によって余剰になった空気が，穴を通ってここへ押し出されてくる．こうして流路を狭める効果が取り除かれ，チョークが防げることになる．プレナム・チャンバー内の空気は測定部の下流で再び主流に戻される．

　測定部の壁面の穴あるいはスリットは遷音速風洞において，もう一つ重要な役割を果す．遷音速流中では模型から衝撃波が発生した場合，その波面は流れにほぼ垂直になる．測定部の壁面が通常の固体壁であると，衝撃波は反射して模型の上に戻ってくるため，模型の表面の圧力分布や流れのパターンが変わってしまう．しかし，壁面に穴やスリットがあると図 2.46 にも示したように衝撃波はそこを通ってプレナム・チャンバー内に入るので，反射の影響を防ぐことができる．なお，穴やスリットの大きさ，形，位置，数などを決めることは非常に難しく，試行錯誤的であると言ってよい．

　遷音速風洞になると建設費や動力費の点から連続式のほかに間欠式も用いられる．また，測定部を交換式にして，平行型，多孔壁，ラバール・ノズルのものを用意し，亜音速，遷音速，超音速をカバーしている場合が多い．

2.13.4　超音速風洞

　超音速風洞では連続式よりも，間欠式が多く採用される．遷音速まではファンの回転数（あるいは貯気槽からの吐出圧力）を大きくすることでマッハ数を上げることができたが，マッハ 1.2 以上はこれだけでは得ることができない．超音速を得るためには流れを一度絞って音速まで加速し，これを再び広げる必要がある．このようなノズルを**収れん-発散ノズル**（convergent-divergent nozzle）あるいはラバール・ノズル（Laval nozzle）という．図2.47は超音速風洞とラバール・ノズルを示したものである．測定部における流れのマッハ数は測定部とスロート［咽喉部（いんこうぶ），ノズルの最小断面部］の断面積比で決まるから，ノズルの形状を変えられ

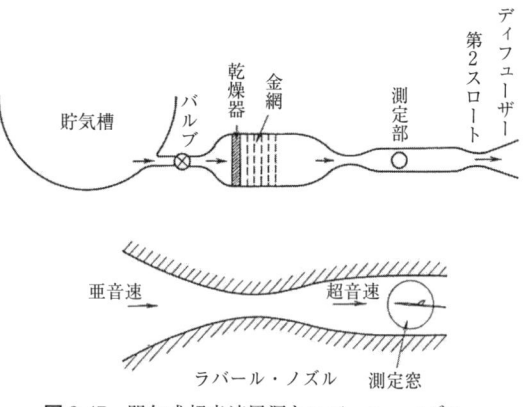

図2.47　間欠式超音速風洞とラバール・ノズル

ないノズルでは，異なるマッハ数で実験したいときは，別の断面積比をもったノズル・ブロックと交換しなければならない．しかし，大型の風洞には断面積比を変えることのできる可変ノズルをもったものもあり，この場合はノズルの形状を変えることにより，風洞運転中においてもある範囲で連続的にマッハ数を変えることができる．可変ノズルは2枚の平行な固体壁の間に多数のジャッキ付支持棒で支えられた2枚の金属板があり，これらの支持棒の長さを変えることにより，ノズルの形状が変えられるようになっている．なお，湿った空気を使用すると，ノズルにおける急激な膨張のため，空気の温度が低下して水滴や霜を生じ，種々の好ましくない影響を与えるので，乾燥器を通して空気を十分乾燥する必要がある．

2.13.5　極超音速風洞

ラバール・ノズルを使う点において，原理的には超音速風洞と変わるところはないが，すべて間欠式である．また，空気温度の低下が著しいので，液化を防ぐため，空気はノズルに入る前に予熱器を通して加熱される．マッハ数が非常に大きい場合は，空気の代りに液化温度の低いヘリウムが使用される．ただ，ヘリウムの比熱比は1.66で空気と異なるため，実験結果を空気に適用する場合，その影響を考慮する必要がある．極超音速飛行で実用上問題になるのは空力加熱であるが，予熱器を使っても実際の空力加熱を研究する目的に合う実験を行うことはいろいろの意味で難しい．

風洞には以上のほかに特殊な目的に使用されるいろいろな風洞がある．それは自由飛行風洞，突風風洞，きりもみ風洞，フラッター風洞，希薄気体風洞などであり，また風洞と類似なものとして衝撃波管，ルートビーク管，ガンタンネルなどがある．ここでは，これらの説明は省略する．

2.13.6 風洞の実例

アメリカおよびヨーロッパ諸国をはじめ世界の各国には非常に多くの風洞がある。それらは構造、性能、大きさなどはさまざまで、ここでそれらについて述べることはできない。

わが国においても多数の風洞があり、その代表例として低速風洞と超音速風洞の実例を挙げてみる。

1. 大型低騒音風洞（鉄道総合技術研究所　風洞技術センター　滋賀県米原市梅ヶ原）

　　測定部は交換式で

開放型の場合		密閉型の場合	
測定部断面	幅5.0m×高さ2.5m	測定部断面	幅3.0m×高さ3.0m
測定部長さ	8m	測定部長さ	20m
最大風速	110m/s	最大風速	83m/s

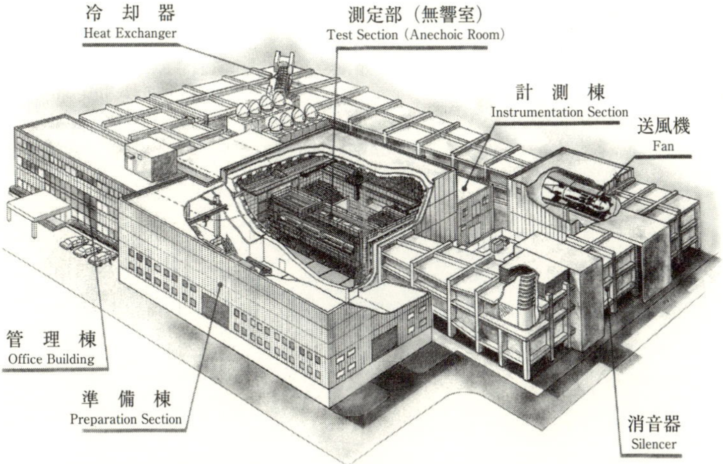

図2.48　大型低騒音風洞（公益財団法人　鉄道総合技術研究所　提供）

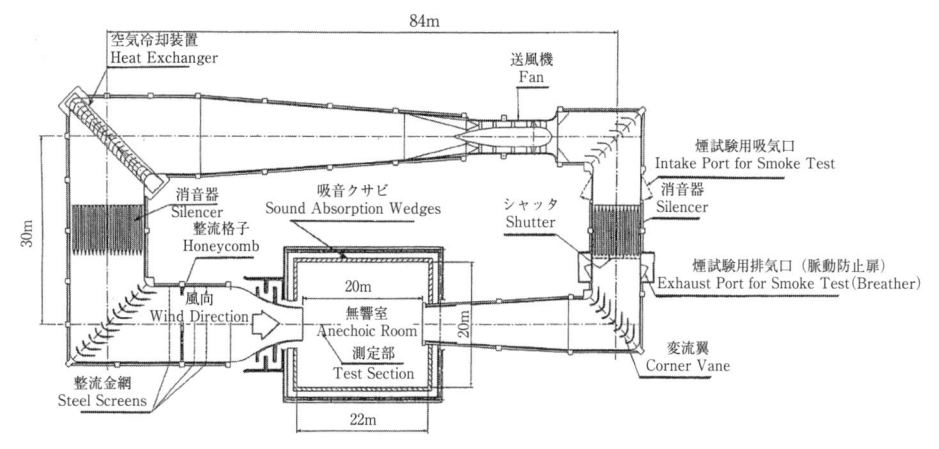

図2.49 大型低速風洞平面図

2. 超音速風洞（宇宙航空研究開発機構　調布航空宇宙センター　東京都調布市深大寺東町）

　　型式　　　　　間欠吹き出し式（気流持続時間最大40秒）
　　測定部断面　　1.0m×1.0m
　　マッハ数　　　1.4～4.0

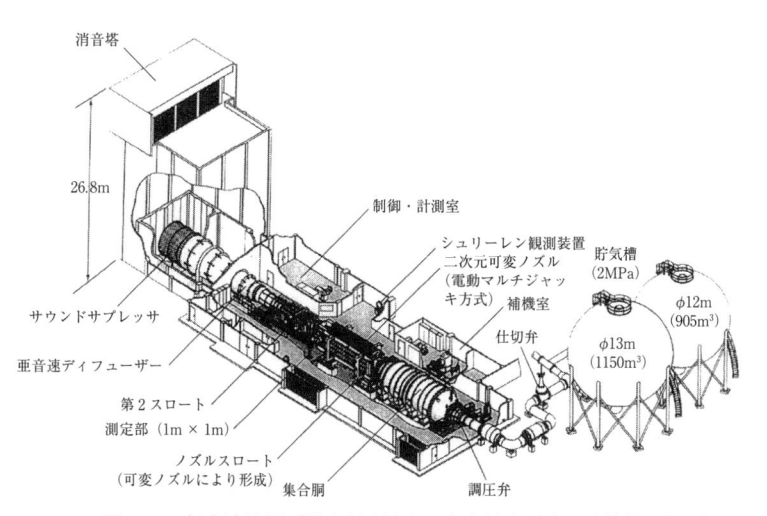

図2.50 超音速風洞（独立行政法人　宇宙航空研究開発機構　提供）

図 2.51　超音速風洞の測定部（独立行政法人　宇宙航空研究開発機構　提供）

2.14　大　気

2.14.1　対流圏と成層圏

　航空機は大気中を飛ぶから，その性能は大気の状態（気温，気圧，空気密度など）に大きく左右される．したがって，標準となる大気を定めて，その大気に基づいて性能を表したり，設計計算をしたりしなければならない．

　大気の層の厚さ，すなわち大気の高さは300kmとも400kmともいわれるが，別にはっきりとした境があるわけではなく，徐々に空気が希薄になっていくのであるから，高さを厳密に示すことはできない．大気の層は性質を異にするいくつかの層に分けられ，下から**対流圏**（troposphere），**成層圏**（stratosphere），**電離圏**（ionosphere），**外圏**（exosphere）などと名付けられている．標準大気では，海面（sea level，略してSL）を高度（altitude）0として，各高度に対する気温を観測の平均値などから定め，これをもとに各高度の気圧，空気密度を理論計算で求めている．図2.52に示す高度方向の気温分布はその一例で，中緯度における観測の平均値はおおよそこの図のような分布をしている．

　普通の航空機の飛行高度は，30,000mくらいまでであるから，航空学では対流圏および成層圏下部の大気状態がわかれば十分である．対流圏と成層圏の間の境界面を**圏界面**（tropopause）という．標準大気ではその高さを11,000mにとっている．対流圏では平均気温は高度とともに直線的に減少しているが，その割合は1,000mについて平均約6.5℃で，これを**気温減率**(lapse rate of temperature) という．

　成層圏は海面上11,000mから80,000mに至る大気の層で，この層の下部

11,000m から 32,000m くらいまでは気温は高度に関係なくほぼ一定で，標準大気では－56.5℃にとっている．高度 32,000m 以上では，図 2.52 に示したように気温は再び直線的に増加する．その割合は，1,000m について平均約 1.0℃である．

大気の各高度における圧力や密度は気温の高度による分布を与えれば，比較的簡単に計算することができる．図 2.53 のように大気中に断面積が A である垂直な気柱を考える．海面上から高度 Z を測り，圧力 p，密度 ρ を Z の関数としてとる．$[Z, Z+dZ]$ 間の長さ dZ の気柱部分の釣合い式を立てると，g を重力加速度として

$$pA - (p+dp)A = \rho g A dZ \quad (2.95)$$

すなわち

$$dp = -\rho g dZ \quad (2.96)$$

を得る．p, ρ, T の間には状態方程式 (2.3a) が成り立つとして，これを適用すると

$$\frac{dp}{p} = -\frac{g}{RT}dZ \quad (2.97)$$

となる．T を Z の関数として与えれば，この式から p が Z の関数として求まり，式 (2.3a) から ρ も Z の関数として定まる．T は対流圏では Z の1次式，成層圏下部では一定であるから，g が Z によらず一定であると仮定すれば式 (2.97) の積分は簡単に求まる．しかし，g は正確には高度 Z とともに次のように変化する．

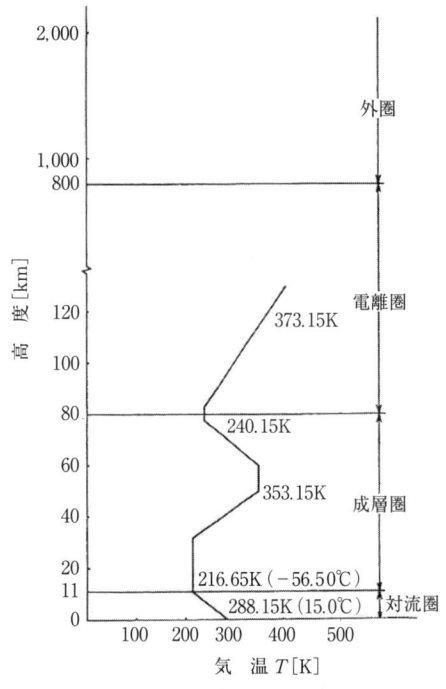

図 2.52 大気の気温分布

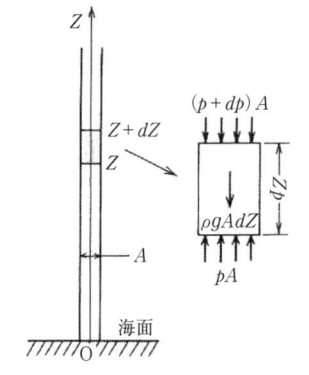

図 2.53 大気柱の釣合い

$$g = g_0 \frac{r^2}{(r+Z)^2} \qquad (2.98)$$

ここに，g_0 は海面上における重力加速度，r は地球の半径である．式 (2.105) を式 (2.97) にそのまま代入しても積分はできるが，g を一定とした場合より複雑になる．

2.14.2 国際標準大気

標準大気といっても何種類かあって，細いところでいくらか違っている．現在，民間航空関係で使われている標準大気は 1952 年に**国際民間航空機関**（International Civil Aviation Organization, 略して ICAO）で制定されたもので，**国際標準大気**（International Standard Atomosphere, 略して ISA）と呼ばれ，気温，気圧，空気密度などの諸元が高度に対して表の形でまとめられている．この表は**標準大気表**と呼ばれ，わが国では JIS0201 に記載されており，高度 32,000m までの大気の諸元を知ることができる．この標準大気では普通一般に使われている幾何学的な高度 Z の代わりに，下記に定義する**ジオポテンシャル高度**（geopotential altitude）H を用いる．これによれば，気温，圧力，密度は H の割合簡単な関数として表される．

ジオポテンシャルとは，高度 Z にある単位質量の物体のもつポテンシャルエネルギー（位置エネルギー），すなわち，海面から単位質量の物体を高さ Z まで持ち上げるに要する仕事量をいう．これを Φ とすると

$$\Phi = \int_0^Z g dZ \qquad (2.99)$$

と書くことができる．この Φ を G（$= 9.80665 \text{m}^2/\text{s}^2 \cdot \text{m}'$）で割った値を H として，これをジオポテンシャル高度という．

式 (2.99) に式 (2.98) を用いると

$$H = \frac{1}{G}\int_0^Z g dZ = \frac{g_0}{G}\int_0^Z \frac{r^2}{(r+Z)^2} dZ = \frac{g_0}{G}\frac{Z}{1+\frac{Z}{r}} \qquad (2.100)$$

で H の単位は m' で表されるが，これを**ジオポテンシャル・メーター**という．いま，g が高度に関係なく一定で，9.80665m/s^2 に等しいとすれば，H と Z は同じになる．また，幾何学的高度 Z が地球の半径 $r = 6.370 \times 10^6 \text{m}$ に比較して

小さいときは，H の数値と Z の数値はほとんど等しい．たとえば，Z が 20,000m のとき H は 19,939m' であるから，標準大気表の範囲では実用上 Z と H を区別する必要はない．

式（2.100）で定義した H を用いると

$$gdZ = GdH \tag{2.101}$$

となるから，式（2.97）は次のように書ける．

$$\frac{dp}{p} = -\frac{G}{RT}dH \tag{2.102}$$

式（2.97）において g は Z の関数であったが，式（2.102）では G は定数である．

国際標準大気では次の仮定（1）〜（3）のもとに気温 T を H の関数として与え，式（2.102）を積分して気圧および空気密度を H の関数として求めている．

(1) 空気は乾燥した完全気体とする［気体定数 $R = 287.053$ J/(kg・K)］．

(2) 海面において気温は $T_0 = 288.15$ K（$t_0 = 15$℃），気圧は $p_0 = 760$ mmHg $= 101.325$ kPa，空気密度は $\rho_0 = 1.2250$ kg/m^3 とする．

(3) 圏界面の高さを $H^* = 11,000$ m' とし，対流圏では気温は高度 1,000m' につき 6.5K で減じ（気温減率 $\alpha = 0.0065$ K/m'），$H = 20,000$ m' までは高度に関わらず気温は一定で $T^* = 216.65$ K（$t^* = -56.50$℃）とする．

表 2.1 は紙面の関係で 500m' おきの高度に対する値しか示していないが，実際の標準大気表には 50m' おきの高度に対する値が記載されている．図 2.54 は，これらの量の高度による変化をグラフにしたものである．標準大気表にはこのほかに，表 2.1 の最後の二つの欄にも示してあるように，音速 a と動粘性係数 $\nu = \mu/\rho$ の値が載っている．空気の粘性係数 μ は温度によって変わるから高度ごとに変わるが，密度 ρ の変わり方と違うので，動粘性係数は高度によって変わることになる．

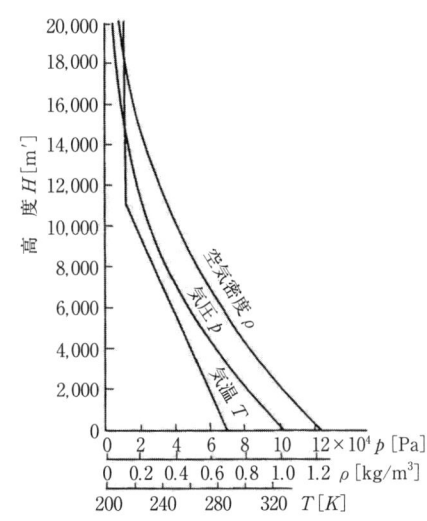

図 2.54 気温，気圧，空気密度の高度方向分布

2.14 大気

表 2.1 標準大気表

高度 H [m']	気温 t [℃]	温 T [K]	気圧 $p \times 10^{-4}$ [Pa]	$\dfrac{p}{p_0}$	空気密度 ρ [kg/m³]	$\dfrac{\rho}{\rho_0}$	音速 α [m/s]	動粘性係数 $\nu \times 10^5$ [m²/s]
0	15.00	288.15	10.1325	1.00000	1.2250	1.00000	340.294	1.4638
500	11.75	284.90	9.5461	0.94213	1.1673	0.95287	338.369	1.5224
1000	8.50	281.65	8.9874	0.88699	1.1116	0.90746	336.434	1.5841
1500	5.25	278.40	8.4556	0.83450	1.0581	0.86373	334.487	1.6489
2000	2.00	275.15	7.9496	0.78456	1.0065	0.82162	332.529	1.7171
2500	−1.25	271.90	7.4683	0.73706	0.95686	0.78111	330.559	1.7890
3000	−4.50	268.65	7.0109	0.69192	0.90912	0.74214	328.578	1.8648
3500	−7.75	265.40	6.5764	0.64904	0.86323	0.70468	326.584	1.9446
4000	−11.00	262.15	6.1640	0.60834	0.81913	0.66868	324.579	2.0289
4500	−14.25	258.90	5.7728	0.56973	0.77677	0.63410	322.560	2.1179
5000	−17.50	255.65	5.4020	0.53314	0.73611	0.60091	320.529	2.2119
5500	−20.75	252.40	5.0506	0.49846	0.69711	0.56907	318.485	2.3113
6000	−24.00	249.15	4.7181	0.46564	0.65970	0.53853	316.428	2.4164
6500	−27.25	245.90	4.4035	0.43459	0.62384	0.50926	314.358	2.5277
7000	−30.50	242.65	4.1061	0.40524	0.58951	0.48123	312.273	2.6456
7500	−33.75	239.40	3.8251	0.37751	0.55663	0.45439	310.175	2.7706
8000	−37.00	236.15	3.5600	0.35134	0.52517	0.42871	308.063	2.9032
8500	−40.25	232.90	3.3099	0.32666	0.49510	0.40416	306.935	3.0440
9000	−43.50	229.65	3.0742	0.30340	0.46635	0.38069	303.793	3.1936
9500	−46.75	226.40	2.8524	0.28151	0.43891	0.35829	301.636	3.3527
10000	−50.00	223.15	2.6437	0.26091	0.4270	0.33690	299.463	3.5221
10500	−53.25	219.90	2.4474	0.24154	0.38772	0.31651	297.274	3.7025
11000	−56.50	216.65	2.2632	0.22336	0.36392	0.29708	295.069	3.8948
11500	−56.50	216.65	2.0917	0.20643	0.33632	0.27455	295.069	4.2143
12000	−56.50	216.65	1.9635	0.19078	0.31083	0.25374	295.069	4.5601
12500	−56.50	216.65	1.7865	0.17631	0.28726	0.23450	295.069	4.9342
13000	−56.50	216.65	1.6511	0.16295	0.26548	0.21672	295.069	5.3389
13500	−56.50	216.65	1.5259	0.15059	0.24536	0.20029	295.069	5.7769
14000	−56.50	216.65	1.4101	0.13917	0.22675	0.18510	295.069	6.2508
14500	−56.50	216.65	1.3032	0.12862	0.20956	0.17107	295.069	6.7636
15000	−56.50	216.65	1.2045	0.11887	0.19367	0.15810	295.069	7.3185
15500	−56.50	216.65	1.1132	0.10986	0.17898	0.14611	295.069	7.9189
16000	−56.50	216.65	1.0288	0.10153	0.16542	0.13504	295.069	8.5685
16500	−56.50	216.65	0.9507	0.09383	0.15288	0.12480	295.069	9.2714
17000	−56.50	216.65	0.8787	0.08672	0.14129	0.11534	295.069	10.032
17500	−56.50	216.65	0.8120	0.08014	0.13057	0.10659	295.069	10.855
18000	−56.50	216.65	0.7505	0.07407	0.12068	0.098511	295.069	11.745
18500	−56.50	216.65	0.6936	0.06845	0.11153	0.091042	295.069	12.709
19000	−56.50	216.65	0.6410	0.06326	0.10307	0.084140	295.069	13.752
19500	−56.50	216.65	0.5924	0.05847	0.095256	0.077760	295.069	14.880
20000	−56.50	216.65	0.5475	0.05403	0.088035	0.071865	295.069	16.100

演 習 問 題

1. 地上 [15℃, 1気圧 (101.3kPa)] における空気の密度は 1.225kg/m^3, ヘリウムのそれは 0.169kg/m^3 である. 1,000m^3 のヘリウムを詰めた気球は, 気球の重量も含めて地上で何Nのものを持ち上げることができるか. (10.35kN)

2. 温度 5℃, 圧力 101.3kPa の空気の密度, 粘性係数および動粘性係数を求めよ.
 (1.27kg/m^3, 1.74×10^{-5} Pa·s, 1.37×10^{-5} m^2/s)

3. 0℃, 100kPa の空気を等エントロピー的に圧縮して 1,000kPa にすると, 温度および密度は何程になるか. また, 音速はどのくらいか. (254℃, 6.61kg/m^3, 460m/s)

4. 図 2.9(a) のクエットの流れにおいて, 流体が 30℃ の空気で, $U = 100$m/s, $h = 5$mm のとき, 摩擦応力 τ はいくらか. (0.372N/m^2)

5. 翼幅 30m の飛行機が標準大気中, 高度 6,000m のところを 500km/h の速度で飛ぶ場合と, この飛行機の 1/10 模型を普通風洞により風速 40m/s (標準大気海面上) で試験する場合のレイノルズ数を比較せよ. また, 高圧風洞を使って圧力を 10 倍にして試験したらどうか. (1.72×10^8, 8.20×10^6, 10倍)

6. 速度 V の一様な流れの中に置かれた翼の表面のある点の速度が kV であったとする. この点の圧力係数は何程か. ただし, 流体は非圧縮性とする. ($1-k^2$)

7. 断面積が減少している円管内を空気 (密度 1.225kg/m^3) が流れている. 断面 1 の管の直径が 50cm で, 平均流速が 30m/s, 圧力が 200kPa, 断面 2 では直径が 30cm である. 断面 2 における平均流速および圧力を求めよ. (83.3m/s, 196kPa)

第3章

翼

3.1 翼の幾何学的構成

　飛行機やグライダーの主翼の形状（翼型や平面形など）について述べる．
　図3.1は最もよく使われているテーパー翼（先細翼ともいう）を例にとって，翼の幾何学的な構成と名称を示したものである．一般に翼の空気力学的な特性を調べる場合には，翼を次の三つの幾何学的な要素に分解して考える．
　(1)　翼の平面形
　(2)　翼の断面形
　(3)　空間的な配置
　翼の性能はこれら三つの要素の組合せで決まるから，飛行機やグライダーを設計する場合には，その用途や特性に合わせて最良の組合せを選ぶ必要がある．

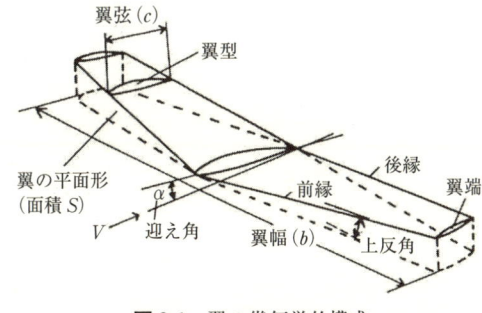

図3.1　翼の幾何学的構成

　上記の三つの要素のうち，(1)の翼の平面形というのは翼を真上から見たときの形状で，図3.2に示すように矩形翼，楕円翼，テーパー翼，デルタ翼（三角翼）などがある．平面形の寸法のうち，翼の空力性能に関係するものとしては，翼幅，翼面積，翼弦長(単に翼弦ともいう)，縦横比（アスペクト比），テーパー比がある．**翼幅**（span）は翼の進行方向に直角な長さ，すなわち翼の左右方向の長さである．**翼面積**（wing area）は翼の最大投影面積（平面への）

と定義され,胴体と重なる部分の面積も含められる.**翼弦**〔(wing) chord〕は翼の進行方向の長さで,正確に言うならば,翼の平面形の対称線に平行な直線が前縁および後縁によって切り取られる部分の長さである.矩形翼では翼弦長は一定であるが,矩形翼以外の翼では翼幅方向に変化している.そこで,一般の翼では何らかの方法で代表の翼弦を定義する必要がある.そのようなものとしては幾何平均翼弦と空力平均翼弦がある.

まず,**幾何平均翼弦**(geometric mean chord)から説明する.いま,

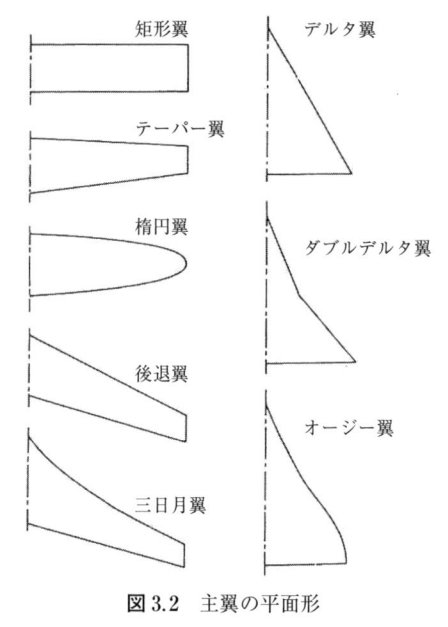

図3.2 主翼の平面形

矩形翼を考えてその翼面積を S,翼幅を b,翼弦を c で表すと,明らかに

$$S = b \cdot c \tag{3.1a}$$

である.この式はまた

$$c = \frac{S}{b} \tag{3.1b}$$

とも書けるから,翼弦は翼面積を翼幅で割ったものであるということができる.そこで矩形翼以外にも式(3.1b)を適用して,この式で計算される翼弦を**幾何平均翼弦**と呼び,記号 $\bar{c}_g$ で表す.すなわち

$$\bar{c}_g = \frac{S}{b} \tag{3.2}$$

幾何平均翼弦は平面形の幾何学的な要素だけから決まり,空気力学的な要素はまったく考慮されていない.そこで空気力学的な見地から決められる代表翼弦を**空力平均翼弦**(mean aerodynamic chord,略してMAC)といい,縦揺れモーメント係数を求めるときの基準長さとなるほか,風洞実験や飛行機の設計において重心位置や風圧中心,空力中心の位置などを示す場合,主翼の対称面に投影した空力平均翼弦上,前縁から何%の位置にあるかで表すことがあ

る．これは飛行機の釣合いや安定性を論ずる場合（第5章）に極めて重要になる．実際の翼の空力平均翼弦を計算によって正確に求めることは困難であるので，風洞実験によらなければならないが，翼幅全体にわたって同じ翼型が使われ，捩れなどもなく，また翼端の影響も無視することにすれば，空力平均翼弦 $\bar{c}_a$ は近似的に次式で求めることができる．

$$\bar{c}_a = \frac{2}{S}\int_0^{b/2} c^2 dy \tag{3.3}$$

ここに y は翼の対称面から直角方向（翼幅方向）に測った距離，c は距離 y における翼弦長である（図3.3）．テーパー翼の場合は，図3.4に示すような作図あるいは次の計算式によって近似的に求めることができる．

$$\bar{c}_a = \frac{2}{3}c_r\left(1 + \frac{\lambda^2}{1+\lambda}\right) \tag{3.4}$$

λ は**テーパー比**（taper ratio, ＝**先細比**）と呼ばれ，翼端の翼弦 c_t と翼中央の翼弦 c_r との比である．すなわち

$$\lambda = \frac{c_t}{c_r} \tag{3.5}$$

翼幅と幾何平均翼弦との比 $b/\bar{c}_g$ は**縦横比**（aspect ratio）または**アスペクト比**と呼ばれ，この比が大きい翼ほど細長い翼となる．グライダーの縦横比は非常に大きく20以上に達するものがあり，戦闘機などは一般に小さく3以下のものがある．縦横比を A で表すと，式(3.2)の関係があるから

$$A = \frac{b}{\bar{c}_g} = \frac{b^2}{S} \tag{3.6}$$

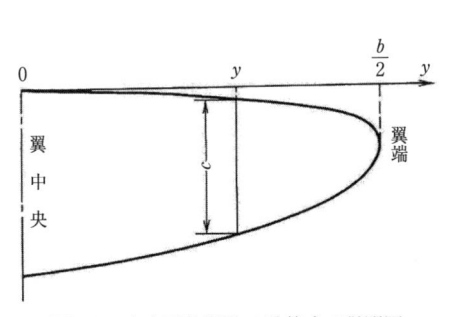

図3.3 空力平均翼弦の計算式の説明図 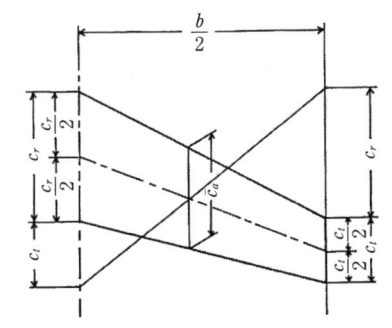　　**図3.4** テーパー翼の空力平均翼弦

表3.1 実機の主翼諸元

機　　名	種　別	翼　幅[m]	翼面積[m²]	縦横比	平面形	最高速度 [km/h]
ロッキード　SR-71	偵察機	17.0	167.2	1.7	デルタ	3,537
サーブ 35　ドラケン	戦闘機	9.4	50.0	1.8	ダブルデルタ	2,124
SNIAS/BAC　コンコルド	旅客機	25.6	358.3	1.8	オージー	2,180
グラマン　F-14A	戦闘機	10.2	52.5	2.0	デルタ*	2,500
ミコヤン　MiG-25	戦闘機	14.0	56.0	3.5	テーパー	3,000
ハンドレページ・ビクター	爆撃機	36.6	241.3	5.6	三日月	1,010
パイパー　PA-23	ビジネス機	10.0	16.2	6.2	矩形	272
ボーイング　747	旅客機	59.6	511.0	7.0	後退	890
セスナ　172	軽飛行機	11.0	16.2	7.5	テーパー	224
ボーイング　B-52	爆撃機	56.4	371.6	8.6	後退	1,014
NAMC　YS-11	旅客機	32.0	94.8	10.8	テーパー	470
ロッキード　U-2	偵察機	24.4	52.5	11.3	テーパー	740
日大ストーク　B	人力機	21.0	21.7	20.3	テーパー	31

＊　可変翼

と書くことができる．表3.1は縦横比の実例を示したものであるが，高速度の飛行機ほど縦横比は小さいことがわかる．また，テーパー翼において中央の1/4弦点（前縁から1/4翼弦長の点）と翼端の1/4弦点を結ぶ直線（これを翼軸という）の平面形への射影が翼の対称面に垂直な直線となす角Λを**後退角**（sweepback angle）という（図3.5）．

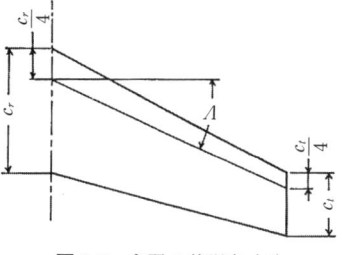

図3.5　主翼の後退角（Λ）

次に，翼の幾何学的な要素の第2番目，すなわち(2)の翼断面形というのは普通，**翼断面**または**翼型**（airfoil section, wing section, profile）と呼ばれるものである．翼型は翼の性能を決めるうえで他の二つの要素に劣らず重要なものであって，翼型を研究する場合は，翼型だけの性能を調べるのであるから，どの断面をとっても同一の翼型をもち，上反角も下反角も，また捩れもない無限に長い翼を考える．このような翼を**2次元翼**（two-dimensional wing）という．前章の2.9節の2次元物体の説明からわかるように，2次元翼では翼端や**捩り下げ**（wash-out）＊（次頁の脚注参照）の影響もなく，翼のどの断面をとって考えてみても，そのまわりの流れの状態はみな同じである．図3.6に4種類の翼

3.1 翼の幾何学的構成

型を示すが，(a), (b) は現在の亜音速機に用いられる翼型で，前縁は丸く厚みをもつ流線形であるのに対し，(c), (d) は超音速機に用いられる翼型で，それぞれ**レンズ翼型**（lens-shaped airfoil, biconvex airfoil），**ダイヤモンド翼型**（diamond-shaped airfoil, double-wedge airfoil）と呼ばれるが，前縁は鋭くとがり，翼厚も薄い．特に，後者は翼の上下面に屋根状の角があり，このような翼型は亜音速飛行には適さない．亜音速用の翼型と超音速用の翼型のこのような違いは，結局，亜音速流と超音速流とでは流れの性質がまったく異なることに起因する．

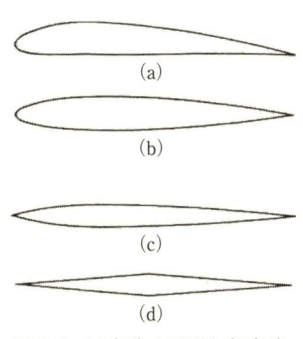

図 3.6 亜音速の翼型と超音速の翼型

翼型も図 3.7 に示すように，いくつかの幾何学的要素の組合せで形づくられている．まず，翼の上面および下面から等しい距離にある線を**中心線**［mean line, **カンバー・ライン**（camber line）ともいう］と呼ぶ．翼型が与えられた

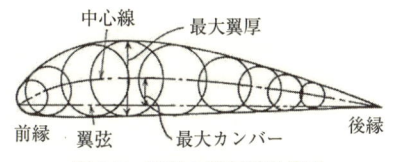

図 3.7 翼型の幾何学的構成

ときに中心線を求めるには，図のように翼型の外形線に内接する多くの円を描き，各円の中心を通って滑らかな曲線を引けばよい．中心線は外形線と2点で交わるが，この2点を結ぶ直線が**翼弦（線）**で，迎え角を測る基準線となる．また，翼弦と翼型の先端部の交点が**前縁**（leading edge），後端部の交点が**後縁**（trailing edge）である．中心線と翼弦のへだたりを**カンバー**［camber, ＝**矢高**（やだか）］といい，カンバーは翼弦に沿って変化しているが，その最大値を最大カンバー，または単にカンバーという．カンバーが0，すなわち中心線が翼弦と一致している翼型を**対称翼**（symmetrical airfoil）という．中心線に直角に交わる直線が翼の上下面で切り取られる線分の長さを**翼厚**（airfoil thickness）という．翼厚は中心線に沿って変化しているが，その最大翼厚と翼弦長との比を百分率で表した値を**最大翼厚比**（maximum thickness ratio）

---

* p.160 参照．

という．なお，最大翼厚または最大翼厚比を単に翼厚と呼ぶことが多い．結局，翼型の形状は次の三つの要素で決まることがわかる．

 (ⅰ) 中心線の形
 (ⅱ) 最大翼厚比
 (ⅲ) 厚さの分布

以上は翼型の幾何学的分析であるが，この逆の操作を考えてみればわかるように，翼型は中心線のまわりに厚みをつけることによってつくることができる．これについては 3.5 節で改めて説明する．

なお，(3) の空間的な配置というのは**上反角**＊ (dihedral angle)，**下反角** (cathedral angle, anhedral angle)，**捩り下げ**＊＊ (wash-out) などをいう．

3.2 翼の性能の表し方

静止空気中において，翼を V なる速さで前進させるか，あるいは静止した翼に風速 V の風を当てるかして，翼に**相対風** (relative wind) を与えると動的空気力が生じることはすでに述べたとおりである．この力は，翼表面の各部分に働く圧力と粘性のために生ずる摩擦応力の合力で，**空気合力** (aerodynamic resultant force) と呼ばれ，普通，R なる記号で表される．図 3.8 で相対風 V と翼弦のなす角 α が**迎え角** (angle of attack) であるが，空気合力の作用する位置は翼幅の中央，翼弦上の前縁寄りのところにあり，翼弦との交点を**風圧中心** (center of pressure，＝**圧力中心**) という．風圧中心は迎え角

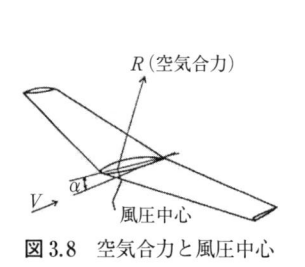

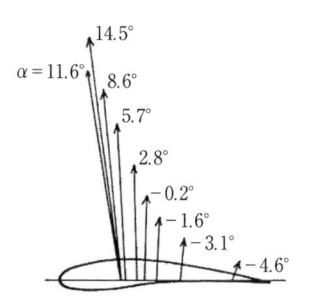

図 3.8 空気合力と風圧中心

図 3.9 迎え角による空気合力の変化

＊ p.209, ＊＊ p.160 参照．

が変わると翼中央の翼弦上を前後に移動する．図3.9は矩形翼（縦横比5）の風圧中心の迎え角による変化を示したものである．この場合，使われている翼型のカンバーの大きいほど風圧中心の移動は大きく，対称翼では迎え角が変わっても風圧中心は1/4弦長の点の付近にあって動かない．

　風圧中心は空力平均翼弦の対称面への投影上において，前縁からの距離 e で表されるが，翼弦 $\bar{c}_a$ で割った無次元の係数，すなわち空気合力の作用線が空力平均翼弦の前縁から弦長の何分の1の点を通るかで表し，これを**風圧中心係数**（center-of-pressure coefficient，＝**圧力中心係数**）と呼び，c_p で表す．

$$C_p = \frac{e}{\bar{c}_a} \tag{3.7}$$

空気合力は普通，互いに直角な二つの方向に分解して取り扱われるが，分解の仕方に二通りの方法がある．その第一は，図3.10に示すように相対風に直角な**揚力** L と，平行な**抗力** D に分解する方法である．第二の分解の仕方は，図3.11のように翼弦に直角な成分と平行な成分とに分ける方法である．前者を**法線分力**（normal force）と呼び N で表し，後者を**接線分力**（tangential force）と呼んで T で表す．これらの力 L，D，N，T は前章の2.11節で述べたように動圧 $(1/2)\rho V^2$ と翼面積 S との積で割り，無次元係数として表す．

$$C_L = \frac{L}{\frac{1}{2}\rho V^2 S} \tag{3.8}$$

$$C_D = \frac{D}{\frac{1}{2}\rho V^2 S} \tag{3.9}$$

$$C_N = \frac{N}{\frac{1}{2}\rho V^2 S} \tag{3.10}$$

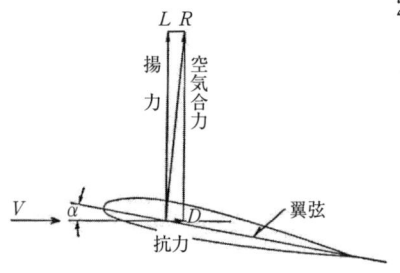

図3.10 空気合力の分解（その1） 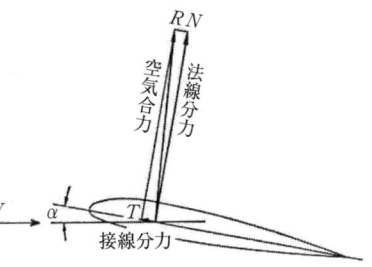　　　図3.11 空気合力の分解（その2）

$$C_T = \frac{T}{\frac{1}{2}\rho V^2 S} \qquad (3.11)$$

すでに述べたように C_L は**揚力係数**, C_D は**抗力係数**であるが, C_N は**法線分力係数** (normal force coefficient), C_T は**接線分力係数** (tangential force coefficient) と呼ぶ.

空気合力は迎え角が変わると作用点(風圧中心)が移動するだけではなく,その大きさや方向も変化する(図3.9).したがって,翼を前縁(矩形翼以外の翼では空気平均翼弦のある翼断面の前縁)まわりに回転しようとするモーメントも迎え角とともに変化する.このモーメントは機体の頭の上げに関するモーメントで,**縦揺れモーメント**(pitching moment, **ピッチング・モーメント**)という.いまの場合,モーメントは前縁まわりにとられているので,前縁まわりの縦揺れモーメントと呼び M_0 で表す.縦揺れモーメントも揚力や抗力と同様に無次元係数にして表し,**縦揺れモーメント係数**(pitching moment coefficient)という.モーメントは [力]×[長さ] という次元をもっているので,無次元化するには,$(1/2)\rho V^2 S$ のほかに $\bar{c}_a$ で割る.すなわち,前縁まわりの縦揺れモーメント係数 C_{M_0} は

$$C_{M0} = \frac{M_0}{\frac{1}{2}\rho V^2 S \bar{c}_a} \qquad (3.12a)$$

と表される.モーメントの符号は頭上げ(機首を上げる回転方向,図3.10では時計まわりの方向)を正と約束する.モーメントをとる基準の点としては,前縁のほかに 1/4 弦長の点や下に述べる空力中心が用いられる.この場合のモーメント係数は,1/4 弦点まわりのモーメントを $M_{1/4}$,空力中心まわりのものを M_{ac} とすると,それぞれ次のように表される.

$$C_{M_{1/4}} = \frac{M_{1/4}}{\frac{1}{2}\rho V^2 S \bar{c}_a} \qquad (3.12b)$$

$$C_{M_{ac}} = \frac{M_{ac}}{\frac{1}{2}\rho V^2 S \bar{c}_a} \qquad (3.12c)$$

$C_{M_{1/4}}$(または $C_{M_{0.25}}$)を 1/4 弦点まわりの縦揺れモーメント係数,$C_{M_{ac}}$ を空力

3.2 翼の性能の表し方

中心まわりの縦揺れモーメント係数という．

航空力学では揚力，抗力，縦揺れモーメントを3分力といい，これに横力，横揺れモーメント（ローリング・モーメント），片揺れモーメント（ヨーイング・モーメント）を加えて6分力という．これらの力やモーメントについては後の章で説明する．

翼には先に述べた風圧中心のほかに，もう一つ空気力学的に重要な点がある．いま，前縁まわりの縦揺れモーメントを考えてみると，図3.9に示したように空気合力の大きさ，作用点，方向は迎え角が変わると変化するので前縁まわりのモーメントも変化する．しかし，迎え角のいかんに関わらず縦揺れモーメントを一定にするような点が存在して，これを**空力中心**（aerodynamic center）という．空力中心は空力平均翼弦の1/4弦点近くにあるが，このような点の存在することは図3.9からも理解できるであろう．

翼の特性は理論計算によってもある程度わかるが，詳しいことは風洞実験で測定して調べる．揚力，抗力，縦揺れモーメントなどは風洞天びんで測定され，前記の式 (3.8)，(3.9)，(3.12) によって係数化されたのち，迎え角に対する変化のグラフとして表される．古い形式の風洞天びんは模型を何本かの針金でつって，針金に働く張力を測定して模型に働く空気力やモーメントを求める構造になっている．これに対して，最近の風洞天びんはストラット式といって数本の支柱で模型を支持し，この支柱によって模型に働く力やモーメントを検測機構に伝え，電圧出力に変換して，これを電圧計と同じ構造の計器で読み取る（図3.12）．さらに超音速風洞などでは，スティング式といって1本の支柱で模型を後ろから串ざしにしたような形で支え，力やモーメントは模型の中に入れた内そう天びんにより，電圧出力として取り出される（図3.13）．

図3.14に示す3分力の測定方法は旧式のつり線方式であるが，原理を理解するためにはこの方が都合がよい．模型は直径0.3～1.0mm程度のピアノ線で裏返しの状態でつるす．模型を裏返しにつるすのは，揚力のために針金がたるむのを防ぐためである．また，負の揚力の発生に備えて必要なところにはおもりをつるす．図3.15は図3.14のつり方を真横から見たもので，迎え角は第2揚力天びんの上下移動で変えることができる．測定は，まず無風の状態で天びんの分銅を調節して模型や針金を正しい位置にセットしたのち，送風機を回して徐々に風速を上げ，予定の風速に落ち着いたところで，再び各天びんの分銅

84　　第3章　翼

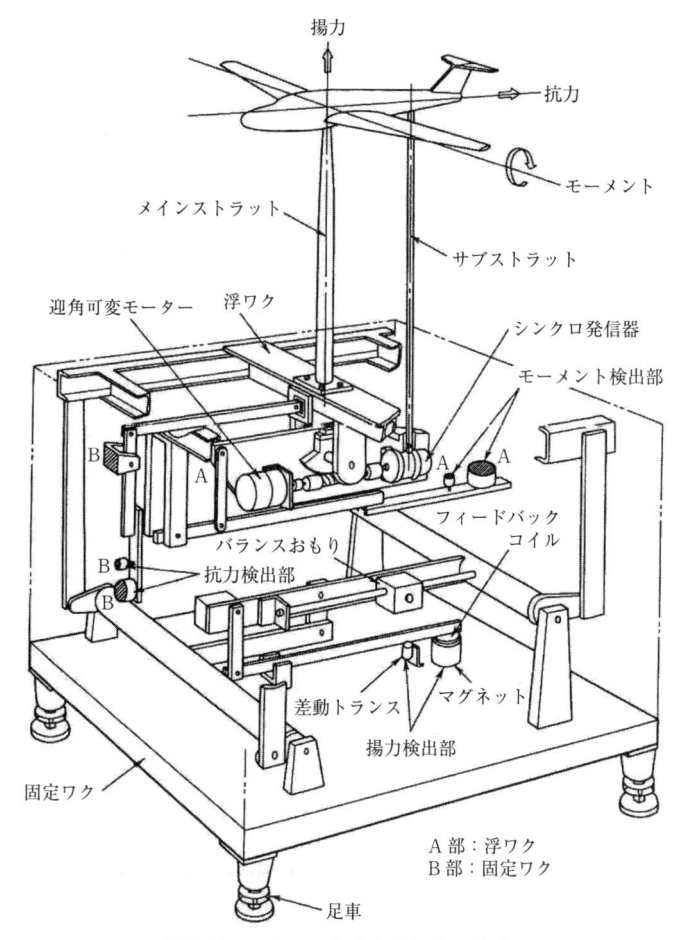

図3.12　ストラット式支持とその天びん

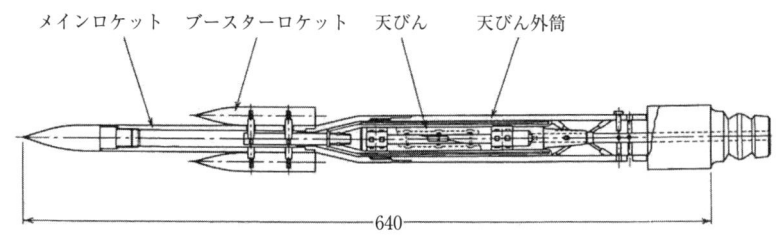

図3.13　スティング式支持と内そう天びん

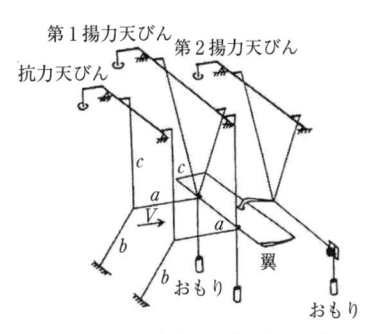

3.2 翼の性能の表し方

図 3.14 3分力の測定（その1） 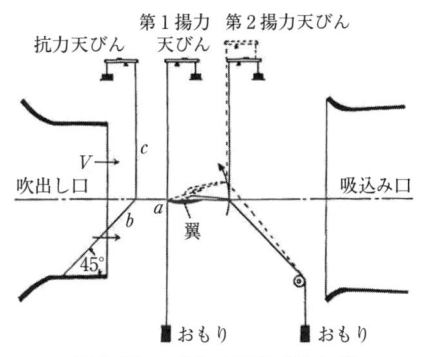　　**図 3.15** 3分力の測定（その2）

を調節して模型と針金の位置をはじめの位置に戻す．このときの分銅の重さの変化の読みから揚力，抗力，縦揺れモーメントを知ることができる．すなわち，第1および第2揚力天びんの読みの和が翼に働く揚力であり，抗力天びんの読みそのものが抗力である．縦揺れモーメントは第2揚力天びんの読みと，第1揚力天びん，第2揚力天びんの針金間の距離との積から求められる．

こうして測定した力やモーメントは係数化したのち，横軸に迎え角 α，縦軸に揚力係数 C_L や抗力係数 C_D，縦揺れモーメント C_M をとってグラフに表す．

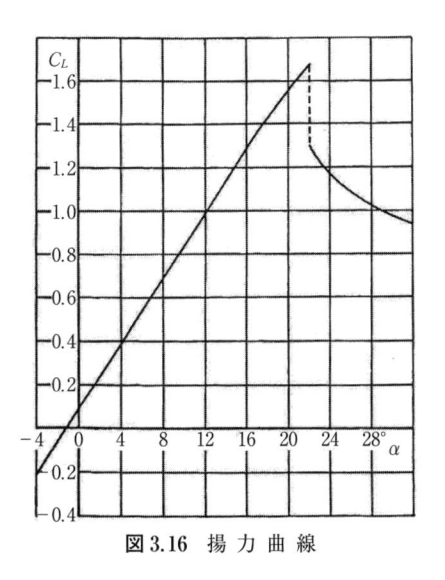

図 3.16 揚力曲線 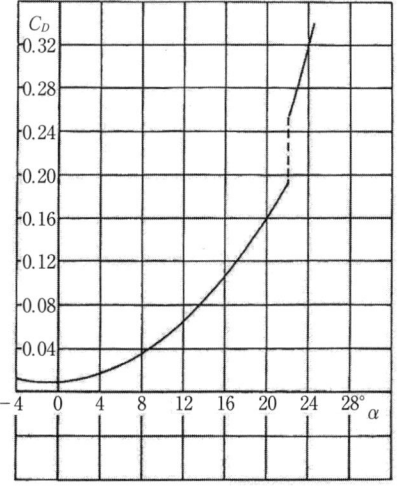　　**図 3.17** 抗力曲線

α に対する C_L の曲線を**揚力曲線**（lift curve），C_D の曲線を**抗力曲線**（drag curve），C_M の曲線を**縦揺れモーメント曲線**（pitching moment curve）といい，その一例を図 3.16, 3.17, 3.18 に示す．これらの図は縦横比が 6，翼型が NACA 23012 である矩形翼の実験結果（レイノルズ数 $Re = 8.37 \times 10^6$）である．なお，実験結果を表すときにはレイノルズ数を付記することを忘れてはならない．図 3.16 からわかるように揚力係数 C_L は迎え角に比例して直線的に増加するが，迎え角の 1°（または，1rad）の増加に対する揚力係数の増加を**揚力傾斜**（lift curve slope, = **揚力勾配**）という．この翼の場合，迎え角が $-1.1°$ で揚力係数が 0 となる．この迎え角を**ゼロ揚力角**（zero lift angle）という（図 3.19）．ゼロ揚力角は翼型のカンバーの大きいほど絶対値が大きくなる．また，迎え角が 22° になると揚力係数は最大値 1.68 となり，この迎え角を

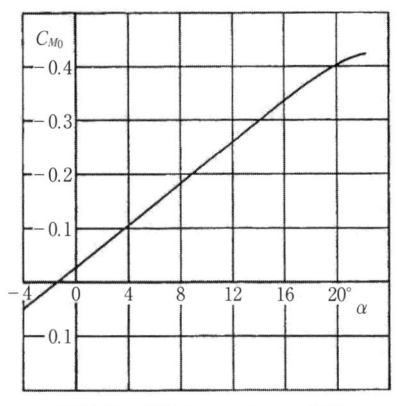

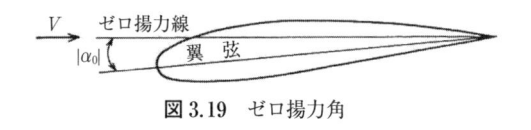

図 3.18 縦揺れモーメント曲線

図 3.19 ゼロ揚力角

超えると揚力係数は急激に減じる．この現象を**失速**（stall）と呼び，このときの迎え角を**失速角**（angle of stall），揚力係数の最大値 $C_{L\max}$ を**最大揚力係数**（maximum lift coefficient）という．図 3.17 は抗力係数 C_D の迎え角による変化であるが，曲線はほぼ放物線で，抗力係数はゼロ揚力角付近で最小値 $C_{D\min} = 0.007$ となり，これを**最小抗力係数**（minimum drag coefficient）という．一方，失速角では抗力係数は急激に増加することがわかる．図 3.18 は前縁まわりの縦揺れモーメント係数 C_{M0} の迎え角に対する変化である．翼は一般に迎え角が正のとき，前縁まわりの縦揺れモーメントは常に頭下げとなるので，C_{M0} は負である．

以上は 3 分力試験結果の必要最小限の表示であるが，このほかによく用いられる翼の特性線図としては，揚力係数と抗力係数の関係を表す**極曲線**（polar curve），**揚抗比**（lift/drag ratio）C_L/C_D の迎え角に対する変化を表す**揚抗比**

3.2 翼の性能の表し方

曲線（lift/drag ratio curve），風圧中心係数の迎え角に対する変化を表す線図がある．これらを図3.20，3.21，3.22に示す．このうち風圧中心係数は，ある迎え角における空力平均翼弦の前縁まわりの縦揺れモーメント係数を法線分力係数（$C_N = C_L\cos\alpha + C_D\sin\alpha$）で割ればその迎え角に対する風圧中心係数が求まる．また，極曲線図は図3.20のように横軸に抗力係数，縦軸に揚力係数をとって表したもので，曲線に沿って記入されている数字はその点で示される抗力係数と揚力係数を与える迎え角である．極曲線図においては，ある迎え角に対する揚抗比はその点の縦座標と横座標との比で求められるから，最大揚抗比

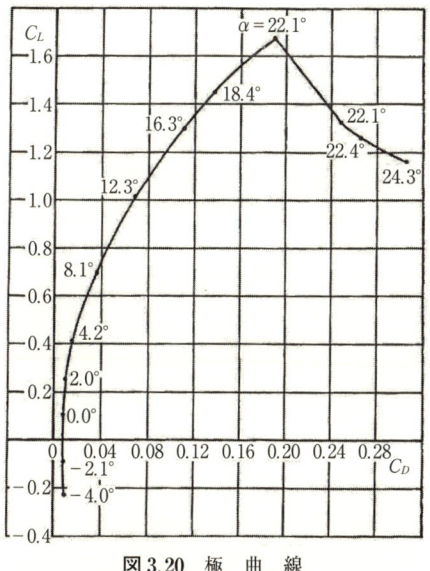

図 3.20　極　曲　線

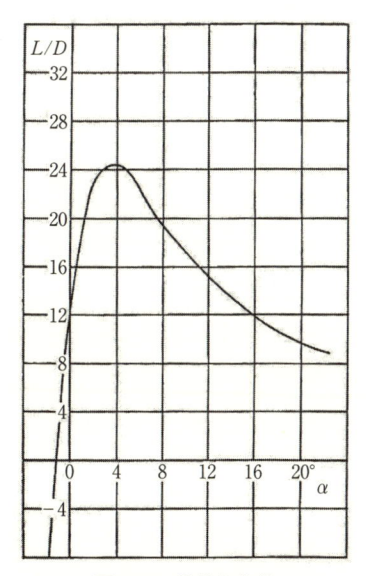

図 3.21　揚抗比曲線

およびそのときの迎え角は，原点を通って極曲線に引いた接線の勾配およびその接点に対応する迎え角から求めることができる．

　これまでの説明は**有限翼**（finite wing，翼幅が有限な翼），すなわち**3次元翼**（three-dimensional airfoil）に関するも

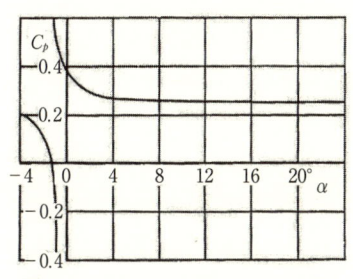

図 3.22　風圧中心係数の迎え角変比

のであったが，翼型のみの性能を調べるには2次元翼を考えなければならない．風洞実験では，翼端の影響を避けるため測定部密閉式の2次元風洞を用いるのがよい．アメリカのNACAはこの目的のために測定断面が幅3ft，高さ7.5ftの乱れの少ない高圧風洞を建設して多くの翼型について実験的研究を行った．固定壁のない開放式の一般風洞を使って翼型の実験をするためには，図3.23のように翼の両端に側壁を設けて実験する．実験結果のまとめ方は3次元翼の場合と同じである．ただし，揚力係数，抗力係数，モーメント係数など3次元翼の場合にはC_L, C_D, C_Mと大文字で表すが，翼型（2次元翼）の場合は小文字C_l, C_d, C_mで表すことにする．

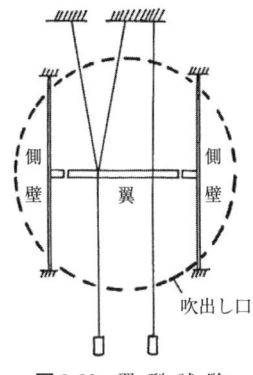

図3.23 翼型試験

3.3 薄翼理論

2次元翼理論(two-dimensional airfoil theory, ＝**翼型理論**)には，カンバーの小さい薄翼が小さな迎え角で風をうけている場合を近似的に取り扱った**薄翼理論**(thin airfoil theory)と，一般の翼型に対して厳密に成り立つ**任意翼型の理論**(theory of arbitrary wing sections)とがある．後者は複素関数論を応用したもので，前者に比べ複雑で，この理論がまだ発達していなかった時代にはもっぱら薄翼理論が用いられた．しかし，任意翼型の理論ができてからは，薄翼理論の長所は理論の簡単さだけで，揚力係数，モーメント係数，空力中心などについてはかなりよい結果を与えているが，圧力分布などは誤差が大きいので翼型の研究や設計にはあまり用いられなくなった．本節では薄翼理論については多少詳しい説明をするが，任意翼型の理論は本書の程度を超えるので，次節においてジューコフスキー変換による翼型の写像について述べるにとどめる．

前章で述べたように，翼はその断面まわりに循環を生ずる物体である．渦糸もまた自分のまわりに循環を生ずる．このことから翼は循環を生ずるという点において渦糸と同じ働きをするものだと言える．つまり，理論的には翼を渦糸で置き換えることができる．薄翼理論というのは，翼厚を無視して中心線だけ

3.3 薄翼理論

の翼型とみなすことができる場合には，図3.24に示すように中心線に沿って無数に多くの渦糸を並べ，これで薄い翼の働きを演じさせようという考えに基づいている．厚さが無視できないような翼型の場合には，薄翼理論では満足な結果は得られない．

図3.25のように翼弦 c の薄翼を考える．前縁を原点とし翼弦方向に x 軸をとり，$y=y(x)$ で翼の中心線を表す．いま原点から中心線に沿って距離 s を測り，中心線を n 個の短い線分に分割する．j 番目の線分の長さを Δs_j とし，その両端の (x, y) 座標を (ξ_{j-1}, η_{j-1})，(ξ_j, η_j)，線分に沿う渦の強さを単位長さ当たり γ_j とする．

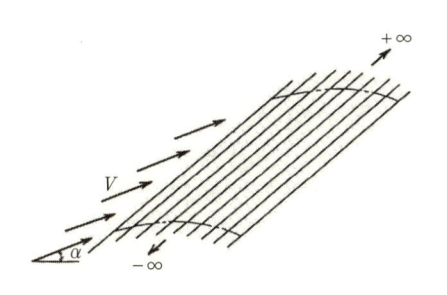

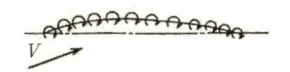

図3.24 薄翼理論における渦分布

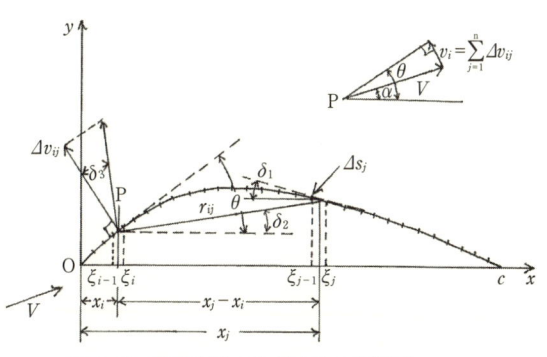

図3.25 薄翼理論の計算方法の説明図
（カンバーは誇張して描かれている）

ここで角 δ_1，δ_2，δ_3 を図のようにとると Δs_j 部分の渦が中心線上の点Pに誘導する速度の中心線に垂直な成分 Δv_{ij} は式（2.64）を適用すると

$$\Delta v_{ij} = \frac{1}{2\pi} \frac{\gamma_j \Delta s_j}{r_{ij}} \cos\delta_3 \tag{3.13}$$

ここに

$$r_{ij} = \frac{x_j - x_i}{\cos\delta_2} \tag{3.14}$$

$$\Delta s_j = \frac{\xi_j - \xi_{j-1}}{\cos\delta_1} \tag{3.15}$$

であるから

$$\varDelta v_{ij} = \frac{1}{2\pi} \frac{\gamma_j(\xi_j - \xi_{j-1})}{x_j - x_i} \frac{\cos\delta_2 \cos\delta_3}{\cos\delta_1} \tag{3.16}$$

薄翼理論では角 δ_1, δ_2, δ_3 および迎え角 α は非常に小さいと見なすので，すべての $\varDelta s_j(j=1, 2, 3\cdots, n)$ 部分の渦が点 P に誘導する速度 v_i は

$$v_i = \sum_{j=1}^{n} \varDelta v_{ij} = \frac{1}{2\pi} \sum_{j=1}^{n} \frac{\gamma_j(\xi_j - \xi_{j-1})}{x_j - x_i} \tag{3.17}$$

となる．

　翼に当たる相対風の速度を V とすると，v_i は V に比較して小さいから，点 P での流れは x 軸と $\alpha + v_i/V$ だけ傾く．流れは翼面に沿って流れなければならないから，流れの方向と翼面のその点における勾配は等しくなければならない．v_i は式 (3.17) で表されるから

$$\frac{\eta_i - \eta_{i-1}}{\xi_i - \xi_{i-1}} = \alpha + \frac{1}{2\pi V} \sum_{j=1}^{n} \frac{\gamma_j}{x_j - x_i}(\xi_j - \xi_{j-1}) \tag{3.18}$$

ここで線分の長さを限りなく小さくすると

$$\xi_i - \xi_{i-1} \to dx \qquad \eta_i - \eta_{i-1} \to dy$$
$$\xi_j - \xi_{j-1} \to d\xi \qquad \xi_i \to x \qquad \xi_j \to \xi$$

のように微分の形に置くことができるから式 (3.17)，(3.18) は次式のように書くことができる．

$$v = \frac{1}{2\pi} \int_0^c \frac{\gamma(\xi)}{\xi - x} d\xi \tag{3.19}$$

$$\frac{dy}{dx} = \alpha + \frac{1}{2\pi V} \int_0^c \frac{\gamma(\xi)}{\xi - x} d\xi \tag{3.20}$$

　以下，理論の展開の都合上，座標の原点を図 3.26 のように翼弦の中央に置き，翼弦の長さ c を $2a$ とする．この場合，式 (3.19)，(3.20) は

$$v = \frac{1}{2\pi} \int_{-a}^{a} \frac{\gamma(\xi)}{\xi - x} d\xi \tag{3.21}$$

$$\frac{dy}{dx} = \alpha + \frac{1}{2\pi V} \int_{-a}^{a} \frac{\gamma(\xi)}{\xi - x} d\xi \tag{3.22}$$

のようになる．式 (3.22) は中心線の形 $y = y(x)$ を与えて $\gamma(x)$ を求める積分方程式になっている．この方程式を解く方法はいろいろあるが，フーリエ級数を使う方法が一般的である．

3.3 薄翼理論

すなわち，ここまでは翼中心線の形 $y(x)$ も，渦度の分布 $\gamma(x)$ も x の関数であったが，次式によって変数を x から θ に置き換える．

$$x = a\cos\theta \quad (0 \leq \theta \leq \pi) \quad (3.23)$$

$\theta = 0$ は翼の後縁に，$\theta = \pi$ は翼の前縁に対応する．この変数置換によって中心線の形は三角関数の級数で書き換えることができ，また，渦度の分布はフーリエ級数で表しておけば，その係数をいろいろに変えることにより渦度の分布を自由に変えることができる．よって，積分方程式 (3.22) において中心線の形が与えられたとき，渦度の分布がこの方程式を満足するようにフーリエ級数の係数を決めることができる．以上の主旨に従って渦度の分布を次のようにフーリエ級数で表す*．

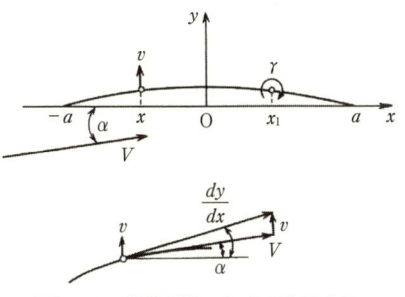

図 3.26 薄翼理論における境界条件

$$\gamma(x) = 2V\left(a_0 \tan\frac{\theta}{2} + \sum_{n=1}^{\infty} a_n \sin n\theta\right) \quad (3.24)$$

これを式 (3.23) とともに式 (3.21) に代入すると次のようになる．

$$v = -\frac{V}{\pi}\int_{\pi}^{0} \frac{\left(a_0 \tan\frac{\theta_1}{2} + \sum_{n=1}^{\infty} a_n \sin n\theta_1\right)\sin\theta_1}{\cos\theta_1 - \cos\theta} d\theta_1 \quad (3.25\mathrm{a})$$

ここで三角関数の関係式

$$\tan\frac{\theta}{2}\sin\theta = 1 - \cos\theta$$

$$\sin n\theta \sin\theta = -\frac{1}{2}[\cos(n+1)\theta - \cos(n-1)\theta]$$

を用いると

$$v = \frac{V}{\pi}\int_{0}^{\pi} \frac{a_0(1-\cos\theta_1) + \frac{1}{2}\sum_{n=1}^{\infty} a_n[\cos(n-1)\theta_1 - \cos(n+1)\theta_1]}{\cos\theta_1 - \cos\theta} d\theta_1$$

---

*任意の関数をフーリエ級数に展開すると，一般に sin と cos の級数で表されるが，$0 \leq \theta \leq \pi$ の範囲では sin 級数のみでよく，また，$\tan(\theta/2)$ の項は前縁で速度が無限大になる場合を考慮して付加されたものである．

積分公式

$$\int_0^\pi \frac{\cos n\theta_1}{\cos\theta_1 - \cos\theta} d\theta_1 = \pi \frac{\sin n\theta}{\sin\theta} \quad (n=0,1,2,\cdots) \tag{3.26}$$

を用いて積分を実行すると

$$v = \frac{V}{\pi}\left[-\pi a_0 + \frac{\pi}{2}\sum_{n=1}^\infty a_n \frac{\sin(n-1)\theta - \sin(n+1)\theta}{\sin\theta}\right]$$

$$= -V\left(a_0 + \sum_{n=1}^\infty a_n \cos n\theta\right) \tag{3.25b}$$

ここに次の関係式を用いた.

$$\cos n\theta \sin\theta = \frac{1}{2}[\sin(n+1)\theta - \sin(n-1)\theta]$$

したがって，式(3.22)は

$$\frac{dy}{dx} = \alpha - \left(a_0 + \sum_{n=1}^\infty a_n \cos n\theta\right) \tag{3.27}$$

　この式の両辺を θ について 0 から π まで積分すると，係数 a_0 を決める式が得られる.

$$a_0 = \alpha - \frac{1}{\pi}\int_0^\pi \frac{dy}{dx} d\theta \tag{3.28}$$

また，両辺に $\cos m\theta$ を掛け，θ について 0 から π まで積分すると

$$\int_0^\pi \frac{dy}{dx}\cos m\theta d\theta = (\alpha - a_0)\int_0^\pi \cos m\theta d\theta - \int_0^\pi \sum_{n=1}^\infty a_n \cos n\theta \cos m\theta d\theta$$

積分公式

$$\int_0^\pi \cos n\theta \cos m\theta d\theta = \begin{cases} \dfrac{2}{\pi} & (m=n) \\ 0 & (m \neq n) \end{cases}$$

を使うと，$a_n(n=1,2,3,\cdots)$ を決める式が得られる.

$$a_n = -\frac{2}{\pi}\int_0^\pi \frac{dy}{dx}\cos n\theta d\theta \tag{3.29}$$

　$\gamma(x)$ がわかると翼の単位幅についての揚力およびモーメントを求めることができる. $\gamma(x)$ を翼の前縁から後縁まで積分すると

3.3 薄翼理論

$$\Gamma = \int_{-a}^{a} \gamma(x)\,dx \tag{3.30}$$

となるが，これは翼まわりの循環に等しい．よって，翼の単位幅に働く揚力は

$$l = \rho V \Gamma = \rho V \int_{-a}^{a} \gamma(x)\,dx \tag{3.31}$$

式(3.24)を式(3.31)に代入して

$$\begin{aligned}
l &= 2\rho V^2 a \int_0^\pi \left(a_0 \tan\frac{\theta}{2}\sin\theta + \sum_{n=1}^{\infty} a_n \sin n\theta \sin\theta \right) d\theta \\
&= 2\rho V^2 a \int_0^\pi \left[a_0(1-\cos\theta) + \sum_{n=1}^{\infty} a_n \sin n\theta \sin\theta \right] d\theta \\
&= 2\pi \rho V^2 a \left(a_0 + \frac{a_1}{2} \right) \tag{3.32}
\end{aligned}$$

ここに積分公式

$$\int_0^\pi \sin n\theta \sin m\theta\, d\theta = \begin{cases} \dfrac{\pi}{2} & (m=n) \\ 0 & (m\neq n) \end{cases}$$

を用いた．揚力係数を求めると

$$C_l = \frac{l}{\frac{1}{2}\rho V^2 (2a)} = 2\pi \left(a_0 + \frac{a_1}{2} \right) \tag{3.33}$$

迎え角 α で微分すると揚力傾斜が得られる．式(3.28)，(3.29)によると，$da_0/d\alpha = 1$，$da_1/d\alpha = 0$ であるから

$$\frac{dC_l}{d\alpha} = 2\pi \tag{3.34}$$

すなわち，薄翼はどんな翼型でもすべて揚力傾斜は 2π となることがわかる．

ゼロ揚力角 α_0 は，揚力係数 c_l が0となることから求められる．式(3.33)より

$$a_0 + \frac{a_1}{2} = 0$$

であるから，式(3.28)，(3.29)を用いると

$$\alpha_0 = \frac{1}{\pi}\int_0^\pi \frac{dy}{dx}d\theta + \frac{1}{\pi}\int_0^\pi \frac{dy}{dx}\mathrm{con}\theta d\theta$$

$$= \frac{1}{\pi}\int_0^\pi (1+\cos\theta)\frac{dy}{dx}d\theta \tag{3.35}$$

α_0 はカンバーの付いた翼では負, 対称翼では 0 となる.

翼の上面のある点の速度を $V+v_u$ とし, 同じ点の下面の速度を $V+v_l$ とする. このとき, 図 3.27 に示すようにこの点を囲む微小な長方形に沿って循環を計算すると

$$(V+v_u)dx - (V+v_l)dx = \gamma(x)dx$$

すなわち

$$v_u - v_l = \gamma(x) \tag{3.36}$$

である. また, この点における上面と下面の圧力差は, v_u, v_l が V に比べて十分に小さいことを考慮するとベルヌーイの定理により

$$p_l - p_u = \frac{1}{2}\rho(V+v_u)^2$$

$$-\frac{1}{2}\rho(V+v_l)^2 = \rho V\gamma(x) \quad (3.37\mathrm{a})$$

これは翼弦に沿って分布する**局所的な負荷**(local chordwise loading, 翼の下から上へ働く分布荷重)である. これを動圧 $(1/2)\rho V^2$ で割って無次元化したものを**局所負荷係数** (local load coefficient) といい, P_R で表す. すなわち

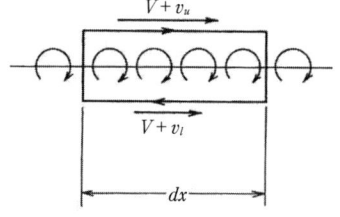

図 3.27 翼断面の一部を囲む閉曲線に沿う循環の算出

$$P_R = \frac{p_l - p_u}{\frac{1}{2}\rho V^2} = \frac{2\gamma(x)}{V} \tag{3.37b}$$

式 (3.24) を代入すると

$$P_R = 4\left(a_0\tan\frac{\theta}{2} + \sum_{n=1}^\infty a_n\sin n\theta\right) \tag{3.38}$$

となる. この負荷は $a_0=0$ でないかぎり, $\theta=\pi$ (前縁) で無限大となる. $a_0=0$ となる迎え角 α_r を**理想迎え角** (ideal angle of attack) という. 式 (3.28) より

3.3 薄翼理論

$$\alpha_r = \frac{1}{\pi}\int_0^\pi \frac{dy}{dx}d\theta \tag{3.39}$$

この迎え角においては，相対風の方向と前縁における翼型中心線の方向とが一致する．

前縁まわりのモーメント m_0（頭上げを正とする）は，図 3.28 に示すように点 P における翼弦の微小部分に働く力 $(p_l-p_u)dx$ が前縁まわりにもつモーメント $-(a+x)(p_l-p_u)dx$ を $x=-a$ から a まで積分することにより与えられる．

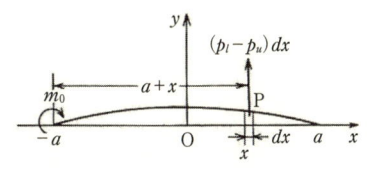

図 3.28 前縁まわりのモーメント m_0 の算出

$$m_0 = -\int_{-a}^a (a+x)(p_l-p_u)dx = -\rho V \int_{-a}^a (a+x)\gamma(x)dx \tag{3.40}$$

式 (3.24) を代入し，式 (3.31) を考慮すると

$$\begin{aligned}
m_0 &= -al - 2\rho V^2 a^2 \int_0^\pi \left(a_0\tan\frac{\theta}{2} + \sum_{n=1}^\infty a_n\sin n\theta\right)\cos\theta\sin\theta\,d\theta \\
&= -al - 2\rho V^2 a^2 \int_0^\pi \left[a_0\left(\cos\theta - \frac{1+\cos 2\theta}{2}\right)\right. \\
&\quad \left. + \frac{1}{2}\sum_{n=1}^\infty a_n\sin n\theta\sin 2\theta\right]d\theta \\
&= -2\pi\rho V^2 a^2\left(a_0 + \frac{a_1}{2}\right) + \pi\rho V^2 a^2\left(a_0 - \frac{a_2}{2}\right) \tag{3.41}
\end{aligned}$$

したがって，前縁まわりのモーメント係数は

$$\begin{aligned}
C_{m_0} &= \frac{m_0}{(1/2)\rho V^2(2a)^2} = -\pi\left(a_0+\frac{a_1}{2}\right) + \frac{\pi}{2}\left(a_0-\frac{a_2}{2}\right) \\
&= -\frac{1}{4}\left[2\pi\left(a_0+\frac{a_1}{2}\right)\right] - \frac{\pi}{4}(a_1+a_2) \\
&= -\frac{1}{4}C_l - \frac{\pi}{4}(a_1+a_2) \tag{3.42}
\end{aligned}$$

この最後の結果は，前縁まわりのモーメントを 1/4 弦点に働く揚力によるモーメント（第1項）と 1/4 弦点まわりのモーメント（第2項）の和として表したものである．迎え角 α は a_0 にのみ関係するから，上式の第2項は α を含ま

い定数である．このことは，1/4弦点まわりのモーメントは迎え角によらず一定であることを示している．すなわち，1/4弦点は空力中心である[*]．

結局，空力中心まわりのモーメント係数を C_{mac} とすると

$$C_{m_0} = -\frac{1}{4}C_l + C_{mac} \tag{3.43}$$

となる．ここに

$$C_{mac} = -\frac{\pi}{4}(a_1 + a_2) \tag{3.44}$$

以上の結果を二，三の翼型に適用して，渦度の分布，揚力係数，モーメント係数などを求めてみよう．

3.3.1 平板翼

中心線は直線で x 軸と一致する．中心線の方程式は $y(x) = 0$ となるから，式 (3.28)，(3.29) より $a_0 = \alpha$，$a_n = 0 (n = 1, 2, 3, \cdots)$ である．式 (3.24) から

$$\gamma = 2V\alpha\tan\frac{\theta}{2} = 2V\alpha \cdot \frac{1-\cos\theta}{\sin\theta}$$

$$= 2V\alpha\sqrt{\frac{1-\cos\theta}{1+\cos\theta}} = 2V\alpha\sqrt{\frac{a-x}{a+x}} \tag{3.45}$$

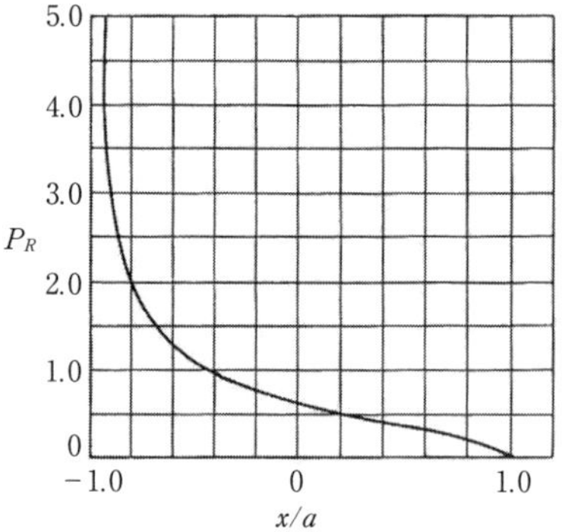

図 3.29 平板の負荷分布 ($\alpha = 8.8°$)

したがって，負荷分布は図 3.29 のようになる．

式 (3.33)，(3.43)，(3.44) から

$$C_l = 2\pi\alpha, \quad C_{m_0} = -\frac{\pi}{2}\alpha, \quad C_{mac} = 0 \tag{3.46}$$

3.3.2 放物線カンバー翼（図 3.30）

f を小さい正の定数とすると，中心線の方程式は次式で表される．

---

[*]「モーメント係数」はモーメントを無次元化したものであるから簡単のために「モーメント」ということもあり，係数について成り立つことはもとのモーメントについても成り立つ．

$$y = \frac{f}{a^2}(a^2 - x^2) \qquad (3.47)$$

よって

$$\frac{dy}{dx} = -2\frac{f}{a^2}x$$

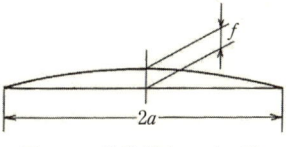

図 3.30 放物線カンバー翼

これを式 (3.23) によって θ で表すと

$$\frac{dy}{dx} = -2\frac{f}{a}\cos\theta$$

となる．式 (3.28), (3.29) より

$$a_0 = \alpha, \quad a_1 = 2f/a, \quad a_2 = a_3 = \cdots = 0$$

$$\gamma = 2V(\alpha\tan\frac{\theta}{2} + 2\frac{f}{a}\sin\theta)$$

$$= 2V\left(\alpha\sqrt{\frac{a-x}{a+x}} + 2\frac{f}{a^2}\sqrt{a^2 - x^2}\right) \qquad (3.48)$$

$$C_l = 2\pi\left(\alpha + \frac{f}{a}\right), \quad C_{m_0} = -\frac{\pi}{2}\alpha - \frac{\pi f}{a}, \quad C_{mac} = -\frac{\pi f}{2a} \qquad (3.49)$$

3.3.3 反転カンバー翼（図 3.31）

k を小さい正の定数として

$$y = k(a^2 - x^2)(\lambda a - x) \qquad (3.50)$$

$$\frac{dy}{dx} = 3kx^2 - 2\lambda kax - ka^2$$

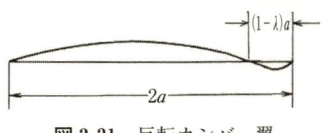

図 3.31 反転カンバー翼

$$= 4ka^2\left(\frac{1}{8} - \frac{\lambda}{2}\cos\theta + \frac{3}{8}\cos2\theta\right)$$

よって，式 (3.28), (3.29) より

$$a_0 = \alpha - \frac{1}{2}ka^2, \quad a_1 = 2\lambda ka^2, \quad a_2 = -\frac{3}{2}ka^2$$

$$\gamma = 2V\left[\left(\alpha - \frac{1}{2}ka^2\right)\tan\frac{\theta}{2} + 2\lambda ka^2\sin\theta - \frac{3}{2}ka^2\sin2\theta\right] \qquad (3.51)$$

$$C_l = 2\pi\left(\alpha - \frac{1}{2}ka^2 + \lambda ka^2\right)$$
$$C_{m_0} = -\frac{\pi}{2}\left(\alpha - \frac{5}{4}ka^2 + 2\lambda ka^2\right) \quad (3.52)$$
$$C_{m_{ac}} = -\frac{\pi}{2}\left(\lambda - \frac{3}{4}\right)ka^2$$

式(3.52)の最後の式から $\lambda = 3/4$ とすると，空力中心まわりのモーメント $c_{mac} = 0$ となる．したがって，迎え角によって風圧中心の移動しない翼となる．このときの風圧中心は 1/4 弦点（前縁から $a/2$ の位置）にくる．また，$\lambda < 3/4$ とすると $c_{mac} > 0$ とすることができ，これが反転カンバー翼の特徴でもある*．

3.4 薄翼の数値解析法

ここでは，3.3節の始めに導いた式(3.18)を用いて $\gamma(x)$ の近似値 $\gamma_i(x_i)$ を数値解析により求める方法について述べる．

先ず式(3.18)を便宜上，次のように書き換えて置く．

$$\sum_{j=1}^{n} C_{ij}\gamma_j = 2\pi V\left(\alpha - \frac{\eta_i - \eta_{i-1}}{\xi_i - \xi_{i-1}}\right) \quad (3.53)$$

ここに

$$C_{ij} = \frac{\xi_j - \xi_{j-1}}{x_i - x_j}$$

式(3.53)において中心線の形 $y = y(x)$ と分割数 n が与えられれば，未知数は $\gamma_1, \gamma_2, \gamma_3, \ldots, \gamma_n$ の n 個である．n 個の未知数を求めるには n 個の方程式が必要になる．そこで式(3.53)において $i = 1, 2, 3, \ldots, n$ とすると

$$\left.\begin{array}{l}C_{11}\gamma_1 + C_{12}\gamma_2 + C_{13}\gamma_3 + \cdots + C_{1n}\gamma_n = 2\pi V\left(\alpha - \dfrac{\eta_1 - \eta_0}{\xi_1 - \xi_0}\right) \\ C_{21}\gamma_1 + C_{22}\gamma_2 + C_{23}\gamma_3 + \cdots + C_{2n}\gamma_n = 2\pi V\left(\alpha - \dfrac{\eta_2 - \eta_1}{\xi_2 - \xi_1}\right) \\ \cdots\cdots\cdots\cdots\cdots\cdots\cdots\cdots\cdots\cdots\cdots\cdots \\ C_{n1}\gamma_1 + C_{n2}\gamma_2 + C_{n3}\gamma_3 + \cdots + C_{nn}\gamma_n = 2\pi V\left(\alpha - \dfrac{\eta_n - \eta_{n-1}}{\xi_n - \xi_{n-1}}\right)\end{array}\right\} \quad (3.54)$$

---

*普通のカンバー翼では $c_{mac} < 0$ となる．

この連立方程式を解くことに帰する．マトリックスを用いて書けば

$$\begin{bmatrix} C_{11} & C_{12} & C_{13} & \cdots\cdots & C_{1n} \\ C_{21} & C_{22} & C_{23} & \cdots\cdots & C_{2n} \\ \multicolumn{5}{c}{\cdots\cdots\cdots\cdots\cdots\cdots\cdots\cdots} \\ C_{n1} & C_{n2} & C_{n3} & \cdots\cdots & C_{nn} \end{bmatrix} \begin{bmatrix} \gamma_1 \\ \gamma_2 \\ \gamma_3 \\ \vdots \\ \gamma_n \end{bmatrix} = 2\pi V \begin{bmatrix} \alpha - \dfrac{\eta_1 - \eta_0}{\xi_1 - \xi_0} \\ \alpha - \dfrac{\eta_2 - \eta_1}{\xi_2 - \xi_1} \\ \cdots\cdots\cdots \\ \alpha - \dfrac{\eta_n - \eta_{n-1}}{\xi_n - \xi_{n-1}} \end{bmatrix} \qquad (3.55)$$

となる．当然コンピュータを使うことになるが，逆マトリックスを求める関数を使えば n が可成り大きくても容易に計算することができる．クッタの条件は後縁で $\gamma(c) = 0$ であるが，後縁近くでの分割が十分小さければ，ほぼこの条件は満足される．円弧翼の場合，翼弦線を40等分割して計算した局所負荷係数の値は解析結果のものとよく一致する．

翼まわりの循環は

$$\Gamma = \sum_{i=1}^{n} \gamma_i \Delta x_i \qquad (3.56)$$

よって翼の単位幅に働く揚力は

$$l = \rho V \Gamma = \rho V \sum_{i=1}^{n} \gamma_i \Delta x_i \qquad (3.57)$$

となる．

3.5 ジューコフスキー翼

複素関数を用いた理論も完全流体に対するものであるから，抗力のように粘性に起因する現象の解析や説明には役に立たないが，どんな形の翼型のまわりの流れでも解析することができ，圧力分布や揚力，モーメントに関しては十分有用な結果が得られる[*]．

円柱まわりの完全流体の流れは前章の2.9節および2.10節で説明したように，流体力学において完全に解かれているので，**等角写像**[**]（conformal mapping）の方法で円柱の断面を翼型の形状に変形できれば，円柱まわりの流れもその翼型まわりの流れとなる．この意味において円柱まわりの流れは基本

---

[*] 産業図書刊：基礎流体力学 p.129 参照．
[**] 交差した2曲線を写像した場合，その交角が写像後も変わらない．

的に重要である．円を翼型に変形するのに用いられるのが**写像関数**（transformation function）と呼ばれるもので，たとえば，図3.32, 3.33に示すようにそれぞれ左のx-y座標面の円は右のξ-η座標面に翼型状に写像される．このとき円柱まわりの流れを表す速度ポテンシャル関数も，この写像関数で同時に写像すると翼型まわりの流れが得られる．

写像関数の中で最も簡単なものは**ジューコフスキー変換**（Joukowski transformation）と呼ばれるもので，1910年にロシアの空気力学者ジューコフスキーによって見い出された．図3.32, 3.33の右側の翼型はこの変換で得られたもので，実際の翼型に近い形をしている．この翼型を**ジューコフスキー翼**（Joukowski airfoil）という．この翼型の欠点は後縁の部分がカミソリの刃のように薄くなることで，実用上問題があったが，フォン・カルマンやトレフツ，あるいはフォン・ミーゼスといった人たちがジューコフスキー変換を改良し，多くの実用的な翼型をつくった．これらの翼型は**カルマン‐トレフツの翼**

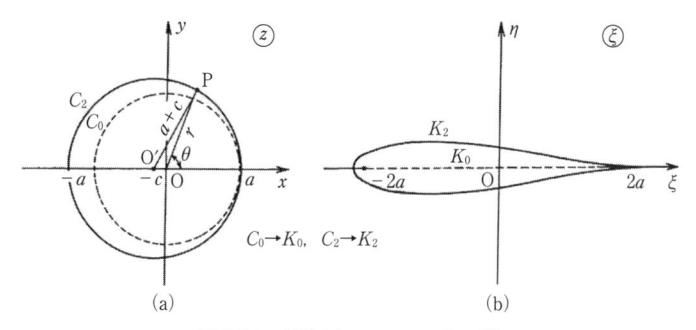

図3.32　対称ジューコフスキー翼

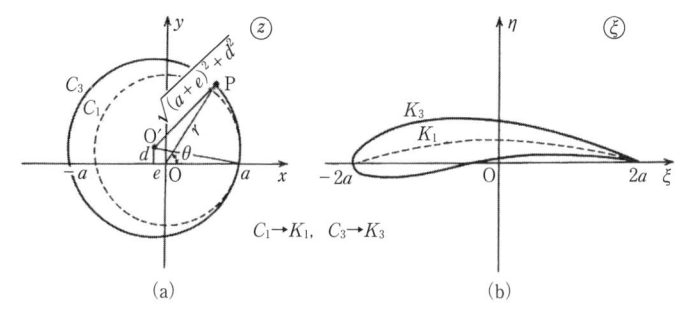

図3.33　一般ジューコフスキー翼

3.5 ジューコフスキー翼

型（Karman-Trefftz profile）およびフォン・ミーゼスの翼型（von Mises profile）として知られている．現在ではどんな形の翼型でも得られる写像関数をつくることができるので，完全流体中での翼型の性能はすべて理論で求めることができる．これが任意翼型の理論である．

次に，ジューコフスキー変換について説明する．図3.34(a)のx-y座標面においてx座標がx, y座標がyであるような点Pは虚数単位$i(=\sqrt{-1})$を使って$x+iy$と表される．言い換えれば，x-y座標面の点は複素数で表され，実数部xがその点のx座標を，虚数部yがy座標を与える．複素数$x+iy$は普通，$z=x+iy$と一つの文字zで表し，x-y平面をz平面という．図3.34(b)のξ-η座標面においても同様でξ座標がξ，η座標がηであるような点Qは$\zeta=\xi+i\eta$で表され，ξ-η平面をζ平面と呼ぶ．

さて，ジューコフスキー変換というのは，z平面の点zとζ平面の点ζを次の関係式で結びつける写像関数である．

$$\zeta = z + \frac{a^2}{z} \quad (3.58)$$

ここにaは実数で，しかも正の定数である．

図3.35に示すようにz平面にある任意の形の閉曲線Cは，原点Oから曲線Cの上の点Pに至る動径をr，この動径がx軸となす角（偏角）をθとすると極形式

$$z = re^{i\theta} \quad (0 \leq \theta \leq 2\pi) \quad (3.59)$$

で表すことができる．rは曲線Cが原点を中心とする円のときのみ定数で，それ以外はθの関数$r(\theta)$である．オイラーの公式

$$e^{i\theta} = \cos\theta + i\sin\theta \quad (3.60)$$

を用いると

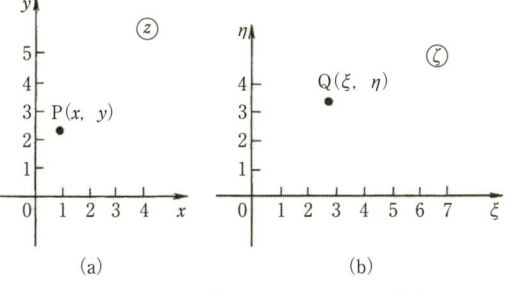

$$z = r\cos\theta + ir\sin\theta \quad (3.61)$$

図3.34 z平面の点Pのζ平面への写像点Q

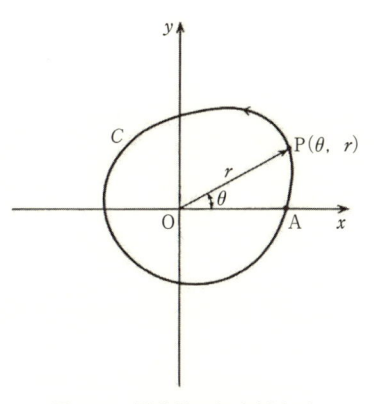

図3.35 閉曲線の極座標表示

となるから

$$\left. \begin{array}{l} x = r\cos\theta \\ y = r\sin\theta \end{array} \right\} \quad (3.62)$$

で，点 P の z 平面での座標は $(r\cos\theta, r\sin\theta)$ となるから，θ を 0 から 2π まで変化させると，点 P は点 A を始点として曲線 C の上を反時計方向に一周する．

曲線 C の方程式 (3.59) をジューコフスキー変換式 (3.58) に代入すると

$$\zeta = re^{i\theta} + \frac{a^2}{r}e^{-i\theta} \quad (3.63)$$

となる．オイラーの公式を用いると

$$\zeta = \left(r + \frac{a^2}{r}\right)\cos\theta + i\left(r - \frac{a^2}{r}\right)\sin\theta \quad (3.64)$$

が得られる．したがって，ζ 平面上の点 Q の座標 (ξ, η) は

$$\left. \begin{array}{l} \xi = \left(r + \dfrac{a^2}{r}\right)\cos\theta \\[2mm] \eta = \left(r - \dfrac{a^2}{r}\right)\sin\theta \end{array} \right\} \quad (3.65)$$

と表される．

3.5.1 対称ジューコフスキー翼

z 平面において x 軸上の点 $(-c, 0)$ を中心とし，点 $(a, 0)$ で円 C_0（原点 O を中心，半径 a を中心とする）に外接する円を C_2 とする［図 3.32 (a)，c は a に比較して相当小さい］．円 C_2 の半径は $a + c$ である．△OPO′ を考えると

$$(a+c)^2 = c^2 + r^2 + 2cr\cos\theta \quad (3.66)$$

が成り立つ．これを書き直すと

$$\cos\theta = \frac{a}{r} - \frac{1}{2c}\left(r - \frac{a^2}{r}\right)$$

となる．これを式 (3.65) の二つの式に代入して θ を消去すると

$$\left. \begin{array}{l} \xi = \left(r + \dfrac{a^2}{r}\right)\left[\dfrac{a}{r} - \dfrac{1}{2c}\left(r - \dfrac{a^2}{r}\right)\right] \\[3mm] \eta^2 = \left(r - \dfrac{a^2}{r}\right)^2 \left\{ 1 - \left[\dfrac{a}{r} - \dfrac{1}{2c}\left(r - \dfrac{a^2}{r}\right)\right]^2 \right\} \end{array} \right\} \quad (3.67)$$

3.5 ジューコフスキー翼

となる。この2式より r を消去することができれば、C_2 の ζ 平面への写像 K_2 の方程式が得られるが、大変複雑な式となるので単に K_2 の図形を描くだけならば、幾何学的な作図による方法、または次に述べる媒介変数による数値的な方法によるのがよい。

式 (3.66) を r に関する2次方程式とみなして解き、$r \geq 0$ を考慮すると

$$r = -c\cos\theta + \sqrt{c^2\cos^2\theta + a^2 + 2ac} \qquad (3.68)$$

いま、θ に一つの値 $\theta_1 (0 \leq \theta_1 \leq 2\pi)$ を与えて根 r_1 を求め、これを式 (3.67) に代入して ξ_1, η_1 を計算する。いろいろな値の θ に対して ξ, η を求め、ζ 平面上に点 (ξ, η) をプロットしていくと曲線 K_2 が描ける。コンピュータの発達した現在では、写像曲線を求めることは容易なことである。C_2 の写像 K_2 は図 3.32 (b) のような対称翼となり、対称ジューコフスキー翼という。

3.5.2 一般ジューコフスキー翼

z 平面において y 軸上の点 $(0, b)$ を中心とし、x 軸上の2点 $(-a, 0), (a, 0)$ を通る円を C_1 とする〔図3.33 (a), b は a に比較して相当小さい〕。円 C_1 に x 軸上の点 $(a, 0)$ で外接する円を C_3 とする。円 C_3 の中心の座標は $(-e, d)$ で、半径は $\sqrt{(a+e)^2 + d^2}$ である。

△OPO′ を考えると

$$(a+e)^2 + d^2 = r^2 + d^2 + e^2 + 2\sqrt{d^2 + e^2}\, r\cos(\theta + \varphi),$$

$$\varphi = \tan^{-1}(d/e) \qquad (3.69)$$

この式と式 (3.65) を連立して、対称ジューコフスキー翼の場合と同様にして C_3 の写像 K_3 が図 3.33 (b) のように得られる。一般ジューコフスキー翼という。図 3.36 は $a=1, d=0.055, e=0.1$ とした場合の翼型である。また、図 3.37 に一般ジューコフスキー翼の特性曲線を示しておく。この図で実線は風洞実験結果、破線は完全流体における理論計算結果である。

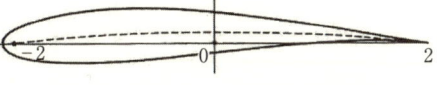

図 3.36 一般ジューコフスキー翼型 ($a=1, d=0.055, e=0.1$)

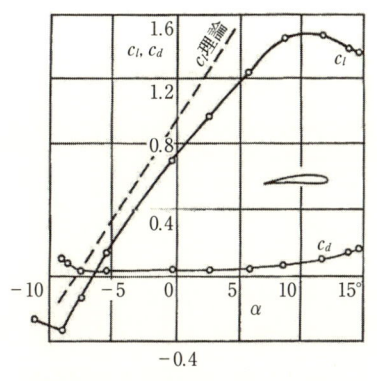

図 3.37 一般ジューコフスキー翼の特性曲線

3.5.3 カルマン-トレフツ翼

ジューコフスキー翼の後縁では上面と下面の外形線が接して後縁角がゼロとなる．すなわちカスプ (Cusp, 尖点) をなす．実用的な翼とするためには後縁角が有限でなければならない．そこでジューコフスキー変換を改良して有限な後縁角の翼型がつくられた．以下にカルマン-トレフツ翼について述べる．

ジューコフスキー変換

$$\zeta = z + \frac{a^2}{z} \tag{3.58}$$

の両辺に $\pm 2a$ を加えると

$$\zeta \pm 2a = z \pm 2a + \frac{a^2}{z} = \frac{1}{z}(z \pm a)^2 \tag{3.70}$$

となる．これから

$$\frac{\zeta - 2a}{\zeta + 2a} = \left(\frac{z-a}{z+a}\right)^2 \tag{3.71}$$

が得られる．これは元の式 (3.58) と同値である．この式の中の数字 2 を n で置き換えると

$$\frac{\zeta - na}{\zeta + na} = \left(\frac{z-a}{z+a}\right)^n \tag{3.72}$$

という変換式が得られる．n は 2 に近い値で

$$n = 2 - \frac{\tau}{\pi} \tag{3.73}$$

とおくと式 (3.72) はジューコフスキー翼が図 3.38 のように後縁角 τ をもつ翼として写像される．これをカルマン-トレフツ変換という．

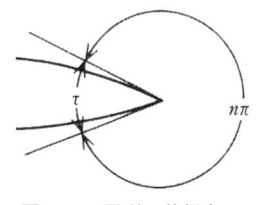

図 3.38 翼型の後縁角 τ

3.6 翼型の表し方

翼型にはみな名称がつけられているが，これは普通，その翼型の研究者名または研究機関名を示す略号の後に何桁かの数字をつけることによって表される．過去に翼型の研究を活発に行った研究所として有名なのは，ドイツのゲッチンゲン (Göttingen) 大学の空気力学研究所，イギリスの王立航空研究所

3.6 翼型の表し方

(Royal Aircraft Factory，略してRAF)，アメリカの航空諮問委員会(National Advisory Committee for Aeronautics，略してNACA，現在のNASAの前身)の3箇所で，第1次世界大戦から第2次世界大戦にかけて多くの優れた性能の翼型がつくられ，これらの翼型は，たとえばGö 623，RAF 15，NACA 4412のように表されている．研究機関略号のあとに続く数字はゲッチンゲンやRAFのように開発の順位を示すこともあるが，後に述べるように翼型の幾何学的寸法を表す最大カンバー，最大カンバーの位置，翼厚などを組合せて示すことが多く，場合によると空力特性を示す数値が加えられることもある．

3.1節では翼型を幾何学的に分析して，翼型の形状は，(i)中心線の形，(ii)最大翼厚比，(iii)厚さの分布で構成されていることを知った．したがって，この三つの要素を変化させて組合せるといろいろな翼型ができあがる．次に，これらの要素が与えられたとき，それを合成して翼型を作図する方法を示そう．まず，図3.39に示すように前縁を原点にとり，翼弦を軸として中心線 $y = y_c(x)$ を画く．次に，このまわりに厚みをつけるわけであるが，中心線上の点 (x, y_c) における翼厚は，同じ x 座標をもつ厚さ分布 $y_t(x)$ を点 (x, y_c) において中心線に直角につけることにより決まる．このとき，翼の上面となる点の座標 (x_u, y_u) は

$$\left. \begin{array}{l} x_u = x - y_t \sin\theta \\ y_u = y_c + y_t \cos\theta \end{array} \right\} \qquad (3.74\text{a})$$

で与えられ，下面となる点の座標 (x_l, y_l) は

$$\left. \begin{array}{l} x_l = x + y_t \sin\theta \\ y_l = y_c - y_t \cos\theta \end{array} \right\} \qquad (3.74\text{b})$$

で与えられる．(x, y_c) のいろいろな値に対して，(x_u, y_u)，(x_l, y_l) を求め，

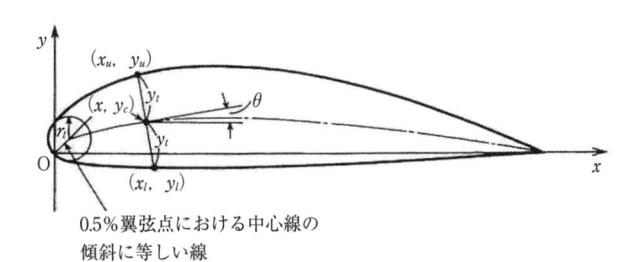

図 3.39 翼型の作図（その1）

これを滑らかな曲線で結べば翼型の外形が得られる．ここに θ は点 (x, y_c) における中心線の接線の傾斜角で，角度の単位に rad を用いるときは $\theta \doteq dy_c/dx$ である．

NACA4字番号翼型を例にとると，中形線は二つの放物線から成り，最大カンバーのところで接線的につながっている．すべての長さを，翼弦長を1としたときの比率で表すとすると，中心線の方程式は次のようになる．

$$y_c = \begin{cases} \dfrac{m}{p^2}(2px - x^2) & : 0 \leq x \leq p \\ \dfrac{m}{(1-p)^2}[(1-2p) + 2px - x^2] & : p \leq x \leq 1 \end{cases} \quad (3.75\text{a})$$

ここに m は最大カンバー，p は最大カンバー位置である．厚さ分布は，t を最大翼厚比として

$$y_t = \frac{t}{0.20}(0.29690\sqrt{x} - 0.12600x - 0.35160x^2 + 0.28430x^3 - 0.10150x^4) \quad (3.75\text{b})$$

で与えられる．また，前縁半径は

$$r_t = 1.10t^2 \quad (3.75\text{c})$$

である．

以上のような翼型の作図法は，翼型は研究・開発する場合には都合がよいけれども，すでに開発され，公表されている翼型を使う立場からは不便である．そこで図3.40に示すような直角座標が用いられる．原点から横軸に沿って測った距離を x，その点における翼の上面の y 座標を y_u，下面の y 座標を y_l とし，いずれも翼弦長を100とするパーセンテージで表す．公表されている翼型では性能曲線とともに，x に対する y_u, y_l の値が表になっているいわゆる翼型座標を利用できるので，設計者は目的に合った翼型を選び，その座標を使って作図することができる．表3.2および図3.41に参考として3種類の翼型の座標とその形状を，また図3.42にはNACA

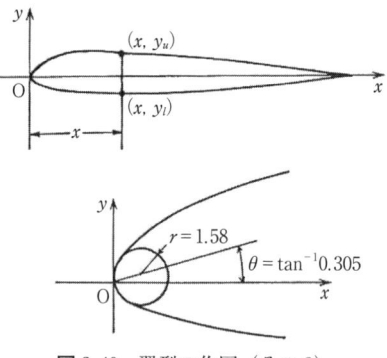

図3.40 翼型の作図（その2）

3.6 翼型の表し方

表 3.2 翼型座標の例

NACA 23012			NACA 64 A 218　$a=0.8$			Lissaman 7769		
x	y_u	y_l	x	y_u	y_l	x	y_u	y_l
0	–	0	0	0	0	0	0	0
1.25	2.67	-1.23	1.25	2.28	-2.04	0.5	2.25	-1.64
2.50	3.61	-1.71	2.50	3.20	-2.78	2.5	3.34	-2.01
5.00	4.91	-2.26	5.00	4.52	-3.80	5.0	4.96	-2.30
7.50	5.80	-2.61	7.50	5.52	-4.54	7.5	6.15	-2.30
10	6.43	-2.92	10	6.36	-5.16	10	7.06	-2.16
15	7.19	-3.50	15	7.66	-6.10	15	8.40	-1.70
20	7.50	-3.97	20	8.64	-6.78	20	9.26	-1.38
30	7.55	-4.46	30	9.88	-7.58	30	9.92	-1.06
40	7.14	-4.48	40	10.26	-7.70	40	8.97	-0.91
50	6.41	-4.17	50	9.67	-7.01	50	6.96	-0.75
60	5.47	-3.67	60	8.40	-5.80	60	4.86	-0.60
70	4.36	-3.00	70	6.65	-4.29	70	3.16	-0.45
80	3.08	-2.16	80	4.60	-2.72	80	1.81	-0.30
90	1.68	-1.23	90	2.34	-1.36	90	0.84	-0.16
95	0.92	-0.70	95	1.19	-0.69	95	0.41	-0.08
100	0.13	-0.13	100	0.04	-0.04	100	0	0
$r=1.58$			$r=2.25$			$r=1.84$		
$\tan \theta = 0.305$			$\tan \theta = 0.08$			$\tan \theta = 0.076$		

23012 のいろいろな揚力係数（迎え角）における圧力分布を示す．左端の NACA 23012 は，NACA の翼型の中でも最も広く使われた優れた翼型の一つであり，中央の NACA 64A218 は低抵抗翼型（層流翼型）の一種で国産の YS-11 型輸送機に使われている翼型*である．また，右端の Lissaman 7769 はアメリカのリッサマンが人力飛行機用として開発した翼型で，人力飛行機ゴッサマー・コンドル号，ゴッサマー・アドバトロス号に用いられて，前者は 8 の字飛行，後者はドーバー海狭横断に成功し，それぞれクレーマー賞を獲得した．

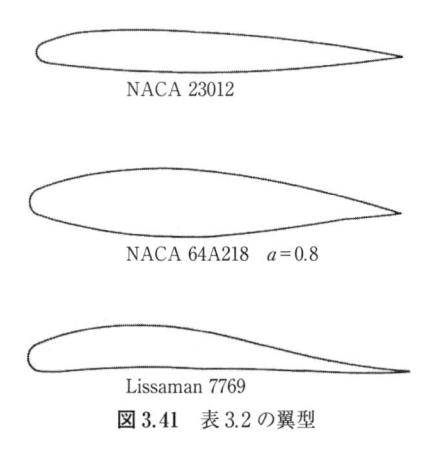

図 3.41 表 3.2 の翼型

*ただし，これは内翼における翼型で，外翼では NACA 64A 412 が用いられている．このように翼幅方向に翼型を変えることがある．

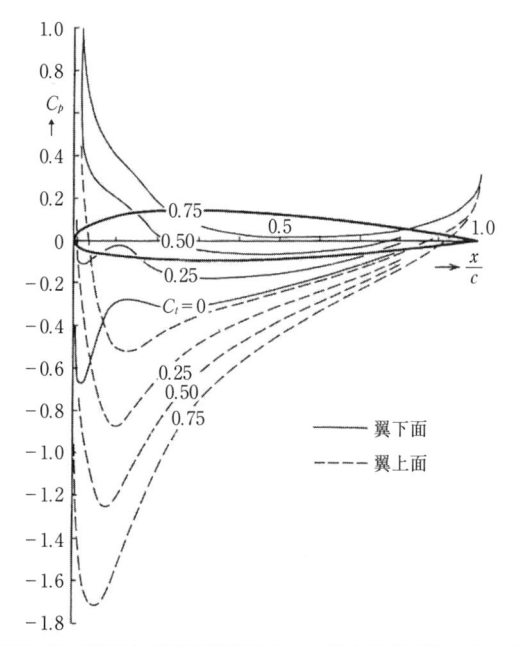

図 3.42 NACA 23012 翼型まわりの圧力分布 $(Re = 3 \times 10^6)$

　アメリカの NACA は 1929 年より翼型の本格的な開発に着手したが，その研究は他の国のものとは比較にならないほど大規模で，組織的であった．その結果，**4 字番号翼型**（4-digid series airfoils），**5 字番号翼型**（5-digid series airfoils），**6 系翼型**（6 series airfoils, **6 シリーズ翼型**ともいう）など多くの優れた翼型が生まれ，しかも高いレイノルズ数まで実験したデータが公表されているので，今日の航空機に最もよく使用されている．そこで，次にこれら 3 系統の翼型について簡単に説明する*．

3.6.1　NACA4 字番号翼型

　中心線は最大カンバーの点で接する二つの放物線より成り，中心線の形は最大カンバーの位置と大きさを変えることによって決められる．厚さの分布はそ

---

* Abbott and Doenhoff：Theory of Wing Sections, Dover Publications, Inc. には詳しい翼型理論のほか，主要な NACA 翼型の座標と実験データが載っている．理工系外国図書販売店で比較的簡単に入手できる．

3.6 翼型の表し方

れまでに有名であった二つの翼型，Clark Y と Gö398 と同じものを使い，厚さは厚さ分布曲線の縦座標を同じ割合で拡大または縮小することにより決められる．翼型の形状は四つの数字で表され，最大カンバー，最大カンバー位置および最大翼厚比を，翼弦長を 100 としたときのパーセンテージで表すならば，各数字の意味は次のとおりである．

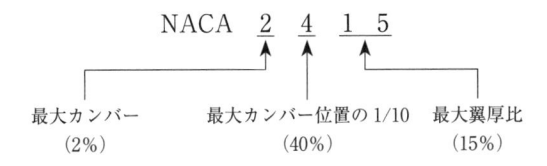

NACA 2 4 1 5

- 最大カンバー (2%)
- 最大カンバー位置の 1/10 (40%)
- 最大翼厚比 (15%)

3.6.2 NACA5字番号翼型

4字番号翼型の最大カンバー位置は 20%，30%，40%，50%，60%，70% の 6 種類であるが，実験結果から最大カンバーは 25% 翼弦点より前方にあった方が，大きな最大揚力係数が得られることがわかった．そこで最大カンバー位置が 5%，10%，15%，20%，25% の各種の翼型をつくって実験することになったが，最大カンバー位置がこのように前方になると 4 字番号翼型と同じ中心線の形では不都合が起こるため，中心線は新しく定められた．すなわち，翼型の前方部では 3 次曲線，後方部では直線のものと反転する 3 次曲線のものの 2 種類があり，いずれも前方部の中心線とは接線的に結合している．

5字番号翼型の数字の意味は 4 字番号翼型と似ているが，間違いやすい点があるので注意を要する．最初の数字は最大カンバーの大きさを示すが，4 字番号と違って厳密な大きさを示さない．表 3.3 は 5 字番号翼型の数字の定義を表の形にまとめたものであるが，この表からもわかるように最初の数字が同じで

表 3.3 NACA 5字番号翼型の最大カンバー

第 2，第 3 数字 (中心線の表示)						
	後部直線	10	20	30	40	50
	後部反転	11	21	31	41	51
最大カンバー位置 [%]		5	10	15	20	25
第 1 数字（最大カンバー表示）		実際の最大カンバー [%]				
2		1.1	1.5	1.8	2.1	2.3
3		−	2.3	2.8	3.1	−
4		−	3.1	3.7	4.2	−
6		−	4.6	5.5	6.2	−

も，最大カンバーの位置が違うと最大カンバーの大きさは変わるのである．2番目の数字はその1/2を10倍した値が最大カンバーの位置の%を示す．3番目の数字は中心線の形を表し，この数字が0の場合は中心線の後方部が直線であることを示し，1の場合は中心線の後方部が反転する3次曲線であること（反転カンバー）を示す．

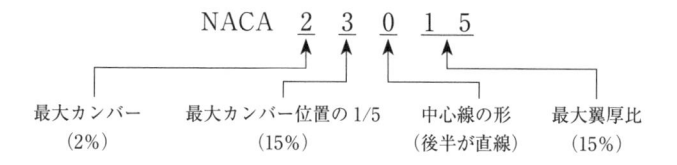

NACA 2 3 0 1 5

- 最大カンバー (2%)
- 最大カンバー位置の1/5 (15%)
- 中心線の形 (後半が直線)
- 最大翼厚比 (15%)

4字番号および5字番号の翼型の厚さ分布は最大翼厚が30%翼弦点にあるが，その後の実験的，理論的考察から，最大翼厚位置を30%より後方にずらして翼面上の最小圧力点が4字番号や5字番号の翼型よりも後方で起こるようにし，また翼厚を薄くして，最小圧力を小さくすると抗力を減ずることができ，かつ，高速特性もよくすることができることがわかった．そこで最大翼厚が翼弦の中央付近にある改良された4字番号，5字番号翼型がつくられた．改良された翼型は通常の数字の後に二つの数字が加えられる．

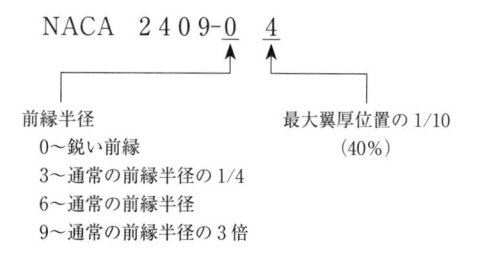

NACA 2409-0 4

- 前縁半径
  - 0〜鋭い前縁
  - 3〜通常の前縁半径の1/4
  - 6〜通常の前縁半径
  - 9〜通常の前縁半径の3倍
- 最大翼厚位置の1/10 (40%)

3.6.3 NACA 6系翼型（6シリーズ翼型）

NACAは，さらに低抵抗の翼型を目指して広範な実験研究を続け，1939年に1系翼型（1シリーズ翼型）を完成し，以後，2系，3系，……と逐次8系に至るまでの翼型を発表した．これらの翼型は基本対称翼（カンバーを0としたときの翼型）の最小圧力が翼の十分後方に起こるようにした翼型で，**低抵抗翼型**（low-drag airfoil）あるいは**層流翼型**（laminar airfoil）と呼ばれる部類の翼型である．1系から8系のうちで最も成功したのは1系，6系，7系の翼

3.6 翼型の表し方

型であって，6系翼型は現在の低速機の主翼に最も広く使われている．また，1系翼型は主としてプロペラの翼型に用いられる．

さて，6系翼型の数字の意味を，NACA 65, 3-218 を例にとって説明すると次のとおりである．最初の数字6は系の名称番号，2番目の数字はゼロ揚力における基本対称翼の最小圧力点の位置の 1/10 を示す．いまの場合5であるから，最小圧力点は翼弦の 50% 位置にある．コンマの後の数字は，翼型の抗力係数 $C_d{}^*$ が特に小さくなる揚力係数 C_l の範囲が設計揚力係数** C_{lr} の上下にこの数字の 1/10 ずつ幅をとった区間であることを示す．いまの場合，C_{lr} は 0.2 なので，コンマのあとの 3 は C_l が $-0.1 (=0.2-0.3)$ から $+0.5 (=0.2+0.3)$ までの間で C_d の値が特に小さくなることを示す．図 3.43 はこのことを示したもので，低抵抗翼型では**設計揚力係数**（design lift coefficient）の前後のある範囲で翼型の抗力係数がバケット状に小さくなる．ハイフンに続く4番目の数字は設計揚力係数 C_{lr} を 10 倍した値であり，最後の2桁の数字は最大翼厚比を示している．以上の説明を整理して示すと次のようになる．

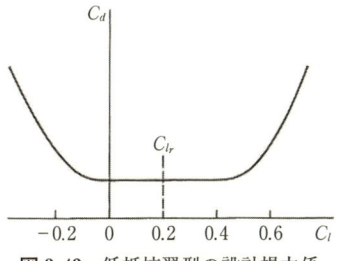

図 3.43 低抵抗翼型の設計揚力係数近傍での抗力特性

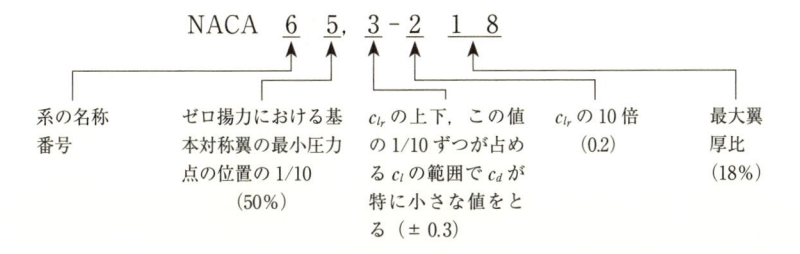

```
NACA  6  5, 3 - 2  1 8
      ↑  ↑   ↑   ↑   ↑
```

| 系の名称番号 | ゼロ揚力における基本対称翼の最小圧力点の位置の 1/10 (50%) | c_{lr} の上下，この値の 1/10 ずつが占める c_l の範囲で c_d が特に小さな値をとる (±0.3) | c_{lr} の 10 倍 (0.2) | 最大翼厚比 (18%) |

中心線は，厚さを取り除いた薄翼にした場合，設計揚力係数において翼の上面と下面の圧力差が翼弦方向に一定となるように曲げてあるので，翼弦の単位

---

*次節で述べるように，翼型に関する力の係数を表すときは小文字を用いる．
**前縁における翼型中心線の接線方向と，相対風の方向が一致した場合の揚力係数を設計揚力係数または理想揚力係数といい，そのときの迎え角を設計迎え角または理想迎え角という．p.94 参照．

長さ当りの負荷（力のかかり具合）は一定である．しかし，負荷を前縁から弦長の60%まで一定にして，その後，後縁まで直線的に減ずるような中心線の形にすることもできる（図3.44参照）．この場合，負荷の変化を翼型表示の後につける．たとえば

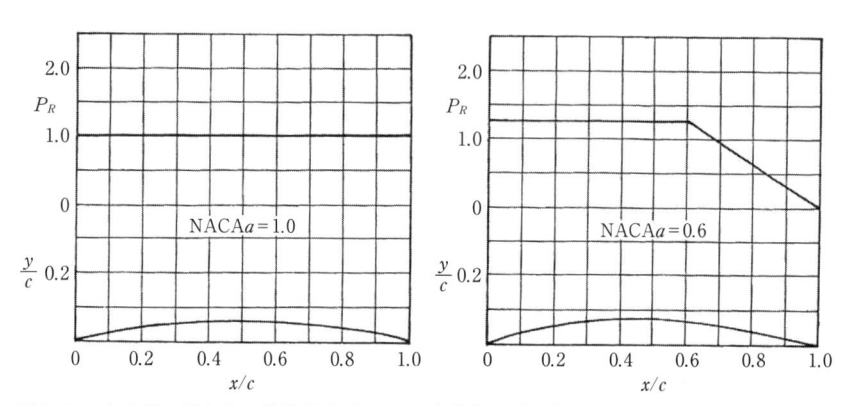

$$\text{NACA 65,3-218} \quad a=0.6$$

図3.44 中心線の形とその負荷分布（P_Rは中心線を翼型とする翼の上下面の圧力係数の差）

6系翼型が4字番号や5字番号の翼型と異なる点は，最大翼厚比が変わると厚さ分布も変わることである．そこで，4字番号や5字番号の翼型と同じように，最大翼厚比に比例して厚さ分布曲線の縦座標を変えることによって得られる翼厚の分布をもつ翼型のグループをつくることができる[*]．

$$\text{NACA 65(315)-218}$$

カッコ内の15はもとの翼型の最大翼厚比である．他の数字の意味は前の例と同じである．

6系翼型にはこのほか，別の厚さ分布を使ったものや数字が整数にならないために，特別な表記を使ったものなどいろいろある．

3.7 翼型の空力特性

流れの中に置かれた物体に抗力が働くのは流体に粘性があるからにほかなら

---

[*]この場合，最大翼厚に比例した厚さ分布をもつ翼型は，もはや異なった性質の翼型になるからである．

3.7 翼型の空力特性

ない．非圧縮性の完全流体の中であれば，いかなる物体にも抗力は作用しない．これはダランベールの背理の教えるところである．前章の 2.10 節では完全流体の一様な流れの中に置かれた 2 次元翼について考えたが，この場合，翼のまわりに循環を与えて揚力を生じさせることはできても，抗力は生じさせることはできない．これに対して，実際の空気にはわずかではあるが，粘性があるので抗力が生じるし，揚力も粘性の影響をうける（たとえば，翼の失速）．

翼型（2 次元翼）の空力特性は中心線の形，翼厚，厚さの分布で変わるが，特にカンバーや翼厚の影響は大きく，一般にカンバーが増せば揚力係数が増し，翼厚を減らせば最小抗力係数は減じる．また，同じ翼型であってもレイノルズ数，気流の乱れ，翼表面の粗さによって特性が変わるので，簡潔に説明することは難しい．

翼型の性能は 2 次元風洞で実験し，測定された揚力，抗力，モーメントは 3.2 節で述べた方法により係数化した後，グラフに表す．2 次元翼の単位翼幅に働く抗力を特に**翼型抗力**（profile drag, ＝**断面抗力**）と呼ぶ．図 3.45, 3.46 に NACA 2412 および NACA 65_1-212 の空力特性を示す．こうしたグラフを見て，その翼型の性質を読み取り，他の翼型との優劣などを判断するにはかなり知識が必要である．ここではまず，翼型抗力の話から始めることにしよう．

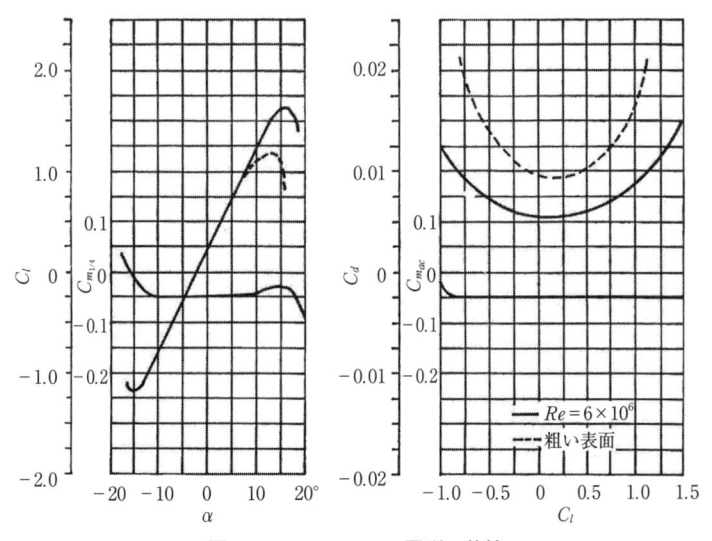

図 3.45 NACA 2412 翼型の特性

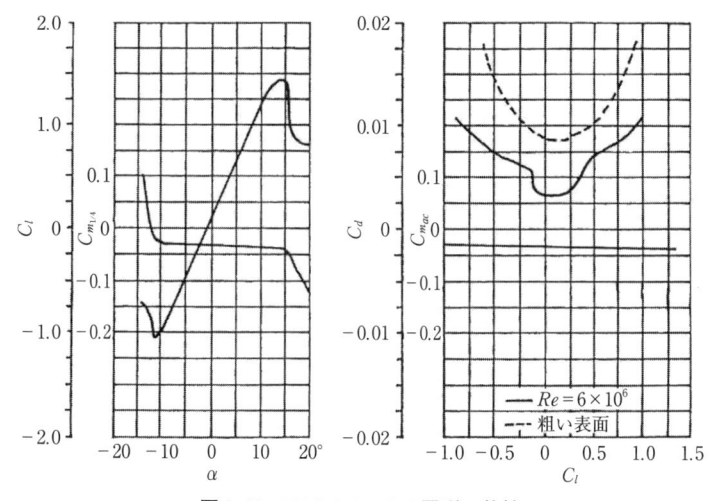

図 3.46 NACA 65_1-212 翼型の特性

翼型まわりの流れが亜音速の場合，翼型抗力は**摩擦抗力**と**形状抗力***とからなる．図3.47にその割合を示す．

亜音速における翼型抗力 = 摩擦抗力 + 形状抗力

図3.48は翼型まわりの流れのパターンを描いた流線図であるが，翼型のように薄く，滑らかな物体が流れの中に小さな迎え角で置かれたときは，この図のように境界層の剥離もなく，**伴流**の幅も小さいので，形状抗力は無視できるほど小さく，ほとんど摩擦抗力から成っているものと考えてよい．このことは流れに平行に置かれた平板に作用する**摩**

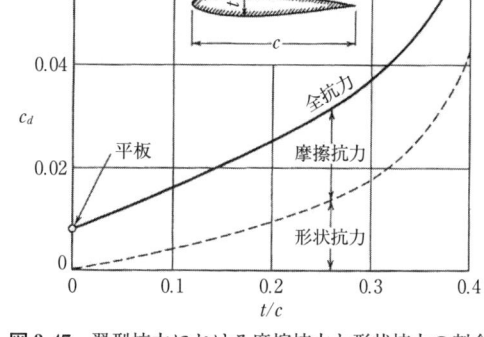

図 3.47 翼型抗力における摩擦抗力と形状抗力の割合

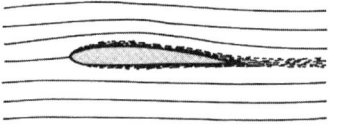

図 3.48 小さな迎え角の翼型まわりの流れ

---

*形状抗力は圧力抗力の一種であるから圧力抗力と書いてよいが，超音速流に伴って生ずる造波抗力なども圧力抗力であるので形状抗力とした．

擦抗力係数（frictional drag coeffici-ent，単位面積当たりの摩擦抗力を主流の動圧で割った値）と翼型の最小抗力係数とを比較してみるとわかる．もちろん，平板に作用する抗力は摩擦抗力のみで形状抗力は無い．これに対して翼型には厚さやカンバーがあるので表面に沿う流速も変化し，遷移点の位置も平板とは違ってくるが，大体の傾向は平板の摩擦抗力係数に近いと考えてよい．次に，平板の摩擦抗力係数について簡単に説明しておく．

3.7.1 摩擦抗力係数

前章の 2.1 節で述べたように，平板を一様な流れの中に置くと，その表面に境界層ができる．いま，板の長さを l，一様流の速度を V，動粘性係数を ν とすると，$Re = Vl/\nu$ で定義される平板のレイノルズ数が小さいとき（正確に言うならば，後で示すように滑らかな平板に対しては 5.3×10^5 より小さいとき）は，境界層は板の前縁から後縁までの層流である．このときの境界層の厚さ δ_L は，板の前縁から下流に向かって x 軸をとると，次式に従って増していく．

$$\delta_L = 4.9 \sqrt{\frac{\nu x}{V}} \tag{3.76}$$

ドイツのブラジウスは滑らかな平板に対して境界層方程式を解き，層流境界層の速度分布と摩擦抗力係数を求めた．図 3.49 はその速度分布であるが，比較のため乱流境界層の速度分布も示してある．速度分布がわかると第 2 章の式 (2.35) を使って平板の表面の摩擦応力 τ_0 が求められる．計算は複雑なので詳細は省略するが，結果を示すと次のようになる．

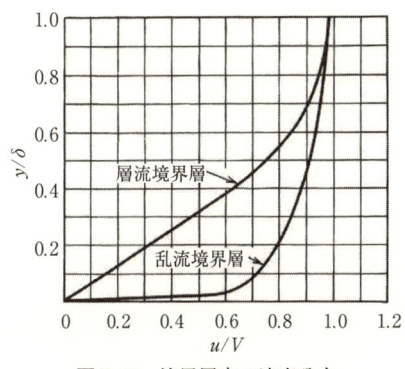

図 3.49 境界層内の速度分布

$$\tau_0 = \mu \left(\frac{\partial u}{\partial y} \right)_{y=0} = \frac{1}{4} \alpha \mu V \sqrt{\frac{V}{\nu x}} \tag{3.77}$$

ここに

$$\alpha = 1.328$$

であり，μ は粘性係数である．一般に表面摩擦応力 τ_0 を $\rho V^2/2$ で割ったもの

を**局所摩擦係数**（local friction coefficient）といい，C_f で表す．層流境界層の場合，τ_0 は式 (3.77) で与えられるから

$$C_{fL} = \frac{\alpha}{2}\sqrt{\frac{v}{Vx}} \tag{3.78}$$

である．
　次に，長さ l，幅 b の平板の片面に働く摩擦抗力は

$$D_{fL} = b\int_0^l \tau_0 dx = \frac{1}{2}\alpha\rho V^2 b\sqrt{\frac{vl}{V}} = \frac{\alpha\rho V^2 S}{2\sqrt{Re}} \tag{3.79}$$

となる．ここに S は平板の面積である．したがって，摩擦抗力係数は

$$C_{fL} = \frac{D_{fL}}{\frac{1}{2}\rho V^2 S} = \frac{\alpha}{\sqrt{Re}} = \frac{1.328}{\sqrt{Re}} \tag{3.80}$$

と表され，実験結果と非常によく一致する．
　レイノルズ数を次第に大きくすると，境界層は層流を保てなくなり，あるレイノルズ数に達したとき，後縁部分から乱流に遷移する．このレイノルズ数を平板の**臨界レイノルズ数**（critical Reynolds number）または**遷移レイノルズ数**（transition Reynolds number）と呼び，Re_c で表す．その値は一様流の状態や平板の表面の状態によって異なるが，流れに乱れがなく，滑らかな表面では普通 $Re_c = 5.3 \times 10^5$ という値がとられる．レイノルズ数がさらに大きくなると，遷移点は板の前縁に向かって移動し，前縁に達すれば，平板上の境界層はすべて乱流となる．
　乱流境界層の厚さ δ_T は次式で与えられるが，x に対する厚さの増加の仕方は，層流境界層の場合よりも一段と急である．

$$\delta_T = 0.37\left(\frac{vx^4}{V}\right)^{1/5} \tag{3.81}$$

また，乱流境界層に対する局所摩擦抗力係数は，プラントルによって次のように求められている．

$$C_{fT} = \left[2\log_{10}\left(\frac{Vx}{v}\right) - 0.65\right]^{-2.3} \tag{3.82}$$

これに基づいて乱流境界層に覆われた平板の摩擦抗力係数を求めると

$$C_{fT} = \frac{0.455}{(\log_{10}Re)^{2.58}} \quad (3.83)$$

となる*．層流の場合に比べて著しく大きい．図 3.50 は，局所摩擦係数のレイノルズ数による変化を式 (3.78)，(3.82) によって図示したものである．

$Re > 5.3 \times 10^5$ では，一般に，平板上に層流境界層の部分と乱流境界層の部分が共存する．$x = x^*$ で遷移するとすれば，前縁 $x=0$ から $x=x^*$ までの層流部分の摩擦抗力 D_{fL} は式 (3.80) から

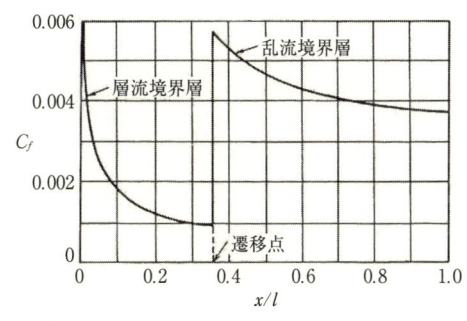

図 3.50 滑らかな平板に沿う局所摩擦係数の分布の一例

$$D_{fL} = \frac{1.328}{\sqrt{Re_c}} \cdot \frac{\rho V^2 b x^*}{2} \quad (3.84\text{a})$$

$x = x^*$ から $x = l$ までの乱流部分の摩擦抗力 D_{fT} は式 (3.83) より

$$D_{fT} = \frac{0.455}{(\log_{10}Re)^{2.58}} \cdot \frac{\rho V^2 b l}{2} - \frac{0.455}{(\log_{10}Re_c)^{2.58}} \cdot \frac{\rho V^2 b x^*}{2} \quad (3.84\text{b})$$

となる．したがって，平板の片面全体に働く摩擦抗力 D_f は式 (3.84a) と式 (3.84b) を加え合わせたものになる．摩擦抗力係数は，この D_f を $(1/2)\rho V^2 bl$ で割ることにより得られる．

$$C_f = \frac{0.455}{(\log_{10}Re)^{2.58}} - \left[\frac{0.455}{(\log_{10}Re_c)^{2.58}} - \frac{1.328}{\sqrt{Re_c}}\right]\frac{x^*}{l} \quad (3.85)$$

ここで

$$\frac{x^*}{l} = \frac{Vx^*/\nu}{Vl/\nu} = \frac{Re_c}{Re}$$

と書けるから，上式は

$$C_f = \frac{0.455}{(\log_{10}Re)^{2.58}} - \left[\frac{0.455 Re_c}{(\log_{10}Re_c)^{2.58}} - 1.328\sqrt{Re_c}\right]\frac{1}{Re} \quad (3.86)$$

となる．遷移レイノルズ数として，先にあげた $Re_c = 5.3 \times 10^5$ を採用すると，

---

*第 2 章の式 (2.35) は乱流境界層には適用できない．

[　] 内の値は 1708.5 となるので，次の公式が得られる．

$$C_f = \frac{0.455}{(\log_{10} Re)^{2.58}} - \frac{1700}{Re} \tag{3.87}$$

図 3.51 は以上の結果をグラフに表したものであるが，最後に求めた層流-乱流共存状態の摩擦抗力係数の値は，Re が大きくなるにつれて乱流境界層のみの摩擦抗力係数に漸近的に近づいていく．

さて，平板の摩擦抗力係数が求まったので，翼型の最小抗力係数をこれと比較してみよう．ただ，このとき注意しなければならないのは，上に求めた摩擦抗力係数は平板の片面に対するものであるから，翼型と比較するためには 2 倍しなければならないことである．図 3.52 はこの比較を示したものであるが，翼型の最小抗力係数のレイノルズ数（翼型の代表長さとしては翼弦をとる）に

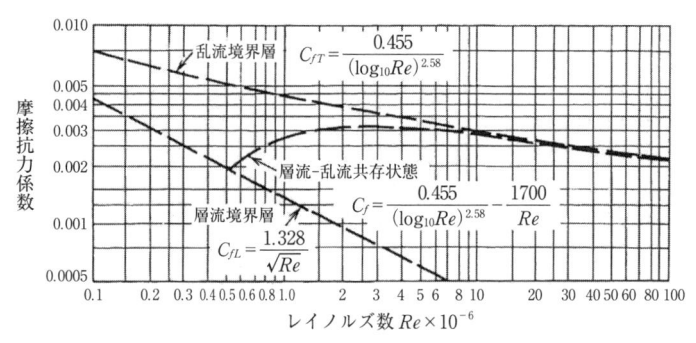

図 3.51　平板の摩擦抗力係数のレイノルズ数による変化

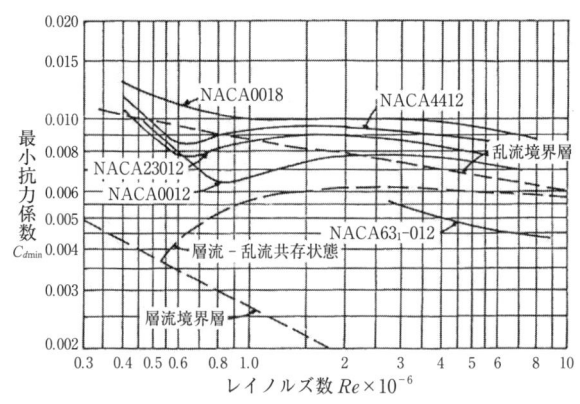

図 3.52　最小抗力係数のレイノルズ数による変化

3.7 翼型の空力特性

よる変化の様子や平板との違いがよくわかる．この図において，NACA 63_1-012という6系の低抵抗翼型の抗力係数が特に小さいことが注目される．低抵抗翼型の抗力係数がこのように小さくなる理由は，図3.53に示すように翼面に沿う圧力分布が普通の翼型と違っている点にある．すなわち，普通の翼型の最小圧力点は前縁近くの翼面上にあり，この点から後縁に向かって逆圧力勾配（圧力が増加している）になっているため，これ

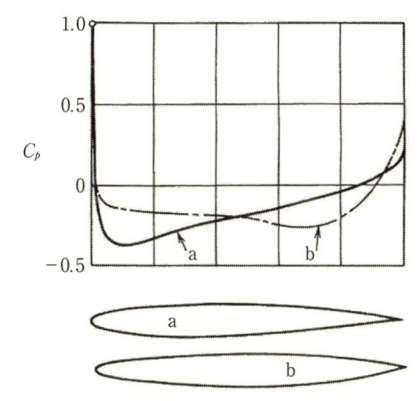

図3.53 普通の翼型(a)と低抵抗翼型(b)の圧力分布の違い

が境界層の遷移をうながして，高いレイノルズ数まで層流を保つことができなくなる．これに対して低抵抗翼型では最小圧力点を翼弦の30～50%まで後退させて，順圧力勾配が翼面の後方まで続くようにしてある*．こうすると，遷移点は最小圧力点より前方に出ることができないので，遷移点も後退し，層流境界層の部分が多くなって翼型抗力は大幅に減少する．このような意味から低抵抗翼型のことを**層流翼型**と呼ぶことが多い．低抵抗翼型で，このように遷移点を後方にずらすのに都合のよい圧力分布が保たれるのは，設計揚力係数の前後のある範囲に限られ，この範囲内では翼型抗力が図3.54のようにバケット状に小さくなる．しかし，この特性も表面に凹凸があったり，滑らかでなかったりすると損なわれてしまう．

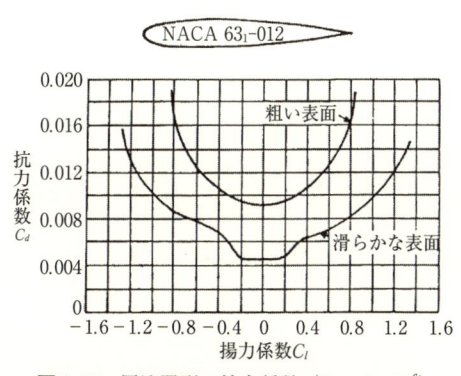

図3.54 層流翼型の抗力係数 ($Re = 6 \times 10^6$)

3.7.2 翼型の失速

迎え角が大きくなって，ある角度を超えると図3.55のように

---

*最小圧力点を後退させるには，前縁半径を小さくして，最大翼厚の位置を後退させる．

翼の上面から境界層が剥離して翼型は失速し，後ろに渦巻いた大きな伴流ができるので翼型抗力は著しく増大する．この原因が迎え角が大きくなると翼上面の最小圧力点が前縁のすぐ近くまで進出する一方，その後ろに急な逆圧力勾配ができ

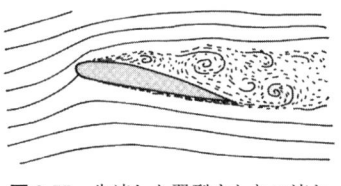

図 3.55　失速した翼型まわりの流れ

るためである．翼型の失速には後で説明するように三つの型があるが，それは翼上面の境界層の性質と逆圧力勾配における境界層の振舞によって決まる．

　境界層内の流れは最小圧力点を過ぎると逆圧力勾配の領域に入る．逆圧力勾配が境界層に与える影響としては二通りある．その第一は，境界層を翼表面から剥離する働きである．境界層の剥離する原因については前章の 2.9 節で説明したが，詳しく言うと，剥離には層流剥離と乱流剥離とがある．層流境界層は層内の流れに分子運動による混合しかないので，表面近くの速度の遅い部分へ境界層の外側からエネルギーが伝えられにくく，乱流境界層より剥離を起こしやすい．これに対して，乱流境界層は層内の乱流混合のために速度の遅い部分へエネルギーが伝えられやすく，このため層流境界層より剥離しにくい．したがって，同じ程度の逆圧力勾配の領域では層流境界層がすぐ剥離してしまっても，乱流境界層は剥離しないですむか，あるいは剥離するとしても表面をかなり下流へ行ったところで剥離することになる．

　逆圧力勾配の第二の働きは，層流境界層を乱流境界層へ遷移させることである．順圧力勾配（圧力勾配が負）のところでは層流状態が保たれやすいので，翼型の最小圧力点の上流では一般に層流境界層である．最小圧力点を過ぎると逆圧力勾配の領域に入るが，この領域に入ってから剥離と遷移のいずれかが先に起こるかは，レイノルズ数と逆圧力勾配の大きさによって決まる．いま，ある特定の翼型について考えると，そのまわりの圧力分布は失速が起こるまでは迎え角だけで決まると考えてよい．したがって，迎え角が増していったときに剥離と遷移のどちらが先に起こるかはレイノルズ数だけで決まる．実験によると，低いレイノルズ数では一般に遷移が起こる前に境界層は剥離する．これを**層流剥離**（laminar separation）といい，前縁近くで起こるので，このときの失速を**前縁失速**（nose stall）という［図 3.56 (a)］．こうして，いったん剥離した境界層は二度と表面に付着することはない．しかし，レイノルズ数が増す

と剥離した境界層が乱流境界層となって表面に再び付着する傾向がでてくる．レイノルズ数がさらに大きくなると，乱流への遷移が層流剥離点の前で起こるようになるので前縁失速は起こらなくなる［図3.56(b)］.

以上の結果として，図3.57に示すように最大揚力係数 $C_{l\max}$ は一般にレイノルズ数とともに増加する．$C_{l\max}$ の大きさは翼厚，カンバー，前縁半径および表面の粗さによって変わるが，その影響の仕方は複雑である．一般の傾向として言えることは，カンバーの小さい翼では $C_{l\max}$ は翼厚とともに増加する．もちろん，厚さによる $C_{l\max}$ の増加には限度があり，12％から15％の間の翼厚に対して最大値を生ずるようである．そして，その位置は30％前後である．カンバーも大きい方が $C_{l\max}$ を大きくするが，これにも限度があり，また普通の翼厚の翼型でカンバー位置があまり前方に出ると前縁失速を起こしやすくなる．厚い翼の場合には前縁半径が大きいと逆圧力勾配が緩やかになるので，$C_{l\max}$ が増加する．なお，表面の粗さは一般に $C_{l\max}$ を減じる．

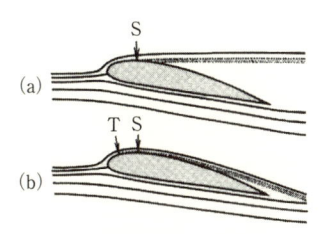

図3.56 失速に及ぼすレイノルズ数の影響
（S：層流剥離点，T：遷移点）

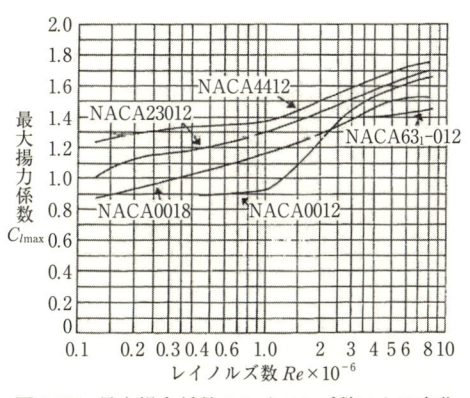

図3.57 最大揚力係数のレイノルズ数による変化

翼型の失速のメカニズムは以上のとおりであるが，失速の形式を分類すると次の3種となる．

(1) 後縁失速型

翼上面の境界層が乱流に遷移している場合，剥離は後縁から起こる．迎え角が増すにつれて，剥離領域が後縁から上面に沿って滑らかに広がり，最後に全体的に剥離する．この結果，揚力曲線の勾配は図3.58①のように減じ，連続的に滑らかに曲がった曲線となる．この型の失速は揚力を急に失うことがないので，失速特性としては最も好ましいものである．

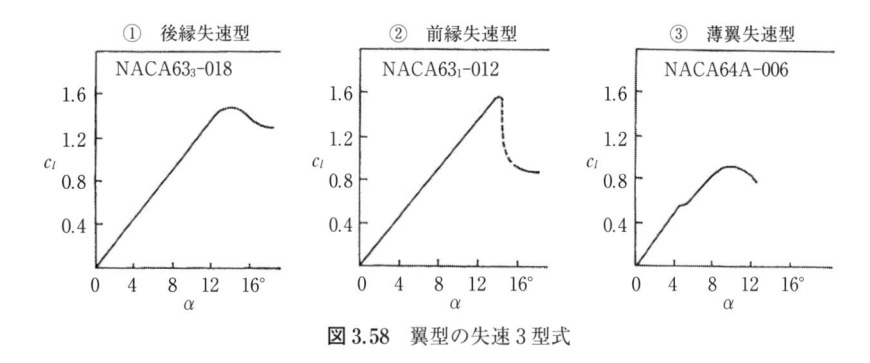

① 後縁失速型 NACA63₃-018
② 前縁失速型 NACA63₁-012
③ 薄翼失速型 NACA64A-006

図 3.58 翼型の失速 3 型式

(2) 前縁失速型

層流境界層のまま，前縁の直後から急激に剥離し，二度と表面に付着しない場合である．図 3.58 ②に示すように，揚力が失速角で急激に減ずるので失速特性としては好ましくない．

(3) 薄翼失速型

前縁の直後で境界層は剥離するが，後方で再び表面に付着し，迎え角が増すと付着点が後縁に向かって移動する．付着点が後縁に達するとそれ以後は本格的な失速状態となる．図 3.58 ③で揚力曲線に段が生じた迎え角で前縁剥離を生じている．

3.8 圧縮性の影響

これまで翼まわりの流れに対する空気の圧縮性の影響は無視してきた．それは翼に当たる流れの速度が音速に比較して非常に小さい場合，すなわち主流のマッハ数 M が 1 に比べて十分に小さい場合を考えたからである．しかし，M が 1 に近くなると圧縮性の影響が著しくなるので，3.3 節で述べたように非圧縮流体の理論は当てはまらなくなる．圧縮性の影響は翼の平面形にも関係するが，それは 3.14 節で述べることにし，ここでは 2 次元翼，つまり翼型に及ぼす影響についてのみ考えることにする．

一様流中にある翼の表面に沿う速度は場所によって変化している．図 3.59 は迎え角 0 における翼の上面および下面に沿う速度分布を示したものである．v は表面の局所的な速度であるから，主流の速度 V との比 v/V（図の縦座標

3.8 圧縮性の影響

が1より大きいところは**局所速度** (local velocity) が主流の速度より大きいことを示しており，この比が最大となる点で流速が最も大きくなる．このことから主流の速度を0から徐々に上げていった場合を考えると，主流の速度が音速になる前にこの点の速度は音速になる．このときの主流のマッハ数を**臨界マッハ数** (critical Mach number) といい，普通 M_{cr} の記号で表す．臨界マッハ数の大きさは翼型によって異なるが，普通の翼型では 0.6～0.8 程度で，これが遷音速領域の入口である．

空気の圧縮性が翼型まわりの流れに及ぼす影響として流線の変形がある．

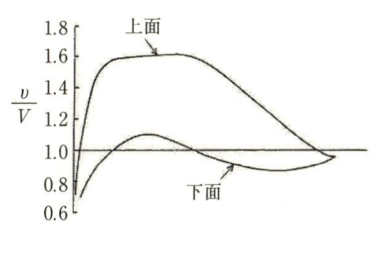

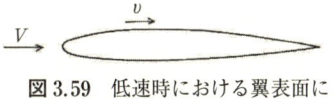

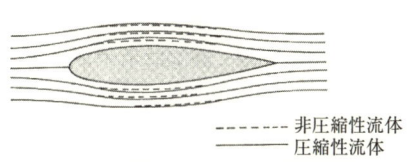

図 3.59 低速時における翼表面に沿う速度分布

図 3.60 圧縮性による流線の変形

これは主流のマッハ数が臨界マッハ数より小さいときは，図 3.60 に示すように翼表面に接する低圧部において膨張のため流線の隔間が非圧縮性の場合よりも広くなるような変形である．このことは後で述べるように，翼厚が増したのと同じ効果をもたらす．

主流のマッハ数が臨界マッハ数を超すと最大速度の点の近くの流れは超音速となり，翼型まわりに亜音速の領域と超音速の領域が生じる．超音速の流れは一般に亜音速に減速するときに衝撃波の発生を伴うので，これが翼の性能に悪い影響を与える．すなわち，揚力の減少と抗力の著しい増加である．

遷音速における翼の性能について述べる前に，**高亜音速** (high subsonic speed，臨界マッハ数に近い亜音速) における翼型の性能を低速 (正確にはマッハ数 0，すなわち非圧縮流) における性能から推算する方法について，まず説明しておこう．

これには二つの方法があって，一つは**プラントル-グラウワートの法則** (Prandtl-Glauret rule, P-G 法則) と呼ばれるものであり，他は**カルマン-チェンの法則** (Kármán-Tsien rule, K-T 法則) と呼ばれるものである．前者は 1927 年にイギリスの数学者グラウワートが，また 1930 年にはドイツの工学者

プラントルがそれぞれ独立に発見したものであり，後者は応用力学者のカルマンとその門弟のチェンが1939年と1941年の2回にわたって発表した論文のなかで述べられたものである．これらの法則は迎え角の小さい薄翼を仮定して導かれているので，適用に当たってはその点に注意しなければならない．

3.8.1 プラントル‐グラウワートの法則

この法則によると，マッハ数 M の流れの中に置かれた翼型の圧力係数はその翼型の厚さ（迎え角，カンバーを含めて）を $1/\sqrt{1-M^2}$ 倍したものが非圧縮流中に置かれたときの圧力係数に等しい．図3.61はP-G法則を図で表したもので，同じ圧力係数をもつ高速流中（マッハ数 M）の翼型と非圧縮流中（マッハ数0）の翼型の比較をしている．上に記した表現は圧縮流中と非圧縮流中とで同じ圧力係数を与える翼型の幾何学的関係について言い表したものであるが，同じ翼型が同じ迎え角で圧縮流中と非圧縮流中に置かれた場合の圧力係数に関する表現に言い換えると次のようになる．

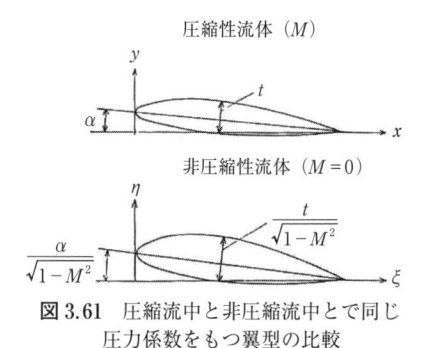

図3.61 圧縮流中と非圧縮流中とで同じ圧力係数をもつ翼型の比較

ある翼型の非圧縮流中における圧力係数を C_{pi} とすると，マッハ数 M の流れの中における圧力係数は

$$C_p = \frac{C_{pi}}{\sqrt{1-M^2}} \tag{3.88}$$

で与えられる．

揚力は翼表面上の圧力を翼弦方向に積分することによって得られるから，非圧縮流中における翼型の揚力係数 C_{li} とマッハ数 M の流れにおける揚力係数 c_l との関係を求めることができる．結果のみを示すと次のようになる．

$$C_l = \frac{C_{li}}{\sqrt{1-M^2}} \tag{3.89}$$

が得られる．

さらに，空力中心まわりの縦揺れモーメント係数 C_{mac} に対しても同様な関

3.8 圧縮性の影響

係式

$$C_{mac} = \frac{C_{mac_i}}{\sqrt{1-M^2}} \tag{3.90}$$

が成り立つことを示すことができる．

3.8.2 カルマン-チェンの法則

K-T法則ではP-G法則の圧力係数の修正式 (3.88) に対応する式は次のように書かれる．

$$C_p = \frac{C_{pi}}{\sqrt{1-M^2} + \frac{M^2}{1+\sqrt{1-M^2}} \cdot \frac{C_{pi}}{2}} \tag{3.91}$$

この式から想像できるように，K-T法則ではP-G法則に対して図 3.61 で示したような翼厚の一様な拡大にはならず，翼型の局所，局所で拡大率が異なっているため，非圧縮流中での対応する翼型はゆがんだものとなる．さらに，この式から C_{pi} が非常に小さい場合には，K-T法則はP-G法則に近づくことがわかる．実用上重要なのは翼面上で C_{pi} が負になる領域，すなわち流速が主流より大きな領域であるが，式 (3.91) からわかるように，このような領域において K-T法則は C_p に対するマッハ数（圧縮性）の影響をP-G法則よりも大きく見積る．ところが，C_{pi} の正の値に対してはP-G法則よりも圧縮性の影響を小さく見積る．しかし，これは実用上あまり重要ではない．

図 3.62 はP-G法則およびK-T法則を実験（NACA 4412 の迎え角 $\alpha = -2°$ における翼上面，30% 翼弦点における圧力係数）と比較したものであるが，低いマッハ数ではいずれの法則も実験値とよい一致を示しているが，臨界マッハ数に近くなるとP-G法則は圧縮性の影響を低く見積ることがわかる．つまり，K-T法則

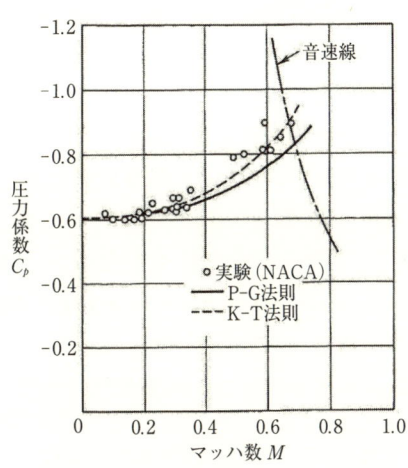

図 3.62 P-G法則およびK-T法則の実験との比較

は高亜音速においてはP-G法則よりも高い精度を示すということができる．

なお，先に述べたようにK-T法則ではC_pに及ぼすマッハ数（圧縮性）の影響が翼面上の各点で違っているので，与えられた翼型の揚力係数や縦揺れモーメント係数に及ぼす圧縮性の影響を示す簡単な関係式を導くことはできない．しかし，非圧縮流れ（低速流れ）における圧力分布が知られているならば，K-T法則により圧縮流れ（高速流れ）における圧力分布を求めることができるから，それを積分することによって必要な揚力係数や縦揺れモーメント係数を計算することができる．

プラントル-グラウワートの法則は式(3.88)，(3.89)，(3.90)を見てわかるようにMが1に近づくと，圧力係数や揚力係数，縦揺れモーメント係数が無限大となって成り立たなくなってしまう．また，カルマン-チェンの法則も式(3.91)でMが1に近づくと意味がなくなるので，やはり成り立たなくなる．Mが1に近いところの現象は最初，イギリスの空気力学者スタントンによって高速風洞を使って実験的に調べられた．その結果によると，$M=0.7$あたりまでは式(3.89)の与えるようにMの増加とともに揚力係数は増加するが，$M=0.7$以上では減少し，抗力係数が急に増大する．この原因は図3.63[*]のように翼表面にほぼ垂直に発生した衝撃波による圧力跳躍のため強い逆圧力勾配が生じて，境界層が剝離するためである．抗力の増加には剝離によるもののほか，衝撃波の発生による造波抗力も含まれる．このように揚力が減じて抗力が急増する現象は低速における失速とよく似ているため，**衝撃失速**（shock stall，=**衝撃波失速**）と呼ばれ，これの起こるマッハ数を**抗力発散マッハ数**（drag divergence Mach number，=**抗力急増マッハ数**）といい，臨界マッハ数より多少大きい．衝撃失速は小さな

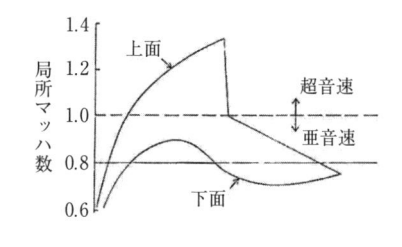

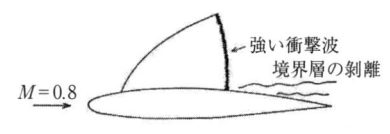

図3.63 臨界マッハ数を超えた翼型まわりの流れ

---

[*]縦軸の局所マッハ数は局所速度と局所音速との比．局所音速は局所速度と同じように場所によって変化する．局所速度が主流の速度より大きいところでは，局所音速は主流の音速より小さく，主流の速度より小さいところでは主流の音速より大きい．

3.8 圧縮性の影響

迎え角でも起こる点が低速の失速と違っている*.

図3.64は$M=0.141$と0.717におけるNACA 4412の圧力係数の分布を実験で調べたものであるが，$M=0.717$の場合には65%翼弦点で翼の上面に圧力の急上昇が認められ，明らかに衝撃波の発生していることがわかる．

衝撃失速も低速の失速と同じように境界層の状態によって起こりやすくなったり，起こりにくくなったりする．すなわち，衝撃波の発生する点が層流境界層であると，すぐ剝離を起こすが，乱流境界層であると剝離は起こりにくくなる．一般にレイノルズ数が低いと層流状態が翼面上の下流まで保たれるために衝撃失速を起こしやすい．

図3.65は翼厚が10%程度の翼型の揚力係数c_lおよび抗力係数C_dのマッハ数による変化を示したものであり，図3.66はこれに対応する翼型まわりの流れのパターンを描いたものである．図3.65(a)から，臨界マッハ数より低いマッハ数ではプラントル-グラウワートの法則が，また翼型まわりの

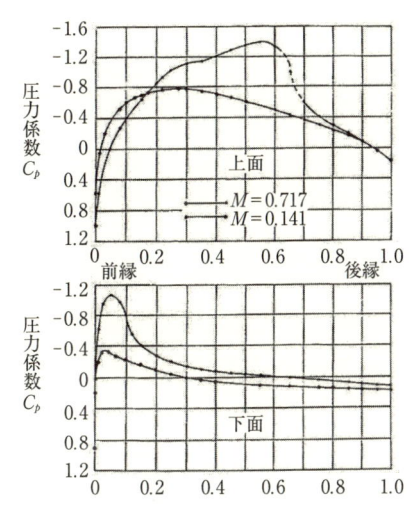

図3.64 主流マッハ数$M=0.141$と0.717におけるNACA 4412翼型まわりの圧力分布

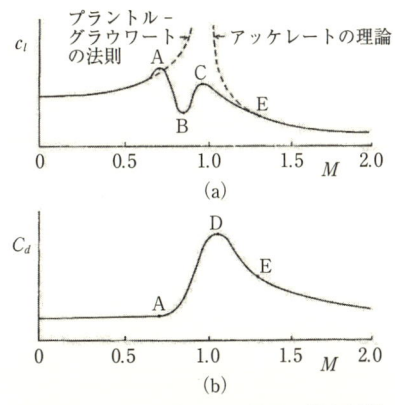

図3.65 マッハ数による翼型の揚力係数と抗力係数の変化

流れが十分に超音速になった後のマッハ数では**アッケレートの理論****（Acke-

---

*迎え角が大きければ，もっと低いマッハ数で衝撃失速を起こす．

元来，圧縮性流体の方程式は非線形で，一般的な解法はまだ知られていない．翼厚が薄く，翼が一様流に与える速度変動が小さいときは，方程式中に現れる速度変動の2乗以上の項を無視すると方程式は線形となり解くことができる．この近似理論を線形理論**という．アッケレートの理論も線形理論である．

ret theory）が実際とよく一致することがわかる．図3.65(b)を見ると，あるマッハ数を超えると抗力係数はMの増加とともに減ずるが，これは抗力そのものが減るのではないことに注意する必要がある．抗力は遷音速領域よりも増加がにぶるが，マッハ数とともに増加し続けるのであって，これは図3.67に示すとおりである．なお，翼厚を半分の5%程度にすれば，衝撃失速は緩和されて抗力も小さくなり，揚力係数の変化も緩やかになる．しかし，揚力係数そのものも小さくなり，また低速時における失速特性が悪くなるほか，**フラッター**（flutter）と呼ばれる翼の曲げ振れ振動が起こりやすくなるなど，構造強度上の問題が出てくる．

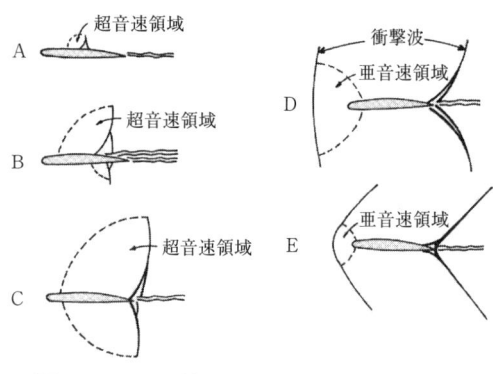

図3.66 マッハ数による翼型まわりの流れの変化

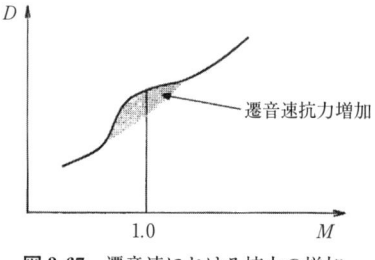

図3.67 遷音速における抗力の増加

　遷音速飛行は衝撃波失速に基づくいくつかの不安定現象を機体に生じさせるため操縦は難しく，また危険を伴う．次に，その主なものを三つあげて簡単に説明する．

（1）**バフェッティング，バズ**

　一般に失速した主翼やエンジン・ポットの乱れた後流が尾翼に当たって機体が振動する現象を**バフェッティング**（buffeting）という．遷音速飛行の場合は衝撃失速で剥がれた境界層の後流が尾翼に当たって発生する．また，主翼の後縁にある補助翼などが乱れた流れのために振動する現象を**バズ**（buzz）という．これなどは衝撃波の翼面上の位置が不安定で，前後に移動することによる影響も大きい．

（2）**タックアンダー**

　機体が頭下げの傾向となり，保舵力の逆転する現象を**タックアンダー**（tuck

under)という.衝撃失速は尾翼よりも主翼の方に先に起こるので,主翼に衝撃失速が発生すると揚力低下のため頭下げのモーメントが生じて,機首は下向きになり,操縦桿を押しから引きに変えないと水平飛行ができなくなる.

(3) 操 縦 不 能

水平尾翼や垂直尾翼が衝撃失速を起こした場合は,後縁についている舵は境界層の剝離した乱れた流れの中に置かれるため,昇降舵や方向舵がまったく効かなくなり,操縦できなくなることがある.

飛行マッハ数が1より十分に大きくなって,翼面上の衝撃波が完全に後縁まで後退し,そこに定着すれば翼まわりの流れは安定し,上述のような困難は解消される.それゆえ,超音速で飛ぶ飛行機はできるだけ速やかに遷音速領域を通り抜けて,安定な超音速飛行に入るようにする.

1940年代の前半,飛行機の速度はいわゆる「**音の壁**」(sound barrier)にぶつかって時速900kmが限度で,それ以上の高速飛行はできなかった.これは上に述べた抗力の急増が原因であるが,当時はまだプロペラ推進にたよっていたので,これにも限界があった.というよりも衝撃失速はプロペラの問題として先に出てきたもので,実は前述のスタントンの実験もプロペラの翼に関するものであった.つまり,機体よりも先にプロペラ自体が「音の壁」にぶつかってしまうのである*.その後,ジェット・エンジンが実用化されて音よりも速く飛ぶことができるようになったが,翼にからむ困難はなかなか解決されなかった.その頃の研究成果としては衝撃失速を遅らせる後退翼の発明があり,また臨界マッハ数の高い翼型の開発が盛んに行われた.そのような翼型として有名になったのは,イギリスのゴールドシュタインのつくった**ルーフトップ翼型****(roof-top airfoil)で,衝撃波の発生するマッハ数が高い翼型であった.しかし,実機には実績のある普通の翼型と後退角の組合せが用いられることが多かったようである.やがて安定な超音速領域を飛ぶための翼型の方が進歩して,1960年代に**超音速輸送機**(supersonic transport,略してSST)の時代を迎えることになるが,大気汚染やソニック・ブーム***などの公害問題でなかなか実用に至っていないのは周知のとおりである.そこで再び脚光を浴びてき

---

*プロペラは回転しているので,その翼断面には機体よりも速い流れが当たる.
**圧力分布の形が屋根の形に似ているところから名付けられた.層流翼型の一種である.
***超音速飛行によって発生した衝撃波が地上にまで達して,種々の音響公害を与える現象.

たのが遷音速飛行である．

3.8.3 遷音速翼型

現在の旅客機の巡航速度はマッハ0.8程度が限度であるが，衝撃波を発生しない遷音速の翼型ができれば，10〜20％あるいはそれ以上のスピードアップが可能となる．現在のところまだそのような翼型はできていないが，それに近いものとしては，イギリスのピアシーが1960年に発表した**ピーキー翼型***（peaky airfoil），あるいは同じような考えのもとにアメリカのホイットカムがつくった**スーパー・クリティカル翼型**（supercritical airfoil，＝**超臨界翼型**）がある．ここでは，スーパー・クリティカル翼型について簡単に説明しておくことにする．

この翼型は図3.68に示すように，比較的小さな前縁半径をもち，これにより前縁近くに超音速のとがった峰をもつ速度分布をつくる．翼の上面の湾曲を緩やかにして超音速流を徐々に減速し，後縁近くで**局所マッハ数****（local Mach number）が1を少し超える程度にする．この結果，超音速を終わらせる衝撃波は非常に弱くなる．翼下面は翼厚を厚くできるように深い湾曲をつけてある．こうすることによって翼幅を大きくしても構造重量が小さく押さえられ，燃料搭載のための空間も十分得られる．しかし，平らな上面と曲率の大きい下面との組合せは普通の翼型と比較すると揚力が低い．そこで，これを補う措置として，後縁の前方部に強いカンバーをつけて，この部分が総揚力の大部分を受け持つ**リア・ローディング方式**（rear loading type）

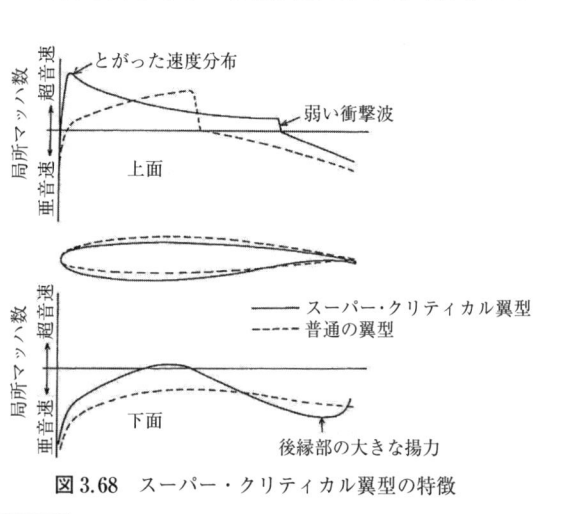

図3.68 スーパー・クリティカル翼型の特徴

---

*圧力分布が前縁付近でとがった峰をもつのでこの名がある．
** p.130の脚注参照．

がとられている．こうした特徴ある曲面の組合せによりスーパー・クリティカル翼型は臨界マッハ数よりかなり高いマッハ数まで抗力の急増を遅らせることができる．図3.69はこれを示したもので，現在までの研究成果によれば，翼厚の等しい通常の翼型に比べて抗力の増加するマッハ数を12～14％増すことができる．

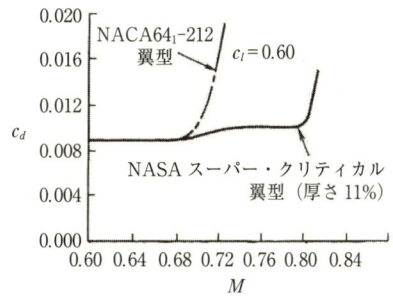

図3.69 普通の翼型とスーパー・クリティカル翼型の抗力発散マッハ数の違い

3.9 誘導抗力

翼が空気中を前進すると，その断面まわりに循環を生じ，クッタ-ジューコフスキーの定理で表される揚力が発生すること，翼は渦と同じ働きをするので，薄翼理論においては翼を渦で置き換えることなどについては，前章の2.8節および本章の3.3節で説明したとおりである．しかし，そこでは翼を無限に長い2次元翼として考えたので，翼端や平面形の影響には触れなかった．実際の翼は翼幅が有限，すなわち，3次元の翼であるから，これらの影響を考慮しなければならない．翼幅が有限であることによる最も著しい影響は，翼端渦の発生に伴う誘導抗力の出現と図3.70に示すような縦横比Aによる揚力曲線の変化である．この図で注目すべきことは，縦横比が小さくなると，揚力傾斜が小さくなるため，縦横比の小さい翼は失速角が大きくなることである．実験によると縦横比が1の場合，失速角は45°にも及ぶことが報告されている．

いま，図3.71(a)に示すように翼幅がbで，振り下げも，上反角もない矩形翼が空気（密度ρ）中を速度Vで動いている場合を考える．翼幅方向に翼型も迎え

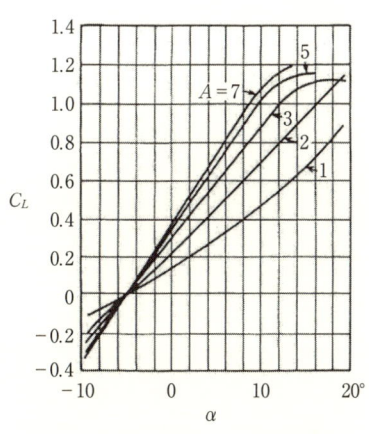

図3.70 ある翼型をもった矩形翼の縦横比による揚力曲線の変化

角も変わらないから，翼断面まわりの循環の強さ Γ も翼幅方向に一定であると考えることができる．したがって，クッタ－ジューコフスキーの定理により揚力分布も翼幅に沿って一様となるから，翼全体に働く揚力は $L = \rho V \Gamma b$ となるはずである．しかし，これは正しくない．もちろん，クッタ－ジューコフスキーの定理が間違っているのではなく，次に述べる**後流渦**（trailing vortex，＝**後曳き渦**）による誘導速度の影響を考えに入れていないためである．

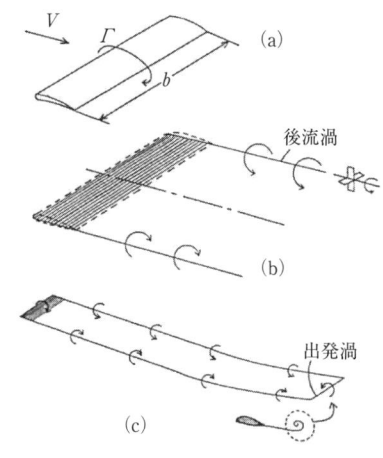

図 3.71 渦糸による翼の置き換え

薄翼理論では翼弦に沿って渦糸を分布させた．この場合，渦糸は翼幅方向に無限に伸びているものと考えたが，翼幅の有限な翼ではそのようなことは許されない．前章の 2.8 節で述べたように渦糸は有限な長さでは存在し得ないから，翼端で終わることなく図 3.71(b) のように両翼端で折れ曲がり，2 本の平行な渦糸となって後方へ伸びる．翼端では翼弦上に並んでいた渦糸がすべて重なるので，合成されて強い渦糸となって後方へ流出する．この後流渦を後曳き渦とか**翼端渦**（wing-tip vortex）という．後流渦は無限に長いと考えてもよいが，翼が最初静止していたものとすると，動き出したときに翼の後縁から放出された渦［これを**出発渦**（starting vortex）という］が 2 本の後流渦の先端を結び，図 3.71(c) のように全体として環状になる．実際の場合は粘性のために翼端から遠ざかるにつれて消滅していく．

翼端渦の存在は図 3.71(b) に示すように翼端の後方に風車を置くと，それが回転するので，実験的にも証明することができる．また，翼端渦のできるメカニズムを説明すると次のようになる．図 3.72(a) のように翼が揚

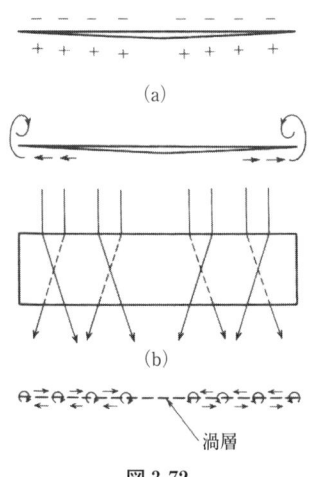

図 3.72

3.9 誘導抗力

力を生じているときは,翼の上面の圧力は低く,下面の圧力は高い.したがって,下側の空気は翼端をまわって翼の上側に流れる.翼は前進しているから,翼端を巻き上がった流れは渦となり翼端の通過した後に残る.これが後流渦というわけである.しかし,後流渦は実際には翼端からだけではなく,翼の後縁からも流出する.これは,翼の下面には翼幅方向に翼端に向かう流れが生じるためで,翼の上,下面を通過する流線は図 3.72(b)のようになるので,後縁に沿って渦層が後方に流出することになる.結局,有限翼の渦糸系は図 3.73(a)のようになる.各渦糸は U 字型をしているので **U 字渦**(horse-shoe vortex,＝**馬てい形渦**)という.U の字の底に相当する部分,すなわち翼幅方向に平行な渦糸の部分は翼と一緒に動き,決して翼から離れることはないので**束縛渦**(bound vortex)と呼び,これに対して 2 本の平行となって後方へ伸びる渦糸の部分,すなわち後曳き渦を**自由渦**(free vortex)と呼ぶ.後縁から流出する渦糸の強さは一様ではなく,一般に翼幅方向に変化している.こうして後縁から多数の渦糸が流れ出ていくが,実際の渦の場合には,同じ方向に回転している渦糸は合併していく性質があるので,図 3.73(b)のように後縁を離れた渦糸は次第にまとまっていき,1 本の大きな後流渦となる.

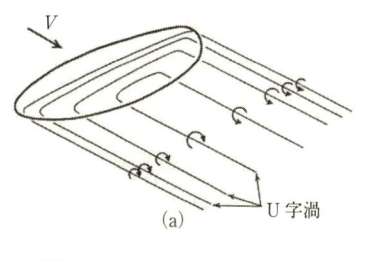

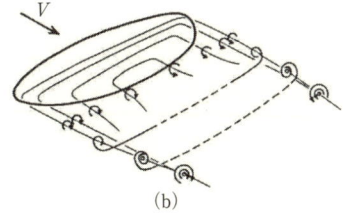

図 3.73 U 字渦と後流渦の合併

平均翼弦に比べて翼幅の大きい翼,すなわちアスペクト比の大きい翼を横に細長い翼と呼ぶが,3 次元翼理論ではこのような翼の場合には,近似的に U 字渦の束縛渦の部分は図 3.74(a)に示すように一つの直線上に重なっているものとする.

渦糸が後縁から流出するということは,たとえ翼型が一定の矩形翼であっても,翼幅方向に循環が変化していることを意味する.いま,図 3.74(a)のように翼の中央を原点として翼幅方向に y 軸をとり,翼幅を b とする.翼幅方向の循環分布が図 3.74(b)のようであるとすると,循環が $d\Gamma/dy$ の割合で減じる

図 3.74 3次元翼理論における U 字渦の重ね合わせと循環分布

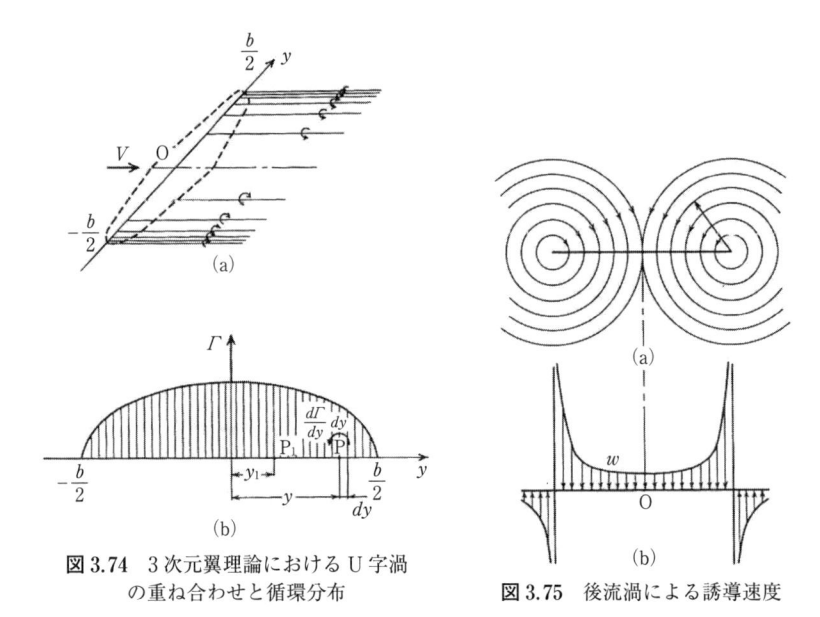

図 3.75 後流渦による誘導速度

点においては, 微小な翼幅 dy について $-(d\Gamma/dy)dy$ なる強さの渦糸が流出し, それが後流渦となる.

図 3.75 は翼を前方から見たとき, 一つの U 字渦の後流渦部分, すなわち一対の後曳き渦によって翼の近くに誘導される速度場を示したものである. y 軸上の点 y から出発する後流渦の強さを $-(d\Gamma/dy)dy$ とすると, y 軸上の点 P_1 に誘導される下向き速度 dw は前章の式 (2.65) を適用すると

$$dw = \frac{-\dfrac{d\Gamma}{dy}dy}{4\pi(y-y_1)} \tag{3.92}$$

である. したがって, すべての後流渦によって点 P_1 に誘導される下向き速度は次のようになる.

$$w(y_1) = \frac{1}{4\pi}\int_{-b/2}^{b/2}\frac{d\Gamma/dy}{y_1-y}dy \tag{3.93}$$

普通, この下向き誘導速度 w は**吹下ろし速度** (downwash velocity) と呼ばれる. 翼に当たる気流の速度は相対風 V と吹下ろし速度 w を合成したものになるから, 翼の迎え角は $\alpha_i = w/V$ [rad] だけ減じたのと同じことになり, それに

3.9 誘導抗力

応じて揚力も減じる．wは翼幅方向に変化しているので，翼幅に沿う揚力分布は一様にならない．

亜音速流中において，2次元翼に働く抗力は摩擦抗力と形状抗力であるが，3次元の翼（有限翼）には第3の抗力——誘導抗力（induced drag）が働く．この抗力は後流渦が発生するために生ずるもので，動的揚力を得るためには避けることのできない抗力である．翼の後縁から絶えず渦が発生するためエネルギーが消費されるが，単位時間当たり消費されるエネルギーは飛行速度（または翼に当たる一様流の速度）と誘導抗力との積に等しい．このエネルギー保存の法則から当然なことであるが，誘導抗力は次に述べるように別の見地から理解することもできる．

翼幅が有限な翼の後縁からは無数に多くの渦糸が流出し，次第に束となって後流渦が形成されることは前節で述べたとおりであるが（図3.71），これらの渦糸によって翼の付近に誘導される下向きの速度の分布は図3.76(a)のようになる．いま，図3.76(b)のように翼を翼幅に沿って多くの帯状部分に分割し，その一つ（幅dy）を取り出して考えてみる．この部分の翼断面の迎え角をαとすると，前方からの速度Vのほかに吹下ろし速度wが加わるため図3.76(c)に示すように

$$\alpha_i = \frac{w}{V}[\mathrm{rad}] \tag{3.94}$$

だけ下向きの合成速度V'が当たることになる．すなわち，迎え角はαから

$$\alpha_e = \alpha - \frac{w}{V} \tag{3.95}$$

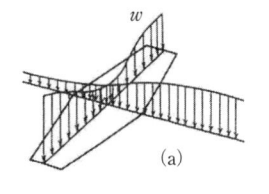

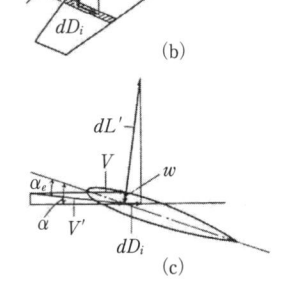

図3.76 誘導抗力の発生

に減少する．吹下ろし速度wは一般に翼幅方向に変化しているが，どの翼断面においてもVに比較すれば小さいのでα_iもまた小さい．α_eを**有効迎え角**（effective angle of attack），α_iを**誘導迎え角**（induced angle of attack）または**吹下ろし角**（downwash angle）という．

次に，この翼部分に働く揚力について考えてみる．クッタ-ジューコフス

キーの定理によれば，揚力 dL' は明らかに V' に直角な方向に生ずるはずである．しかし，翼の揚力としてはあくまでも V に直角な成分をとらなければならないから，dL' を V に直角な成分 dL と V に平行な成分 dD_i とに分解する．すなわち，揚力 dL のほかに抗力 dD_i が現れる．これが誘導抗力であって，以上の説明からもわかるように，摩擦抗力や形状抗力とは性質が異なり，翼幅が有限であるがために生ずる抗力である（もちろん，翼幅が有限であっても揚力を発生していなければ，誘導抗力は生じない）．いま考えている翼部分の幅を dy，そのまわりの循環を Γ，空気密度を ρ とすると dL' はクッタ-ジューコフスキーの定理により

$$dL' = \rho V' \Gamma dy \tag{3.96}$$

である．それゆえ，揚力 dL，誘導抗力 dD_i は図 3.76 (b), (c) を参照して次のように求められる．

$$\begin{aligned} dL &= dL' \cos\alpha_i = dL' \cdot \frac{V}{V'} \\ &= \rho V' \Gamma dy \cdot \frac{V}{V'} = \rho V \Gamma dy \end{aligned} \tag{3.97}$$

$$\begin{aligned} dD_i &= dL' \sin\alpha_i = dL' \cdot \frac{w}{V'} \\ &= \rho w \Gamma dy \end{aligned} \tag{3.98}$$

多数に分割した翼のすべての部分に対して式 (3.97), (3.98) は成り立つから，翼全体に働く揚力 L および誘導抗力 D_i は，翼幅を b として次の積分で与えられることになる．

$$L = \int_{-b/2}^{b/2} dL = \rho V \int_{-b/2}^{b/2} \Gamma dy \tag{3.99}$$

$$D_i = \int_{-b/2}^{b/2} dD_i = \rho \int_{-b/2}^{b/2} w \Gamma dy \tag{3.100}$$

3.10 揚力線理論

翼の平面形に関して空気力学上，大変興味があり，また重要である問題の一つは誘導抗力を最小にする平面形の決定である．翼型や平面形，あるいは翼の捩れなどの幾何学的な量と翼幅方向の循環分布や誘導速度，揚力分布などの空

3.10 揚力線理論

気力学的な量とを関係づけるのが3次元翼理論である．

横に細長い翼では循環の翼弦方向の分布は無視することができるので，U字渦を図3.74(a)のように一つの直線上に積み重ねて翼理論を立てることができ，これを**揚力線理論**（lifling line theory）という．

前節で考えた y と $y+dy$ の間にある幅 dy の翼素［図3.76(b)］に働く揚力 dL は，その断面の翼弦長を $c(y)$，局部揚力係数を $C_l(y)$ とすると

$$dL = C_l \frac{1}{2}\rho V^2 c\, dy \tag{3.101}$$

と表すこともできる．

ゼロ揚力角 α_0（一般に $\alpha_0 < 0$）から測った迎え角を**絶対迎え角**（absolute angle of attack）という．これを図3.77のように α_a で表すと

$$\alpha_a = \alpha - \alpha_0 \tag{3.102}$$

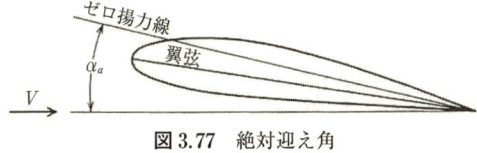

である．この α_a を用いると，

図3.77 絶対迎え角

ゼロ揚力角から測った有効迎え角は $\alpha_a - w/V$ となるから，局所揚力係数 C_l は翼型の揚力傾斜 $m_\infty = dC_l/d\alpha$ を使って

$$C_l = m_\infty \left(\alpha_a - \frac{w}{V}\right) \tag{3.103}$$

と書くことができる．m_∞ は翼型によって多少異なるが，2次元翼理論から 2π に近いことがわかっているので $m_\infty = 2\pi\sigma$ とおくと，普通の翼型では $\sigma = 0.8 \sim 0.9$ 程度である．式(3.103)を用いると式(3.101)は

$$dL = \frac{1}{2}\rho V^2 c(y) m_\infty(y)\left[\alpha_a(y) - \frac{w(y)}{V}\right] dy \tag{3.104}$$

となる．これは式(3.97)と等しくなければならないから，この2式の右辺を等置すると

$$\Gamma(y) = \frac{1}{2} V m_\infty(y) c(y) \left[\alpha_a(y) - \frac{w(y)}{V}\right] \tag{3.105a}$$

が得られる．さらに，吹下ろし速度 $w(y)$ は式(3.93)で与えられるから，これを代入すると

$$\Gamma(y) = \frac{1}{2} m_\infty(y) c(y) \left[V\alpha_a(y) - \frac{1}{4\pi}\int_{-b/2}^{b/2} \frac{d\Gamma(\eta)/d\eta}{y-\eta} d\eta\right] \tag{3.105b}$$

となる．この式で $m_\infty(y)$，$c(y)$，$\alpha_a(y)$ は一つの翼が与えられれば既知の関数である．したがって，この式は未知関数 $\Gamma(y)$ に関する積分方程式であって，これを解けば循環 $\Gamma(y)$ を求めることができる．式（3.105b）は**プラントルの積分方程式**と呼ばれる．この方程式は薄翼理論で用いたフーリエ級数による方法で解くことができる．

変数を次式によって y から θ に置き換える．

$$y = -\frac{b}{2}\cos\theta \quad (0 \leq \theta \leq \pi) \tag{3.106}$$

$\theta = 0$ は左翼端に，$\theta = \pi$ は右翼端に対応する．循環分布を次のようにフーリエ級数で表す．

$$\Gamma = 2bV\sum_{n=1}^{\infty} a_n \sin n\theta \tag{3.107}$$

両翼端 $\theta = 0$ および $\theta = \pi$ で $\Gamma = 0$ となる．

$$\frac{d\Gamma}{dy} = \frac{d\Gamma/d\theta}{dy/d\theta} = 4V\sum_{n=1}^{\infty}\frac{na_n\cos n\theta}{\sin\theta}$$

であるから，これを式（3.82）に代入すると吹下ろし速度は

$$\begin{aligned}w(y_1) &= \frac{V}{\pi}\int_0^\pi \sum_{n=1}^{\infty}\frac{na_n\cos n\theta}{\cos\theta - \cos\theta_1}d\theta \\ &= V\sum_{n=1}^{\infty}na_n\frac{\sin n\theta_1}{\sin\theta_1}\end{aligned} \tag{3.108}$$

ここに定積分の公式（3.26）を用いた．式（3.107），（3.108）を式（3.105a）に代入すると

$$2bV\sum_{n=1}^{\infty}a_n\sin n\theta = \frac{1}{2}Vm_\infty c(\alpha_a - \sum_{n=1}^{\infty}na_n\frac{\sin n\theta}{\sin\theta}) \tag{3.109}$$

整理して書き直すと

$$\sum_{n=1}^{\infty}(n\mu + \sin\theta)a_n\sin n\theta = \mu\alpha_a\sin\theta \tag{3.110}$$

ここに

$$\mu = \frac{m_\infty c}{4b}$$

m_∞，c，α_a がフーリエ級数の形で θ の関数として与えられれば，a_n が求まり，

3.10 揚力線理論

したがって循環分布が決まる．揚力は式（3.99）により

$$L = \rho V \int_{-b/2}^{b/2} \Gamma dy = \rho V^2 b^2 \int_0^\pi \sum_{n=1}^{\infty} a_n \sin n\theta \sin\theta d\theta$$
$$= \frac{1}{2}\pi\rho V^2 b^2 a_1 \tag{3.111}$$

揚力係数は，翼面積を S，アスペクト比を $A(=b^2/S)$ とすると

$$C_L = \frac{L}{\frac{1}{2}\rho V^2 S} = \pi A a_1 \tag{3.112}$$

となる．L および C_L ともフーリエ級数の最初の係数 a_1 だけで決まる．誘導抗力は式（3.100）により

$$D_i = \rho \int_{-b/2}^{b/2} w\Gamma dy = \rho V^2 b^2 \int_0^\pi \left(\sum_{n=1}^{\infty} a_n \sin n\theta\right)\left(\sum_{n=1}^{\infty} n a_n \sin n\theta\right) d\theta$$
$$= \frac{1}{2}\pi\rho V^2 b^2 \sum_{n=1}^{\infty} n a_n^2 \tag{3.113}$$

誘導抗力係数は

$$C_{Di} = \frac{D_i}{\frac{1}{2}\rho V^2 S} = \pi A \sum_{n=1}^{\infty} n a_n^2$$
$$= \frac{C_L^2}{\pi A}\sum_{n=1}^{\infty} \frac{n a_n^2}{a_1^2} = \frac{C_L^2}{\pi A}(1+\delta) = \frac{C_L^2}{\pi e_w A} \tag{3.114}$$

ここに

$$\delta = \sum_{n=2}^{\infty} \frac{n a_n^2}{a_1^2}, \quad e_w = \frac{1}{1+\delta}$$

e_w を**翼効率**（wing efficiency）という．誘導迎え角は式（3.94），（3.101）より

$$\alpha_i = \frac{w}{V} = \sum_{n=1}^{\infty} n a_n \frac{\sin n\theta}{\sin\theta} \tag{3.115}$$

となるから，一般には翼幅方向に変化していることがわかる．そこで，平均値をとって翼全体としての誘導迎え角とする．これを $\bar{\alpha}_i$ と書くと

$$\bar{\alpha}_i = \frac{1}{b}\int_{-b/2}^{b/2}\sum_{n=1}^{\infty} n a_n \frac{\sin n\theta}{\sin\theta} dy = \sum_{m=1}^{\infty} a_{2m-1}$$
$$= a_1\left(1+\sum_{m=2}^{\infty} \frac{a_{2m-1}}{a_1}\right) = \frac{C_L}{\pi A}(1+\tau) \tag{3.116}$$

ここに

$$\tau = \sum_{m=2}^{\infty} \frac{a_{2m-1}}{a_1}$$

3.10.1 誘導抗力最小の翼（楕円翼）

係数 a_1, a_2, a_3, … は翼の平面形，翼型，翼の捩り下げによって決まるが，特に平面形によって左右される．

式 (3.114) からアスペクト比 A が同じで，与えられた揚力係数に対して誘導抗力係数が最小となるのは $\delta=0$，すなわち $a_2=a_3=\cdots=0$ の場合であって，このとき循環分布は

$$\Gamma = 2bVa_1 \sin\theta = 2bVa_1 \sqrt{1-\cos^2\theta}$$
$$= \Gamma_0 \sqrt{1-\left(\frac{y}{b/2}\right)^2}, \quad \Gamma_0 = 2bVa_1 \tag{3.117}$$

となる．これは図 3.78(a) に示すような楕円形の循環分布であって，Γ_0 は翼中央における循環の強さを表す．吹下ろし速度は式 (3.108) より

$$w = Va_1 = \frac{\Gamma_0}{2b} = \frac{C_L V}{\pi A} \tag{3.118}$$

で翼幅に沿って一定［図 3.78(b)］，したがって，誘導迎え角も一定で

$$\bar{\alpha}_i = \alpha_i = \frac{\Gamma_0}{2bV} = \frac{C_L}{\pi A} \tag{3.119}$$

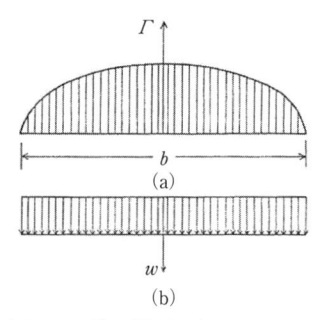

図 3.78 楕円循環分布とその吹下ろし速度

である．

翼に捩れがなく，どの翼断面も同じ迎え角で，同じ翼型であるとすると，$\alpha_a(y)$, $m_\infty(y)$ も一定であるから式 (3.105a) の右辺は $c(y)$ 以外すべて定数となる．よって，式 (3.105a) の左辺に式 (3.117) を，右辺の w/V に式 (3.118) を代入すると

$$\Gamma_0 \sqrt{1-\left(\frac{y}{b/2}\right)^2} = \frac{1}{2} V m_\infty c(y) \left(\alpha_a - \frac{\Gamma_0}{2bV}\right)$$

これから

3.10 揚力線理論

$$c(y) = \frac{2\Gamma_0}{m_\infty V\left(\alpha_a - \dfrac{\Gamma_0}{2bV}\right)} \cdot \sqrt{1 - \left(\frac{y}{b/2}\right)^2}$$

$$= c_0 \sqrt{1 - \left(\frac{y}{b/2}\right)^2} \tag{3.120}$$

が得られる．c_0 は定数であるから，翼の平面形は楕円になることがわかる．翼面積は $S = \dfrac{\pi}{4} bc_0$ で与えられる．

式 (3.120) は翼幅に沿う翼弦長の分布を表すから，翼の平面形は図 3.79(a) に示すようないわゆる楕円形でなくとも，翼弦長の分布さえ同じならば，たとえば図の (b)，(c) でもよく，航空工学では翼弦が楕円分布の翼を **楕円翼** (elliptical wing) という．

楕円翼の誘導抗力係数は上にみたように $C_{Di} = C_L^2/(\pi A)$ であるが，揚力係数はどのようになるであろうか．楕円翼に対して式 (3.110) は

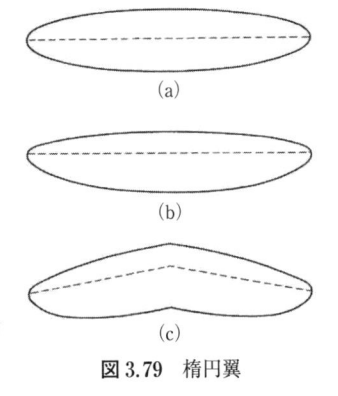

$$(\mu + \sin\theta) a_1 \sin\theta = \mu \alpha_a \sin\theta \tag{3.121}$$

式 (3.120) より

$$c = c_0 \sin\theta = \frac{4S}{\pi b} \sin\theta$$

翼幅方向に翼型の変化がなければ m_∞ は一定で

$$\mu = \frac{m_\infty c}{4b} = \frac{m_\infty}{\pi A} \sin\theta$$

これを式 (3.121) に代入し，さらに翼に捩れがなく α_a は一定であるとして a_1 について解くと

$$a_1 = \frac{\dfrac{m_\infty}{\pi A} \alpha_a}{1 + \dfrac{m_\infty}{\pi A}} \tag{3.122}$$

図 3.79 楕円翼

となる．したがって，式 (3.112) より揚力係数は

$$C_L = \frac{m_\infty \alpha_a}{1 + \dfrac{m_\infty}{\pi A}} \tag{3.123}$$

のように表される．α_a は絶対迎え角であるから，上式で C_L/α_a はアスペクト比 A の楕円翼の揚力傾斜 m である．すなわち

$$m = \frac{m_\infty}{1 + \dfrac{m_\infty}{\pi A}} \tag{3.124}$$

なる関係がある．

$$A = 6, \quad m_\infty = 5.5$$

とすると，揚力係数は式 (3.123) より

$$C_L = 4.2577 \alpha_a \tag{3.125}$$

また，誘導抗力係数は

$$C_{Di} = 0.9617 \alpha_a^2 \tag{3.126}$$

となる．

　楕円翼は，かつては最小抗力の理想的形状として高速機，特に横転性能を要求される縦横比の比較的小さい戦闘機などに盛んに用いられた．なかでもイギリスの戦闘機スピットファイアは楕円翼をもつ美しい形態の戦闘機として有名であった．しかし楕円翼は製作上手間がかかるのと，捩り下げをつけ，適度のテーパー比をもった**テーパー翼**（tapered wing）と性能的にあまり変わらないことがわかってきたため，第2次世界大戦後はまったく用いられなくなった．

　式 (3.114) を使って，縦横比 A の種々の値に対して C_{Di} の C_L による変化を求めると図 3.80 のような放物線となる．この結果からわかるように，誘導抗力を小さくするためには縦横比を大きくすればよい．このことは楕円翼に限らず，どのような平面形の翼に対しても言えることであるが，あまり細長い翼にすると強度がなくなるので限度がある．飛行機で 10〜12，グライダーで 20 程度までである．

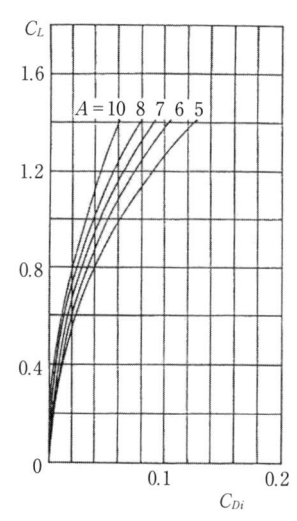

図 3.80　$C_L \sim C_{Di}$ 極曲線の縦横比による変化

3.10.2 テーパー翼

式 (3.110) を使って 3 次元翼の空力特性を計算する例としてテーパー翼を取り上げてみる．図 3.81 に示すように翼幅を b，翼中央の翼弦を c_0，テーパー比を λ とする．

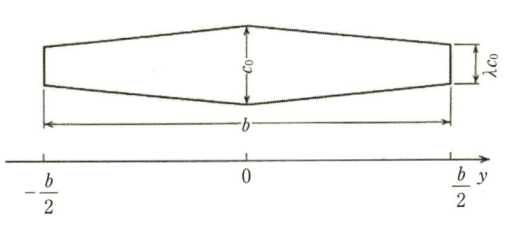

図 3.81 テーパー翼

翼は左右対称であるから，$0 \leq y \leq b/2$（翼の右半分）を考えればよく，この範囲において翼弦長は

$$c = c_0 \left[1 - \frac{2(1-\lambda)}{b} y \right]$$
$$= c_0 [1 + (1-\lambda)\cos\theta] \tag{3.127}$$

と表すことができる．したがって翼に捩れがなく，翼型も一定であると，式 (3.110) の μ は

$$\mu = \mu_0 [1 + (1-\lambda)\cos\theta] \tag{3.128}$$

となる．ここに

$$\mu_0 = \frac{m_\infty c_0}{4b} \tag{3.129a}$$

で一定値である．翼面積 S およびアスペクト比 A はそれぞれ

$$S = \frac{1+\lambda}{2} c_0 b \tag{3.130}$$

$$A = \frac{b^2}{S} = \frac{2b}{(1+\lambda)c_0} \tag{3.131}$$

となる．式 (3.131) を使って式 (3.129a) の c_0/b を消去すると

$$\mu_0 = \frac{m_\infty}{2(1+\lambda)A} \tag{3.129b}$$

循環分布 Γ も対称であるから，式 (3.110) において偶数番目の係数 a_{2m} はすべて 0 となる．また，a_1, a_3, a_5, … の値の大きさは急激に減少するので最初の 3，4 個の値を求めれば十分である．いま，4 個の係数 (a_1, a_3, a_5, a_7) を求めるとすると，4 個の方程式が必要になる．そこで，まず a_9 より先の係数はすべて 0 とすると式 (3.110) は

$a_1\{\mu_0[1+(1-\lambda)\cos\theta]+\sin\theta\}\sin\theta + a_3\{3\mu_0[1+(1-\lambda)\cos\theta]$
$+\sin\theta\}\sin3\theta + a_5\{5\mu_0[1+(1-\lambda)\cos\theta]+\sin\theta\}\sin5\theta$
$+a_7\{7\mu_0[1+(1-\lambda)\cos\theta]+\sin\theta\}\sin7\theta = \alpha_a\mu_0[1+(1-\lambda)\cos\theta]\sin\theta$ (3.132)

θとして4個の値,たとえば$\pi/8$, $\pi/4$, $3\pi/8$, $\pi/2$ を順次に式 (3.132) に代入すると4個の方程式ができるから,これらを連立方程式として解けば4個の係数の値が求まる.以下の計算において

$$A=6, \quad \lambda=0.5, \quad m_\infty=5.5$$

とする.このとき,$\mu_0 = 0.30556$ となる.4個の方程式は次のとおりである.

$$3.3277a_1 + 12.8621a_3 + 17.6905a_5 + 9.3277a_7 = \alpha_a$$
$$4.5798a_1 + 6.5798a_3 - 8.5798a_5 - 10.5798a_7 = \alpha_a$$
$$4.7390a_1 - 2.7914a_3 - 3.6198a_5 + 10.7390a_7 = \alpha_a$$
$$4.2727a_1 - 6.2727a_3 + 8.2727a_5 - 10.2727a_7 = \alpha_a$$

この連立方程式の解は

$$a_1 = 0.22423\alpha_a, \quad a_3 = 0.00715\alpha_a$$
$$a_5 = 0.00955\alpha_a, \quad a_7 = -0.00075\alpha_a$$

揚力係数は式 (3.112) より

$$C_L = \pi A a_1 = 4.2266\alpha_a \quad (3.133)$$

また

$$\delta = \frac{3a_3^2 + 5a_5^2 + 7a_7^2}{a_1^2} = 0.0122$$

であるから誘導抗力係数は

$$C_{Di} = \frac{C_L^2}{\pi A}(1+\delta) = 0.9593\alpha_a^2 \quad (3.134)$$

となる*.誘導抗力係数は楕円翼に対して1.22%大きい.

次に

$$\tau = \frac{a_3 + a_5 + a_7}{a_1} = 0.0711$$

であるから

---

*α_a^2 の係数 0.9593 は楕円翼に対して求めた式 (3.126) の 0.9617 より小さいが,揚力係数が同じでないことに注意する必要がある.

$$\bar{\alpha}_i = \frac{C_L}{\pi A}(1+\tau) = 0.240\alpha_a$$

となる．平均誘導迎え角は楕円翼に対して 7.11% 大きい．

以上の式において δ や τ はアスペクト比 A やテーパー比 λ によって定まり，その値は図 3.82 に示すようになる（ただし，翼型の揚力傾斜を $m_\infty = 5.5$ とした場合である）．この図からわかるようにテーパー比 $\lambda = 0.25 \sim 0.50$ の翼では δ や τ が 1 に比較して非常に小さいので無視しても差し支えないが，矩形翼（$\lambda = 1$）では省略することはできない．また，δ の図から λ の値は $0.3 \sim 0.5$ が最適であることがわかる．

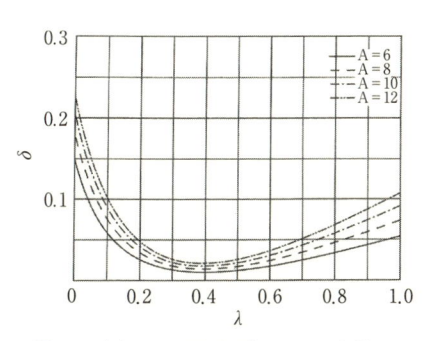

図 3.82 (a) δ の λ およびアスペクト比 A による変化

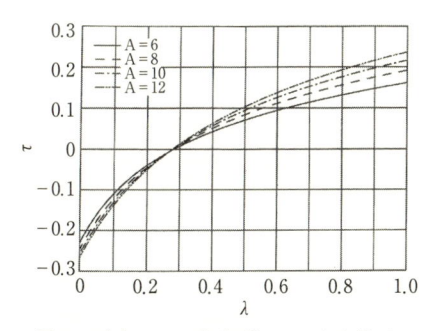

図 3.82 (b) τ の λ およびアスペクト比 A による変化

3.10.3 捻り下げを付けた翼

翼は迎え角を大きくしてゆくと，後縁から翼上面の流が剝離する．この現象を失速というが，翼のどの後縁部分も一様に失速するとは限らない[*]．とくに翼端に近い後縁部分から失速する場合，翼端失速という．後で述べるように[**]，翼端失速を防止する方法として，翼に捻り下げを付けることがある．これは翼中央から翼端に行くにしたがい，翼断面の迎え角が減るように翼に捻れを与えておくのである．翼中央の迎え角を α_a とし，ε を単位翼幅あたりの迎え角の変化率とすれば，左翼を考えるとすると，任意の翼弦位置の迎え角は

$$\alpha_a - \varepsilon\cos\theta$$

---

[*] p.158 参照．
[**] p.160 参照．

となる．よって，式 (3.110) はこの場合，右辺の α_a を $\alpha_a - \varepsilon\cos\theta$ で置き換えたものになる．すなわち，

$$\sum_{n=1}^{\infty} (n\mu + \sin\theta) a_n \sin n\theta = \mu(\alpha_a - \varepsilon\cos\theta)\sin\theta \quad (3.135)$$

この式から前述と同様な方法で a_1, a_3, a_5, a_7 に関する連立方程式得られるから，それを解けばよい．

3.11 縦横比の影響

縦横比が翼の抗力係数や揚力係数に及ぼす影響について，もう少し考えてみよう．翼に働く全抗力 D から誘導抗力 D_i を差し引くと，残りの抗力は摩擦抗力と形状抗力である．いま，この二つの抗力の和を D_0 で表すことにすれば

$$D = D_0 + D_i \quad (3.136)$$

これを係数で書くと

$$C_D = C_{D_0} + C_{Di} = C_{D_0} + \frac{C_L^2}{\pi A}(1+\delta) \quad (3.137)$$

となる．翼に捩れがなく，どの翼の断面も同じ翼型である場合は，C_{D_0} は翼型抗力係数 C_d に等しくなる．図 3.83 は縦横比 5 の翼の抗力係数の内訳を示したものである．この図で揚力係数が点 A と点 B で示される値の間にあるとき，C_{D_0} はほぼ一定であるが，誘導抗力係数 C_{Di} は揚力係数が増すと非常に大きくなる．点 A および点 B の外側の揚力係数に対しては抗力係数 C_D が急激に増加するが，これは図中にも示したように，翼の上面あるいは下面から境界層が剥離して形状抗力係数が著しく増すためである．

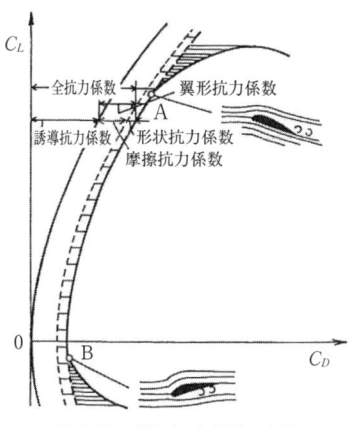

図 3.83 翼の抗力係数の内訳

いま，異なる縦横比 A_1, A_2 をもつ二つの翼を考えると，それぞれの抗力係数は

3.11 縦横比の影響

$$C_{D_1} = C_{D01} + \frac{C_L^2}{\pi A_1}(1+\delta_1) \qquad (3.138\text{a})$$

$$C_{D_2} = C_{D02} + \frac{C_L^2}{\pi A_2}(1+\delta_2) \qquad (3.138\text{b})$$

となる．どちらも同じ翼型である場合は，$C_{D01} = C_{D02}$ とみなしてよいから，上の2式より

$$C_{D_2} = C_{D_1} + \frac{C_L^2}{\pi}\left(\frac{1+\delta_2}{A_2} - \frac{1+\delta_1}{A_1}\right) \qquad (1.139)$$

が得られる．この式を使えば，ある一つの縦横比の翼の揚力係数と抗力係数の関係がわかっていると，別の縦横比の翼（ただし翼形は同じ）の揚力係数と抗力係数の関係を求めることができる．

図 3.84 は同じ翼型で縦横比が1から7まで変化している7枚の翼を風洞実験して得た極曲線図である．この7種の縦横比に対する実験結果を式 (3.139) によって縦横比5の場合に換算すると，図 3.85 に示すように縦横比5の翼に対する実験結果とまったく一致してしまう．このことは3次元の翼理論がいかに正確であるかを証明している．

迎え角に対しては，式 (3.116) より

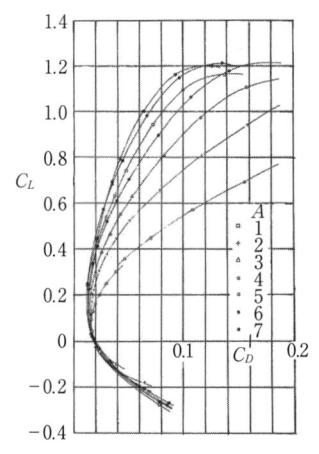

図 3.84 縦横比1から7までの翼（同一翼形)の風洞実験結果

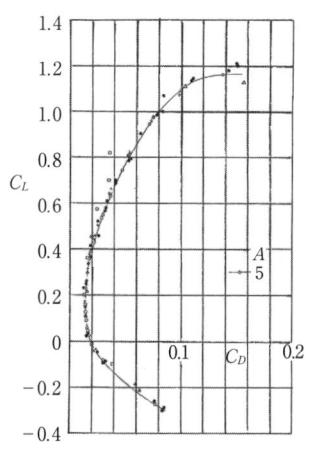

図 3.85 図 3.84 の実験点を式 (3.139) により縦横比5の場合に換算した結果

$$\bar{\alpha}_i = \frac{C_L}{\pi A}(1+\tau)$$
$$\alpha_e = \alpha - \bar{\alpha}_i = \alpha - \frac{C_L}{\pi A}(1+\tau) \tag{3.140}$$

縦横比を変えた翼の揚力曲線は簡単に求めることができる．すなわち，同じ翼型を使用した二つの翼の縦横比を A_1, A_2 とし，それぞれの迎え角を α_1, α_2 とする．このとき，揚力係数が同じであったとすると，有効迎え角は等しいから

$$\alpha_{e1} = \alpha_{e2}$$

すなわち

$$\alpha_2 = \alpha_1 + \frac{C_L}{\pi}\left(\frac{1+\tau_2}{A_2} - \frac{1+\tau_1}{A_1}\right) \tag{3.141}$$

が成り立つ．

縦横比 A_1 なる翼の揚力曲線があった場合，縦横比 A_2 の翼の揚力曲線は次のようにして求めることができる．図 3.86 において任意の迎え角 α_1 をとり，この迎え角に対する縦横比 A_1 の翼の揚力係数 C_L を点 P の縦座標から読み取る．この C_L の値を式 (3.141) に代入すると α_2 が計算できる．この α_2 は縦横比 A_2 の翼が上記の揚力係数 C_L を生ずる迎え角であるから，縦横比 A_2 の翼の揚力曲線は横座標 α_2, 縦座標 C_L なる点 Q を通過することがわかる．α_1 の種々な値に対して上の操作をすると縦横比 A_2 の翼の揚力曲線が得られる．揚力曲線は直線とみなせるので点 Q が一つ定まれば，ゼロ揚力角の点 R を通る直線として求めることができる．

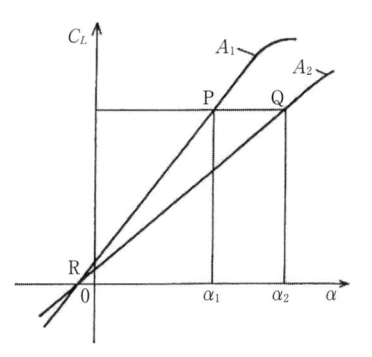

図 3.86 縦横比の変更による揚力曲線の補正

3.12 揚力面理論

翼の平面形を大まかに分類すると，3 種類に分類できる．すなわち，横に長

3.12 揚力面理論

い翼（矩形翼，楕円翼，テーパー翼），翼縦に長い翼（デルタ翼，オージー翼），後退翼である．前節で述べた揚力線理論は横に長い翼（アスペクト比でいえば，6～7以上）にはよく当てはまるが，縦に長い翼（アスペクト比でいえば，4～5以下）には当てはまらない．また，後退翼にも当てはまらない．これらの翼に有効な理論が揚力面理論*である．

揚力面理論では図3.87(a)のように両翼面とも格子状に区切り，各パネル（区画）に対してU字渦（馬てい形渦）を1個ずつ配置し，全てのパネルに通し番号を付ける（付け方は任意）．この方法を**渦格子法**（VLM, vortex latice method）という．図3.87 (b) はパネル内の渦の幾何学的な配置を示したもので，線分$\overline{AB}$が束縛渦でパネルの前縁に平行に，パネルの縦長さの1/4後方に置く．点AおよびBを起点とする2本の渦糸は平行な自由渦として後方へ無限に伸びる．また，パネルの中央，前縁から後方3/4の点をコントロールポイント（CP）と名付ける．

最初にこれから使用する基本公式を導く．図3.88において渦糸の部分$\overline{PQ}$に対してビオ・サバールの法則［p.43, 式 (2.62)］を適用すると，点Cに誘導

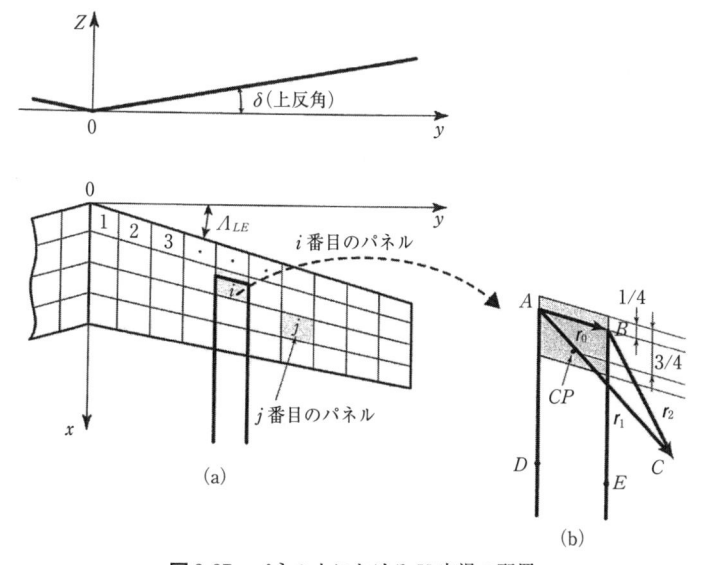

図3.87 パネル上におけるU字渦の配置

---

*解析的方法で積分方程式を導く理論もある．

される速度は3点 P, Q, C が作る平面 S に垂直に

$$v = \frac{\Gamma_i}{4\pi} \int_P^Q \frac{\sin\phi}{r^2} ds \quad (3.142)$$

となる. また

$$r = r_p \mathrm{cosec}\phi, \quad ds = r_p \mathrm{cosec}^2\phi d\phi$$

の関係があるから式 (3.142) は

$$v = \frac{\Gamma_i}{4\pi r_p} \int_{\phi_1}^{\phi_2} \sin\phi d\phi = \frac{\Gamma_i}{4\pi r_p}(\cos\phi_1 - \cos\phi_2) \quad (3.143)$$

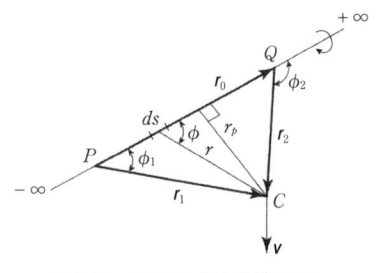

図 3.88 渦糸による誘導速度 v

ここで3点 P, Q, C の間を図 3.88 のようにベクトル r_0, r_1, r_2 で結び, 上式の各要素をベクトルで表すと次のようになる*.

$$r_p = \frac{|r_1 \times r_2|}{r_0}$$

$$\cos\phi_1 = \frac{r_0 \cdot r_1}{r_0 r_1}, \quad \cos\phi_2 = \frac{r_0 \cdot r_2}{r_0 r_2}$$

平面 $S(\triangle PQC)$ に垂直な単位ベクトルは

$$n = \frac{r_1 \times r_2}{|r_1 \times r_2|}$$

よって点 C において平面 S に垂直な速度 v は

$$v = vn = v \frac{r_1 \times r_2}{|r_1 \times r_2|} = \frac{\Gamma_i}{4\pi} \frac{r_0}{|r_1 \times r_2|} \left(\frac{r_0 \cdot r_1}{r_0 r_1} - \frac{r_0 \cdot r_2}{r_0 r_2} \right) \frac{r_1 \times r_2}{|r_1 \times r_2|}$$

$$= \frac{\Gamma_i}{4\pi} \frac{r_1 \times r_2}{|r_1 \times r_2|^2} \left(r_0 \cdot \left(\frac{r_1}{r_1} - \frac{r_2}{r_2} \right) \right) \quad (3.144)$$

ここで

$$\Phi_{PQ} = \frac{r_1 \times r_2}{|r_1 \times r_2|^2}, \quad \Psi_{PQ} = r_0 \cdot \left(\frac{r_1}{r_1} - \frac{r_2}{r_2} \right)$$

と置く. 平面 S の存在する空間に直角座標 (x, y, z) を定め, 原点を O とする. この直角座標において点 P の座標を (x_{1i}, y_{1i}, z_{1i}), 点 Q の座標を (x_{2i}, y_{2i}, z_{2i}) 点 C の座標を (x, y, z) とし, x, y, z 軸方向の単位ベクトルをそれぞれ l, j, k と

---

*太字 r_0, r_1, r_2 はベクトル, 細字 r_0, r_1, r_2 はそれらの大きさ, すなわち, $r_0 = |r_0|, r_1 = |r_1|, r_2 = |r_2|$ である.

すると，各ベクトルの成分は

$$r_0 = \overrightarrow{PQ} = (x_{2i} - x_{1i})\boldsymbol{i} + (y_{2i} - y_{1i})\boldsymbol{j} + (z_{2i} - z_{1i})\boldsymbol{k}$$

$$r_1 = \overrightarrow{PC} = (x - x_{1i})\boldsymbol{i} + (y - y_{1i})\boldsymbol{j} + (z - z_{1i})\boldsymbol{k}$$

$$r_2 = \overrightarrow{QC} = (x - x_{2i})\boldsymbol{i} + (y - y_{2i})\boldsymbol{j} + (z - z_{2i})\boldsymbol{k}$$

となる．よって

$$
\begin{aligned}
r_1 \times r_2 &= \begin{vmatrix} \boldsymbol{i} & \boldsymbol{j} & \boldsymbol{k} \\ (x-x_{1i}) & (y-y_{1i}) & (z-z_{1i}) \\ (x-x_{2i}) & (y-y_{2i}) & (z-z_{2i}) \end{vmatrix} \\
&= [(y-y_{1i})(z-z_{2i}) - (z-z_{1i})(y-y_{2i})]\boldsymbol{i} \\
&\quad - [(z-z_{1i})(x-x_{2i}) - (x-x_{1i})(z-z_{2i})]\boldsymbol{j} \\
&\quad + [(x-x_{1i})(y-y_{2i}) - (y-y_{1i})(x-x_{2i})]\boldsymbol{k}
\end{aligned}
\tag{3.145}
$$

$$
\begin{aligned}
|r_1 \times r_2|^2 &= [(y-y_{1i})(z-z_{2i}) - (z-z_{1i})(y-y_{2i})]^2 \\
&\quad + [(z-z_{1i})(x-x_{2i}) - (x-x_{1i})(z-z_{2i})]^2 \\
&\quad + [(x-x_{1i})(y-y_{2i}) - (y-y_{1i})(x-x_{2i})]^2
\end{aligned}
\tag{3.146}
$$

したがって

$$
\begin{aligned}
\boldsymbol{\Phi}_{PQ} = \frac{r_1 \times r_2}{|r_1 \times r_2|^2} &= \frac{[(y-y_{1i})(z-z_{2i}) - (z-z_{1i})(y-y_{2i})]\boldsymbol{i}}{[(y-y_{1i})(z-z_{2i}) - (z-z_{1i})(y-y_{2i})]^2} \\
&\quad + \frac{[(z-z_{1i})(x-x_{2i}) - (x-x_{1i})(z-z_{2i})]\boldsymbol{j}}{+[(z-z_{1i})(x-x_{2i}) - (x-x_{1i})(z-z_{2i})]^2} \\
&\quad + \frac{[(x-x_{1i})(y-y_{2i}) - (y-y_{1i})(x-x_{2i})]\boldsymbol{k}}{+[(x-x_{1i})(y-y_{2i}) - (y-y_{1i})(x-x_{2i})]^2}
\end{aligned}
\tag{3.147}
$$

および

$$
\begin{aligned}
\Psi_{PQ} = r_0 \cdot \left(\frac{r_1}{r_1} - \frac{r_2}{r_2} \right) &= \frac{(x_{2i}-x_{1i})(x-x_{1i}) + (y_{2i}-y_{1i})(y-y_{1i}) + (z_{2i}-z_{1i})(z-z_{1i})}{\sqrt{(x-x_{1i})^2 + (y-y_{1i})^2 + (z-z_{1i})^2}} \\
&\quad - \frac{(x_{2i}-x_{1i})(x-x_{2i}) + (y_{2i}-y_{1i})(y-y_{2i}) + (z_{2i}-z_{1i})(z-z_{2i})}{\sqrt{(x-x_{2i})^2 + (y-y_{2i})^2 + (z-z_{2i})^2}}
\end{aligned}
\tag{3.148}
$$

となる．よって束縛渦部分 $\overline{PQ}$ による点 C における速度は

$$\boldsymbol{v}_{PQ} = \frac{\Gamma_i}{4\pi} \Psi_{PQ} \boldsymbol{\Phi}_{PQ} \tag{3.149}$$

この式が図 3.87 (a) に示した i 番目のパネル上の U 字渦が j 番目のパネルのコントロールポイント (CP) 上に吹き下ろす誘導速度を求める基本公式である．

図 3.87 (b) において点 A を式 (3.149) における点 P とし，点 B を点 Q として考えると，点 A の座標を (x_{1i}, y_{1i}, z_{1i})，点 B の座標を (x_{2i}, y_{2i}, z_{2i}) として

$$v_{AB} = \frac{\Gamma_i}{4\pi} \Psi_{AB} \boldsymbol{\Phi}_{AB} \tag{3.150}$$

で与えられる．

点 A より後方へ無限に伸びる後曳き渦部分 $\overrightarrow{AD}$ に就いては点 D の座標を (x_{3i}, y_{1i}, z_{1i}) として

$$\bar{r}_0 = \overrightarrow{DA} = (x_{1i} - x_{3i})\boldsymbol{i}$$
$$\bar{r}_1 = \overrightarrow{DC} = (x - x_{3i})\boldsymbol{i} + (y - y_{1i})\boldsymbol{j} + (z - z_{1i})\boldsymbol{k}$$
$$\bar{r}_2 = \overrightarrow{AC} = (x - x_{1i})\boldsymbol{i} + (y - y_{1i})\boldsymbol{j} + (z - z_{1i})\boldsymbol{k}$$

と置くと

$$\boldsymbol{\Phi}_{AD} = \frac{\bar{r}_1 \times \bar{r}_2}{|\bar{r}_1 \times \bar{r}_2|^2} = \frac{(z - z_{1i})\boldsymbol{j} + (y_{1i} - y)\boldsymbol{k}}{[(z - z_{1i})^2 + (y_{1i} - y)^2](x_{3i} - x_{1i})} \tag{3.151}$$

$$\Psi_{AD} = \bar{r}_0 \cdot \left(\frac{\bar{r}_1}{\bar{r}_1} - \frac{\bar{r}_2}{\bar{r}_2} \right) = (x_{3i} - x_{1i}) \left[\frac{(x_{3i} - x)}{\sqrt{(x - x_{3i})^2 + (y - y_{1i})^2 + (z - z_{1i})^2}} \right.$$
$$\left. + \frac{x - x_{1i}}{\sqrt{(x - x_{1i})^2 + (y - y_{1i})^2 + (z - z_{1i})^2}} \right] \tag{3.152}$$

点 A より後方へ無限に伸びる後曳き渦による速度 $v_{A\infty}$ は $x_{3j} \to \infty$ とすることにより

$$v_{A\infty} = \frac{\Gamma_i}{4\pi} \frac{(z - z_{1i})\boldsymbol{j} + (y_{1i} - y)\boldsymbol{k}}{(z - z_{1i})^2 + (y_{1i} - y)^2} \left[1 + \frac{x - x_{1i}}{\sqrt{(x - x_{1i})^2 + (y - y_{1i})^2 + (z - z_{1i})^2}} \right] \tag{3.153}$$

同様にして点 B より後方へ無限に伸びる後曳き渦部分 $\overrightarrow{BE}$ に就いては点 E の座標を (x_{4i}, y_{2i}, z_{2i}) として

$$\bar{r}_0 = \overrightarrow{BE} = (x_{2i} - x_{4i})\boldsymbol{i}$$
$$\bar{r}_1 = \overrightarrow{EC} = (x - x_{4i})\boldsymbol{i} + (y - y_{2i})\boldsymbol{j} + (z - z_{2i})\boldsymbol{k}$$
$$\bar{r}_2 = \overrightarrow{BC} = (x - x_{2i})\boldsymbol{i} + (y - y_{2i})\boldsymbol{j} + (z - z_{2i})\boldsymbol{k}$$

と置くと，速度 $v_{B\infty}$ は $x_{4j} \to \infty$ とすることにより

$$v_{B\infty} = -\frac{\Gamma_i}{4\pi} \frac{(z - z_{2i})\boldsymbol{j} + (y_{2i} - y)\boldsymbol{k}}{(z - z_{2i})^2 + (y_{2i} - y)^2} \left[1 + \frac{x - x_{2i}}{\sqrt{(x - x_{2i})^2 + (y - y_{2i})^2 + (z - z_{2i})^2}} \right] \tag{3.154}$$

$(x, y, z) \to (x_j, y_j, z_j)$ と置くと，i 番目のパネルにある U 字渦が j 番目にあるパ

3.12 揚力面理論

ネルのコントロールポイントに誘導する速度 v_{ij} は次式のようになる.

$$\begin{aligned}\boldsymbol{v}_{ij} = \boldsymbol{v}_{AB} + \boldsymbol{v}_{A\infty} + \boldsymbol{v}_{B\infty} = &\frac{\Gamma_i}{4\pi}\left[\Psi\Phi + \frac{(z-z_{1i})\boldsymbol{j} + (y_{1i}-y)\boldsymbol{k}}{(z-z_{1i})^2 + (y_{1i}-y)^2}\left\{1 + \frac{x-x_{1i}}{\sqrt{(x-x_{1i})^2 + (y-y_{1i})^2 + (z-z_{1i})^2}}\right\}\right.\\ &\left. - \frac{(z-z_{2i})\boldsymbol{j} + (y_{2i}-y)\boldsymbol{k}}{(z-z_{2i})^2 + (y_{2i}-y)^2}\left\{1 + \frac{x-x_{2i}}{\sqrt{(x-x_{2i})^2 + (y-y_{2i})^2 + (z-z_{2i})^2}}\right\}\right] = \frac{1}{4\pi}\boldsymbol{C}_{ij}\Gamma_i\end{aligned}$$

(3.155)

よって,パネルは n 個あるとしてすべての U 字渦が j 番目のパネルのコントロールポイント (CP) に誘導する速度 $\boldsymbol{v}_j$ は

$$\boldsymbol{v}_j = \frac{1}{4\pi}\sum_{i=1}^{n}\boldsymbol{C}_{ij}\Gamma_i \qquad (3.156)$$

となる.ここに $\boldsymbol{C}_{ij}$ は定数で,i 番目の U 字渦の幾何学的数値と j 番目のコントロールポイントとの距離によって決まる.

翼面が xy 平面内にある(捩れも,上反角,下反角もない)ならば,$z_j = z_{1i} = z_{2i} = 0$ となるから,j 番目のコントロールポイントに吹き下ろす誘導速度は

$$w_j = |\boldsymbol{v}_j| = \frac{1}{4\pi}\sum_{i=1}^{n}C_{ij}\Gamma_i \qquad (3.157)$$

ここに

$$\begin{aligned}C_{ij} = &\left[\frac{1}{(x_j-x_{1i})(y_j-y_{2i}) - (y_j-y_{1i})(x_j-x_{2i})}\left\{\frac{(x_{2i}-x_{1i})(x_j-x_{1i}) + (y_{2i}-y_{1i})(y_j-y_{1i})}{\sqrt{(x_j-x_{1i})^2 + (y_j-y_{1i})^2}}\right.\right.\\ &\left.- \frac{(x_{2i}-x_{1i})(x_j-x_{2i}) + (y_{2i}-y_{1i})(y_j-y_{2i})}{\sqrt{(x_j-x_{2i})^2 + (y_j-y_{2i})^2}}\right\} + \frac{1}{y_{1i}-y_j}\left\{1 + \frac{x_j-x_{1i}}{\sqrt{(x_j-x_{1i})^2 + (y_j-y_{1i})^2}}\right\}\\ &\left. - \frac{1}{y_{2i}-y_j}\left\{1 + \frac{x_j-x_{2i}}{\sqrt{(x_j-x_{2i})^2 + (y_j-y_{2i})^2 + (z_j-z_{2i})^2}}\right\}\right]\end{aligned}$$

(3.158)

境界条件

図 3.89 において j 番目のパネルのコントロールポイント (CP) における単位法線ベクトルを

$$\boldsymbol{n}_j = l_j\boldsymbol{i} + m_j\boldsymbol{j} + n_j\boldsymbol{k}$$

で表す.ここに l_j, m_j, n_j は法線の方向余弦である.

また,誘導速度 v_j は x, y, z 軸方向成分を u_j, v_j, w_j とすると

$$\boldsymbol{v}_j = u_j\boldsymbol{i} + v_j\boldsymbol{j} + w_j\boldsymbol{k}$$

と表される.

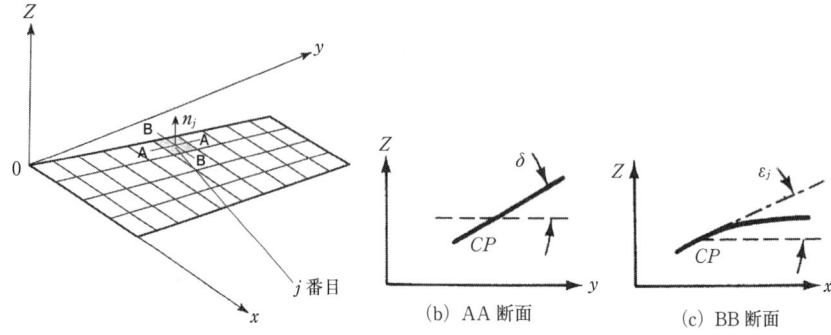

図 3.89(a) コントロールポイントに
　　　　　おける翼面上の法線 n_j

図 3.89(b) コントロールポイントにおける
　　　　　翼面傾斜

(b) AA 断面
(c) BB 断面

l_j, m_j, n_j は δ, ε で表すことができる.

$$n_j = -\sin\varepsilon_j\cos\delta \boldsymbol{i} - \cos\varepsilon_j\sin\delta \boldsymbol{j} + \cos\varepsilon_j\cos\delta \boldsymbol{k} \quad (3.159)$$

翼面に垂直な速度成分は次のようになる.

$$\boldsymbol{v}_j\boldsymbol{n}_j = -u_j\sin\varepsilon_j\cos\delta - v_j\cos\varepsilon_j\sin\delta + w_j\cos\varepsilon_j\cos\delta \quad (3.160)$$

図 3.90 のように相対風の速度を V, 迎え角を α とすると, 翼面に垂直な V の速度成分は

$$V\sin(\alpha - \varepsilon_j)\cos\delta \quad (3.161)$$

境界条件は空気が翼面に沿って流れるということで, これは翼面に垂直な速度が 0, すなわち上の2式の和が0ということである.

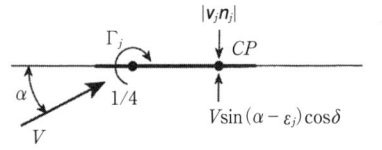

図 3.90　パネルにおける境界条件

$$-u_j\sin\varepsilon_j\cos\delta - v_j\cos\varepsilon_j\sin\delta + w_j\cos\varepsilon_j\cos\delta + V\sin(\alpha - \varepsilon_j)\cos\delta = 0 \quad (3.162)$$

δ, ε_j は共に小さく

$$\cos\delta = 1, \quad \cos\varepsilon_j = 1, \quad \varepsilon_j \doteqdot \tan\varepsilon_j \doteqdot \left(\frac{dz}{dx}\right)_j$$

$$\sin(\alpha - \varepsilon_j) \doteqdot \alpha - \varepsilon_j \doteqdot \alpha - \left(\frac{dz}{dx}\right)_j$$

なる近似を行うと

$$-u_j\varepsilon_j - v_j\delta + w_j + V(\alpha - \varepsilon_j) = 0 \quad (3.163)$$

この式の最初の2項は2次の微少量であるから省略し, また

3.12 揚力面理論

$$\varepsilon_j = \left(\frac{dz}{dx}\right)_j \tag{3.164}$$

であることを考慮すると，境界条件は結局

$$w_j + V\left[\alpha - \left(\frac{dz}{dx}\right)_j\right] = 0 \tag{3.165}$$

となる．平板翼であればさらに次のように簡単になる．

$$w_j + V\alpha = 0 \tag{3.166}$$

VLMを使って実際に計算を行う場合，翼面を格子によってどのくらいの大きさに分割するかが問題となる．元々この方法は近似的なものであるから，あまり細かく区切っても意味はない．この方法の有効な範囲においてよい精度を得るためには多少の試行錯誤が必要である．例えば後退翼に対して図3.91に示した程度の分割でも揚力線理論と同程度の結果が得られる．

いま，図3.91の翼が上反角もカンバーもない平板翼であるとする．この翼を例にとって以下に計算手順を述べる．

まず翼幅を12等分して，右翼には翼端側から順にパネルに1, 2, 3, ……, 6と番号を付け，左翼にも同様に翼端側から1′, 2′, 3′, ……, 6′と番号を付ける*．

翼は左右対称だから右翼の揚力，誘導抗力だけを求めればよい．

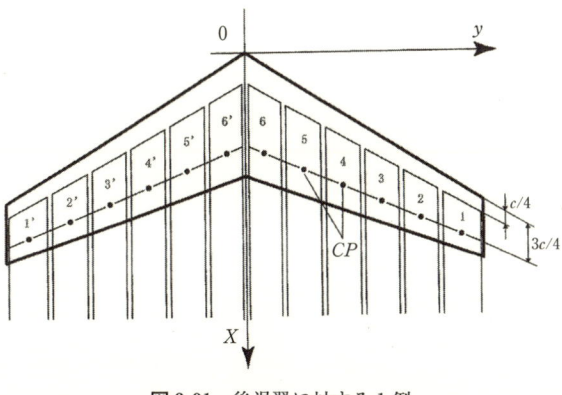

図3.91 後退翼に対する1例

いまの場合，式 (3.157) を用いて12個のパネル上のU字渦が1, 2, 3, ……, 6のパネルのコントロールポイント (CP) 上の速度 w_1, w_2, w_3, ……, w_6 を求める．それらは下記のような形となる．

---

*番号の付け方はパネルと1対1の対応関係さえ守られるならば，どのように付けても問題はない．

$$w_j = \frac{1}{4\pi}\left(\sum_{i=1}^{6} C_{ij}\Gamma_i + \sum_{i=1'}^{6'} C_{ij}\Gamma_i\right) \quad (j=1,2,3,\cdots\cdots,6) \tag{3.167}$$

これが式 (3.166) で与えられる境界条件を満たさなければならないから

$$\frac{1}{4\pi}\left(\sum_{i=1}^{6} C_{ij}\Gamma_i + \sum_{i=1'}^{6'} C_{ij}\Gamma_i\right) + V\alpha = 0 \quad (j=1,2,3,\cdots\cdots,6) \tag{3.168}$$

ここに C_{ij}, $C_{i'j}$, V, α は定数である．この式を展開すると

$$(C_{1j}\Gamma_1 + C_{2j}\Gamma_2 + C_{3j}\Gamma_3 + \cdots\cdots + C_{6j}\Gamma_6) + (C_{1'j}\Gamma_{1'} + C_{2'j}\Gamma_{2'} + C_{3'j}\Gamma_{3'} + \cdots\cdots + C_{6'j}\Gamma_{6'})$$
$$+ 4\pi V\alpha = 0 \quad (j=1,2,3,\cdots\cdots,6)$$

翼は左右対称だから左翼の $C_{i'j}$ は右翼の C_{ij} において y 座標の符号を変えることにより得られる．また，$\Gamma_{i'} = \Gamma_i$ であるから

$$(C_{1j} + C_{1'j})\Gamma_1 + (C_{2j} + C_{2'j})\Gamma_2 + (C_{3j} + C_{3'j})\Gamma_3 + \cdots$$
$$\cdots + (C_{6j} + C_{6'j})\Gamma_6 + 4\pi V\alpha = 0 \quad (j=1,2,3,\cdots\cdots,6)$$

すなわち，これは $\Gamma_1, \Gamma_2, \Gamma_3, \cdots\cdots, \Gamma_6$ に関する 6 元 1 次連立方程式で

$$\left.\begin{aligned}(C_{11}+C_{1'1})\Gamma_1 + (C_{21}+C_{2'1})\Gamma_2 + (C_{31}+C_{3'1})\Gamma_3 + \cdots\cdots + (C_{61}+C_{6'1})\Gamma_6 + 4\pi V\alpha = 0 \\ (C_{12}+C_{1'2})\Gamma_1 + (C_{22}+C_{2'2})\Gamma_2 + (C_{32}+C_{3'2})\Gamma_3 + \cdots\cdots + (C_{62}+C_{6'2})\Gamma_6 + 4\pi V\alpha = 0 \\ (C_{13}+C_{1'3})\Gamma_1 + (C_{23}+C_{2'3})\Gamma_2 + (C_{33}+C_{3'3})\Gamma_3 + \cdots\cdots + (C_{63}+C_{6'3})\Gamma_6 + 4\pi V\alpha = 0 \\ \cdots\cdots\cdots\cdots\cdots\cdots\cdots\cdots\cdots\cdots\cdots\cdots\cdots\cdots\cdots\cdots\cdots\cdots \\ \cdots\cdots\cdots\cdots\cdots\cdots\cdots\cdots\cdots\cdots\cdots\cdots\cdots\cdots\cdots\cdots\cdots\cdots \\ (C_{16}+C_{1'6})\Gamma_1 + (C_{26}+C_{2'6})\Gamma_2 + (C_{36}+C_{3'6})\Gamma_3 + \cdots\cdots + (C_{66}+C_{6'6})\Gamma_6 + 4\pi V\alpha = 0\end{aligned}\right\} \tag{3.169}$$

と書ける．これを解けば，$\Gamma_1, \Gamma_2, \Gamma_3, \cdots\cdots, \Gamma_6$ が求まる (3.4 節参照)．

翼の揚力は式 (3.99) により

$$L = \rho V \int_{-\frac{b}{2}}^{\frac{b}{2}} \Gamma dy = 2\rho V \int_{0}^{\frac{b}{2}} \Gamma dy$$

この式を有限個のパネルに近似すると，揚力は

$$L = 2\rho V \sum_{i=1}^{6} \Gamma_i S_i \tag{3.170}$$

ここに S_i は i 番目のパネルの面積を表す．同様にして誘導抗力は式 (3.100) により

$$D_i = 2\rho \sum_{i=1}^{6} w_i \Gamma_i S_i \tag{3.171}$$

となる.

3.13 揚力分布と翼端失速

　揚力係数や揚力が翼幅方向にどのように分布しているかを知ることは，翼の空力特性を吟味するうえでも，また翼の強度計算をするうえでも必要なことである．翼の各断面に同一の翼型が使われ，また捩れがなくても，翼の平面形が異なると下向き誘導速度が翼幅方向に変わる．その結果，有効迎え角が翼幅方向に変化し，局部揚力係数も変化することになる．

　図 3.92 は楕円翼，矩形翼およびテーパー翼の局部揚力係数 C_l を 3 次元翼理論により求めたものである（縦横比 $A=6$，揚力係数 $C_L = 1.0$）．楕円翼では w は翼幅方向に変わらないので，有効迎え角も一定になり，し

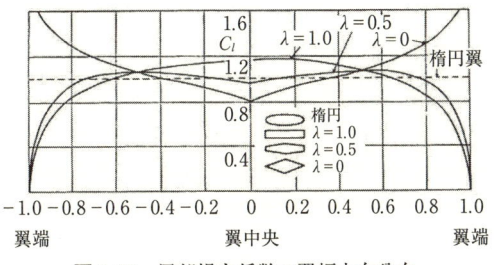

図 3.92 局部揚力係数の翼幅方向分布

たがって C_l は翼幅に沿って一定となる．矩形翼の場合は w が翼端に近いほど大きいので，有効迎え角は翼端に近いほど小さくなる．このため C_l は翼の中央で最も大きく，翼端に向かって減少し，その分布は楕円形に近い形となる．テーパー翼の場合は翼中央から翼端に向かって C_l が一度増加し，その後，再び翼端に向かって減少する．この傾向はテーパー比 λ が小さくなる（テーパーが強くなる）ほど顕著になる．これは λ が小さくなると翼端近くの有効迎え角が増すことを意味する．

　局部揚力係数 C_l に主流の動圧 $(1/2)\rho V^2$ およびその部分の翼弦長 c を乗じたもの

$$l = C_l \cdot \frac{1}{2}\rho V^2 \cdot c \tag{3.172}$$

は，考えている翼断面における単位翼幅当たりの揚力である．これは翼にかかる空力的荷重の分布を与えるものであるから，翼に働く曲げモーメントなどを計算するときに必要になる．図 3.93 は l を動圧 $(1/2)\rho V^2$ と平均翼弦 $\bar{c}(=b/A)$

の積で割って無次元化した値 $C_l \cdot c/\bar{c}$ の翼幅方向分布を示したものである．

図 3.92 に戻って局部揚力係数の翼幅方向分布と失速の発生位置との関係について考えてみよう．翼のどの断面も同じ翼型であるにも

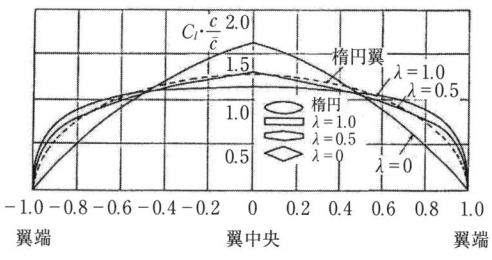

図 3.93 揚力の翼幅方向分布

かかわらず，ある部分で局部揚力係数が大きいということは結局，上にも述べたとおり，その部分における有効迎え角が大きいということであるから，翼の迎え角を増していった場合，そこが一番早く失速を起こすことになる．

矩形翼の場合，局部揚力係数は翼中央で最も大きいから，図 3.94 (a) に示すようにこの部分から失速が始まる．実際の飛行機ではこの場合，胴体との付け根から失速することになる．楕円翼では図 3.94 (b) のように翼端と翼の中央から同時に失速する．テーパー翼の失速は，テーパー比が小さいと，図 3.94 (c) のように翼端に近いところから始まる．これを**翼端失速**（tip stall）という．翼端失速は後に説明する自転現象と呼ばれる不安定現象を引き起こすので好ましくない．テーパー翼は一般に翼端失速を起こしやすいと言われるが，テーパー比を 0.4 程度にすると翼根と翼端の中間あたりから失速を始めるようになる．

翼端失速を起こしやすい翼としては，このほかに後退翼がある．図 3.95 (a) は後退翼の二つの翼断面における翼上面の圧力分布を示したものである．二つの断面において，たとえば図のように点 O と点 P の圧力を比較してみると，

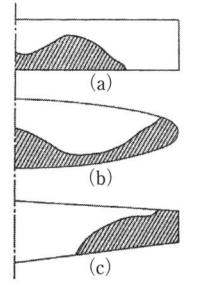

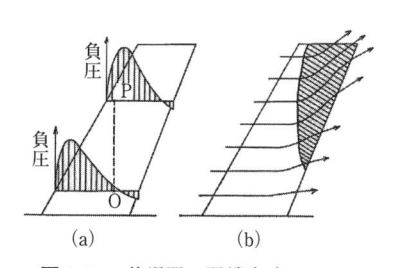

図 3.94 翼の失速（$\alpha = 16° \sim 18°$）

図 3.95 後退翼の翼端失速

3.13 揚力分布と翼端失速

明らかに点Pの方が低い．このことは後退翼の上面全体にわたって翼幅方向に圧力勾配のあることを示している．この圧力勾配は図3.95(b)のように境界層内の空気を翼端方向へ押し流すため，翼端付近の境界層は厚くなって剝離しやすくなる．

翼端失速を起こしやすい主翼をもった飛行機が失速寸前の大迎え角で飛んでいるとき，何かの具合で図3.96に示すように，機体軸まわりに回転する動揺が起こったとする．この回転によって下がる方の翼は迎え角が増し，上がる方の翼は減ずる

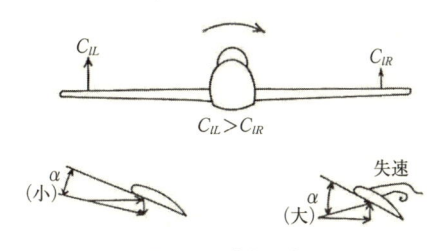

図3.96 自転現象

が，下がる方の翼はすぐに失速して揚力が急激に減り，上がる方の翼も揚力が減ずるが下がる方の翼ほどではないため，左右の翼で揚力の差が生じて，ますます回転を助長することになる．この結果，飛行機は胴体軸まわりに回転運動をするに至る．これを**自転**（autorotation）といい，回復できなければ墜落ということになる．自転は迎え角の小さいところでは起こらない．このときは下がる翼は揚力が増し，上がる翼は揚力が減ずるので，回転を妨げる復元モーメントが生じ，自転は起こらない．また，翼根失速をする翼は，翼根近くで自転を起こそうとするモーメントよりも，翼端近くで生ずる復元モーメントの方が大きいので，自転は起こりにくい．

後退翼では翼端失速が起こると縦方向に長い翼の後方の揚力が減るので，頭上げのモーメントが急に増してピッチ・アップ（回復し難い頭上げの運動を起こす現象）に至り，不安定で非常に危険な状態になる．もちろん，そのときは昇降舵あるいは水平尾翼の敏速な操作によってピッチング・モーメントのコントロールを行い，ある程度の危険を軽減することはできる．しかし，後退翼の場合に限らず，翼端失速が起こらないように工夫すべきであって，テーパー比をあまり大きくしないようにするとか，失速特性のよい翼型を用いるとかいうことは重要なことであるが，実際にはそれだけでは不十分な場合も多く，次に述べるような種々の防止方法が採用されている．

翼端失速は結局，失速する部分の翼断面の有効迎え角がその断面の翼型の失速角を超えているために生ずるのであるから，翼を製作する際に翼端にいくほ

ど翼断面の迎え角が小さくなるように,最初から適当な捩れをつけておけばよい.これを**捩り下げ**（wash-out）といい,テーパー翼や楕円翼の翼端失速はこれである程度防ぐことができる.後退翼の場合はテーパー比の効果に基づく翼端失速の原因もあるが,境界層の翼端方向への流れも大きな原因となっているので,捩り下げをつけただけでは防ぎきれない.このため,たとえば境界層の翼端方向への流れを**境界層板**（boundary-layer fence）と呼ばれる仕切り板で防ぐなどの方法がとられる.

図3.97はいろいろな失速防止の方法を示したものであるが,後退翼以外の翼に用いられるものもある.おのおのについて簡単に説明すると,まず鋸歯前縁（ソーツース）や切込み（ノッチ）は,渦を発生させて境界層の外側の流れから境界層内へ高いエネルギーの空気を導入する.このため,境界層はエネルギーを供給されて剥離しにくくなる.次に,前縁フラップはそれがつけられている翼部分の（いまの場合,翼端の）局部揚力係数を増して,揚力の低下を防ぎ,自転の起こらないようにする.また,スラットは前縁下面の圧力の高い空気を翼の上面に流出させ,失速を遅らせる.

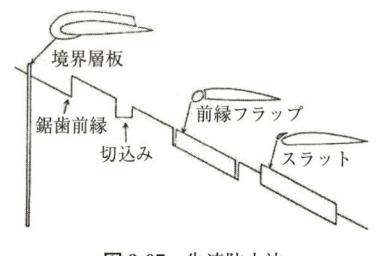

図3.97 失速防止法

3.14 後退角の効果

翼の高速性能を高める方法としては,3.7節で述べたように,翼型の形状をいろいろ工夫して臨界マッハ数の高い翼型をつくりだすことであるが,とりわけ翼厚を薄くすることは効果がある.もう一つの方法は翼の平面形を改良して臨界マッハ数を高めようとするもので,それは**後退角**（sweepback angle）をつけることである.超音速における**後退翼**（sweepback wing）の研究は,1935年にドイツの科学者アドルフ・ブーゼマンによって初めて発表されたが,衝撃失速を遅らせる目的で後退翼の有用性を提唱したのは同じくドイツのアルベルト・ベーツ教授で,第2次世界大戦中のことである.

実際の飛行機の翼は翼端が有限で,翼端やテーパー,あるいは胴体の影響が

あって翼まわりの流れは単純ではないが，ここでは後退角の効果だけを考えるため，図3.98に示すように翼型が一定で無限に長い翼，つまり2次元翼が後退角Λをもって一様流中に置かれているものとする．翼に当たる一様流の速度をVとして，これを前縁に直角な速度成分V_nと前縁に平行な速度成分V_tとに分解して考える．空気を完全流体（すなわち非粘性の流体）とみなすと，摩擦力の影

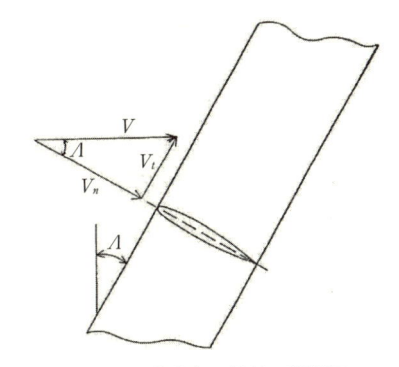

図3.98 後退角の効果の説明図

響はないのでV_tは翼の特性には無関係となり，V_nだけが関係する．図の速度三角形からわかるように

$$V_n = V\cos\Lambda \tag{3.173}$$

であるから，V_nはVよりも小さい（$0<\Lambda<90°$のとき，$1>\cos\Lambda>0$であるから）．上式の両辺を音速で割ると

$$M_n = M\cos\Lambda \tag{3.174}$$

となる．M_nは前縁に直角な流れのマッハ数，Mは一様流のマッハ数（あるいは飛行マッハ数）である．式(3.174)は，Λなる後退角をつけると，後退角をつけない場合よりも，翼の臨界マッハ数あるいは抗力発散マッハ数を$1/\cos\Lambda$倍に増加することができることを示している．たとえば，マッハ数0.8で衝撃失速を起こす翼型を使った場合，後退角をつけなければ飛行マッハ数が0.8で衝撃失速を起こすが，後退角を$\Lambda=45°$つけた場合は，飛行マッハ数が$0.8/\cos 45° = 0.8\sqrt{2} \doteqdot 1.13$になるまで衝撃失速を起こさない．このことから，飛行マッハ数を高くすればするほど，大きな後退角をつける必要があることがわかる．ただし，上の結果は完全流体中の無限翼に対する式(3.174)を使って求めたので実験とは随分違っている．実際の場合は境界層や翼端，胴体などの影響のため臨界マッハ数，あるいは抗力発散マッハ数の増加はかなり減ずる．有限翼（3次元翼）の風洞実験結果からすると，式(3.174)の$\cos\Lambda$は$\sqrt{\cos\Lambda}$で置き換えた方が実際に近いと言われている．これに従えば上の例の場合，抗力発散マッハ数は1.13ではなく，$0.8\sqrt[4]{2} \doteqdot 0.95$ということになる．

図3.99は後退角が翼の抗力係数に及ぼす影響の一例を示したものであるが，

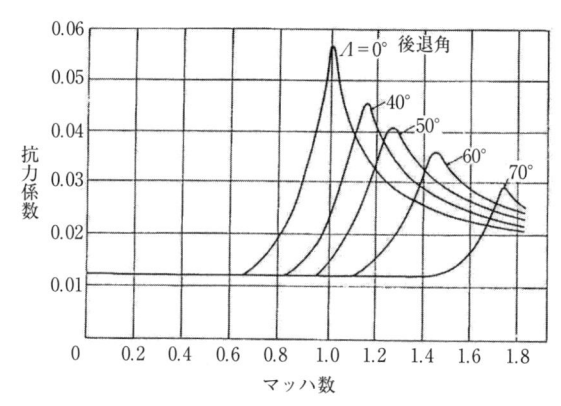

図 3.99 異なる後退角における薄翼のマッハ数による抗力係数の変化

この図からもわかるように後退角は速度が大きくなれば必ず遭遇する抗力の急増と揚力の低下（これがすなわち衝撃失速であるが）の遅延手段にすぎない．この図に示した後退角の異なる五つの翼を考える限り，たとえばマッハ数 1.4 において抗力を最小にする翼は $\Lambda = 70°$ の翼であるが，その次に抗力の小さい翼は直線翼（$\Lambda = 0°$）である．このことは高速機を設計する場合，後退角をつけることによって「圧縮性の困難」をその飛行機の飛行マッハ数領域の外へ追い出すことであるが，それができないときは次善の翼として直線翼が考えられることを示唆している．直線翼は，必要な揚力を得るために前縁スラットなどの装置が用いられるならば，低速特性が後退翼より優れているという別の長所もある．

一般に直線翼に後退角を与えて後退翼にすると，図 3.100 のように揚力曲線の傾斜が緩やかになり，翼端失速のため最大揚力係数は減少する．揚力傾斜の減ずる原因としては，後退角をつけると翼幅が狭くなるので（翼面積は変わらないものとする），縦横比が小さくなることにもよるが，前縁に直角な速度成分 V_n に対する迎え角が翼全体の迎え角より小さくなるためである．

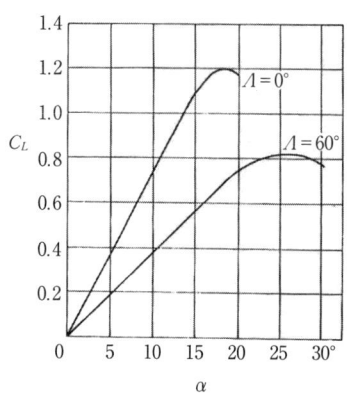

図 3.100 揚力係数に及ぼす後退角の影響（縦横比 $A=7$）

単純な理論によると，もとの直線翼の揚力傾斜が m のとき，後退角 Λ を与えた翼の揚力傾斜 m_1 は，もとの直線翼の縦横比が大きい場合

$$m_1 = m\cos\Lambda \tag{3.175}$$

もとの翼の縦横比が小さい場合

$$m_1 = m\sqrt{\cos\Lambda} \tag{3.176}$$

となる．後退翼は揚力傾斜が小さいので突風による揚力変化が小さく，構造強度上あるいは乗り心地の点からは好ましい．

いずれにしても，後退翼は飛行マッハ数をあげるための大変よい考案であるが，前節で述べたように，亜音速低速時に翼端失速を起こしやすいこと，たわみによる捩り下げや補助翼の逆利きなど空力弾性的に不利な点が短所としてあげられる．

3.15 デルタ翼，オージー翼

これらの翼は超音速機に用いられるものであるが，超音速時の問題は第8章に譲るとして，本節では低速時の特性に主眼を置いて説明する．

後退翼のもつ，空力弾性上の困難や翼端失速を起こしやすい性質は，後退角が大きくなるほど著しくなるが，これらの問題は図 3.101 に示すように，左右の翼端を直線で結んで翼の平面形を三角形にすることによって解決する．つまり，**デルタ翼**（delta wing, ＝**三角翼**）にすることである．デルタ翼にすると翼中央の弦長が大きくなるので，翼厚を増すことができ，空力弾性的に十分な剛性を得ることができる．他方，翼厚比は依然として小さく保つことができるので，空力的には薄翼としての特性が失われることはない．

後退角の大きい後退翼は揚力傾斜が小さいので，小さな迎え角では揚力係数も小さい．高速で飛んでいる場合は，これで大きな揚力が得られる（なぜならば，動圧が大きいから），低速のときは大きな迎え角をとって所要の揚力係数を出さなければならないので，翼端失速を起こすおそれがでてくる．すなわち，最大揚力係数が小さい．

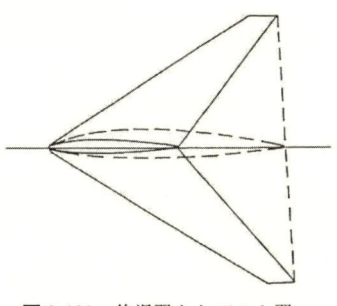

図 3.101 後退翼からデルタ翼へ

これは着陸速度が大きいことを意味し，設計上問題となることもある．しかし，縦横比の小さなデルタ翼の場合は幸い，次に述べるように前縁渦の発生によって失速は起こりにくくなる．

図 3.102 はある一定の速度において迎え角を次第に大きくしていった場合のデルタ翼まわりの流れと前縁渦の発達状態を示したものである．迎え角が 2°以下のとき，流れは滑らかで剥離はみられない [図 3.102(a)]．迎え角が増すと翼の上面の負圧が増し，それは図 3.103 に示すように前縁で特に著しい．小さい迎え角——たとえば 3°では，翼端付近の前縁直後の逆圧力勾配は境界層の剥離を引き起こす．また，翼の下面は圧力が高く，上面は低いので，これが剥離した流れを巻き込んで渦をつくり，下流に流れて翼端から放出される [図 3.102(b)]．これは古典的な翼理論*で説明される翼端渦と同様であるが，一層顕著なわけである．迎え角がさらに増すと，剥離した領域が内側に広がり，前縁のすべてに沿って剥離を起こし，翼端から連続的に渦が放出される [図 3.102(c)]．

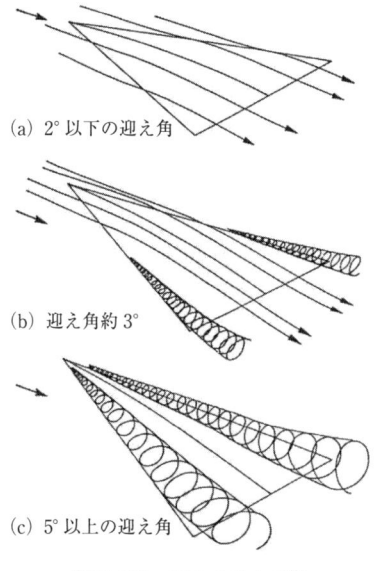

(a) 2°以下の迎え角

(b) 迎え角約 3°

(c) 5°以上の迎え角

図 3.102　デルタ翼上の渦

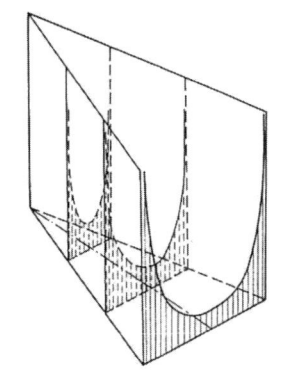

図 3.103　デルタ翼上の負圧の分布

デルタ翼は縦横比が小さいので揚力傾斜も小さいが，揚力係数は大きな迎え角まで増加を続ける．しかも明確な失速を示さず，最大揚力係数の近くにおける揚力係数の減少は極めて滑らかである．当然のことながら，この大迎え角における抗力係数は非常に大きくなる．デルタ

---

*デルタ翼，オージー翼など縦に長い翼の理論——ジョーンズの翼理論（後出）に対してプラントルの翼理論をこう呼ぶことがある．

3.15 デルタ翼，オージー翼

翼を使用している飛行機は低速時には迎え角を十分大きくして，必要な揚力を得なければならないが，このときは抗力もまた大きくなるので，搭載するエンジンも推力の相当大きなものが必要である．また，離着陸時には特に大迎え角となるため，操縦席からの前方視界が確保できるよう，設計上の配慮も必要となる．

テーパー翼，楕円翼，矩形翼など従来の翼の設計方針は境界層が剝離しないようにすることであったが，デルタ翼では逆に剝離を積極的に利用しているわけである．大きな渦が発生し，この渦の中は低圧となるため，大きな揚力が得られる．ある任意の迎え角における前縁渦の効果は，剝離しないものと仮定した流れで得られる揚力をかなり上回る揚力増加をもたらす．したがって，翼の前縁をとがらせて，小さな迎え角でも十分剝離が起こるようにするなど，うまく設計すれば高い揚抗比の翼ができる．

デルタ翼の生ずる剝離流は安定しているので，迎え角の変化による揚力や縦揺れモーメントの変化が滑らかであり，また，普通の翼では音速の前後で圧力中心の移動が大きいため操縦が難しいが，デルタ翼では圧力中心は先端から3分の2の点にあって，亜音速から超音速まで移動が極めて小さいため操縦に困難はない．このように迎え角に対しても，マッハ数に対しても空力的特性が優れているので，デルタ翼は高速機の主翼の基礎形として広く使用されている．

超音速飛行における造波抗力を減ずるためには縦横比の非常に小さい，縦に細長い翼にすることが必要であり，誘導抗力を減ずるためには縦横比の大きい，翼幅の広い翼にすることが必要である．この相矛盾した要求をどのようにして一つの翼に取り入れるかが問題である．一方，摩擦抗力と構造重量は翼面積に比例するから，これらを最小にするには面積を最小にすればよい．結局，翼の平面形としては大きな翼弦長，大きな翼幅，そして最小の面積が要求される．この条件を満たすものとして**オージー翼**(ogee planform wing，反曲線翼)が考え出された．オージー翼の代表としてコンコルドの平面形を図3.104に示すが，さらに翼面積を減らそうとするならば，前縁の曲線はもっと極端に曲がったものになる．これは渦の発達を促し，図3.102 (b) に示した理想的な状態からかけ離れ，造波抗力も大きくなるであろう．図3.105に鋭い前縁をもつオージー翼が大きい迎え角でつくる渦を示す*（次頁の脚注参照）．なお，オージー翼と同じような概念から生まれたものにダブルデルタ翼がある．前縁渦の

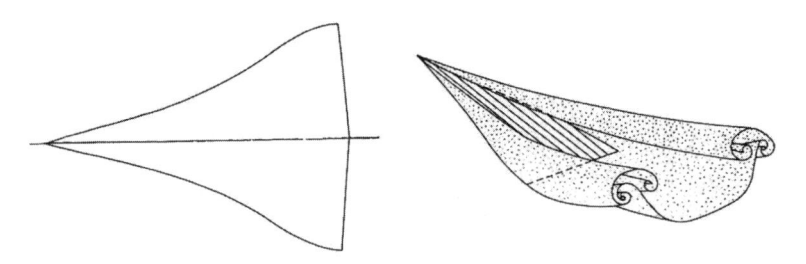

図 3.104　コンコルドのオージー翼　　図 3.105　オージー翼によってつくられる渦面

迎え角に対する変化はオージー翼ほど滑らかではないが，前縁が直線で構成されているため製作しやすいという利点がある．

　デルタ翼やオージー翼はテーパー翼や楕円翼などの古典的な翼と違って縦に細長い．このような翼はU字渦の積み重ねを使うプラントルの翼理論では取り扱うことができない．縦に細長い翼の理論は1946年にアメリカのロバート・ジョーンズによってつくられ，**ジョーンズの翼理論**（Jones wing theory）として知られている．その詳細は省略するが，この理論は翼を平板として取り扱い，その結果得られる揚力係数および誘導抗力係数を示すと，次のとおりである．

$$C_L = \frac{\pi}{2} A\alpha \qquad (3.177\text{a})$$

$$C_{Di} = \frac{1}{2} C_L \alpha \qquad (3.178)$$

ここに α は迎え角 [rad]，A は縦横比であって，この結果は A が1以下で α が度数で5°以下のときは実験とよく一致する．ジョーンズの理論で注目すべき点は，マッハ数が関係してこないということである．なお，α が5°以上になると C_L は式（3.177a）で与えられるものより大きくなり，その増加は α^2 に比例する．すなわち，k を比例定数とすると実験的には

$$C_L = \frac{\pi}{2} A\alpha + k\alpha^2 \qquad (3.177\text{b})$$

となる．この揚力係数の増加は，先に述べた前縁での剥離によるもので，k の値は実験から，前縁が鋭くとがっているときは $k=2$，丸みをもっているとき

---

*後流渦の面が複雑になっているが，1次の渦面が翼の上面にぶつかって2次の渦面が生ずるためで，特にオージー平面形だからというわけではない．

は $k=0.5$ となる*.

3.16 ウイングレット

　主翼の誘導抗力を減らすには本章の3.10節で述べたようにアスペクト比を大きくすればよい．しかし，あまり大きくすると結果的に翼幅が大きくなるので翼の付け根における曲げモーメントも大きくなり，強度上の問題が生じるほか，重量の増加を来すので抗力の減少と相殺してしまう．また，飛行中の旋回運動や地上における取り扱いにも支障が起きる．これらの理由からアスペクト比の大きさにも限度がある．

　誘導抗力を減じるには翼端渦を弱めることが考えられる．翼端渦は翼端を空気が下から上に回り込むことで生じる．古くは図3.106(a)に示すように翼端に垂直に翼端板を取り付けて空気が回り込まないように工夫がなされた．しかし，翼端板が小さくてはあまり効果がなく，大きくすると翼端板自体に抗力が生じ，かつ翼端の重量が増すというデメリットも生じる．現在では図3.106(b)のように翼端に**ウイングレット**（winglet, 翼端翼）と呼ばれる小翼を取り付けるのが効果的であることが知られている．この方法は19世紀前半にイギリスのランチェスターが考案したことに始まり，その後アメリカのホイットカムによってその有効性が実験的に確かめられている．

図3.106　翼端板とウイングレット

　誘導抗力の大きさは翼の後縁から放出される後流渦の翼幅方向の分布によって決まり，この分布は翻って翼幅方向の揚力分布を決める．誘導抗力は図3.107のように水平方向の翼幅あるいは垂直高さを増すこと（すなわち，渦を放出する後縁の長さを増すこと）によって減じることができる．ウイングレットは後縁に沿う渦の広がりを増し，図3.108に示すように翼端において揚力を増加させ，その結果が誘導抗力の減少となる．

　ウイングレットの形状や取り付け角は主翼の平面形のほか飛行速度に関係す

---

*揚力係数の増加 $k\alpha^2$ は粘性による剥離で生じたものであるから，誘導抗力係数の式（3.178）の右辺の C_L には含めるべきではない．

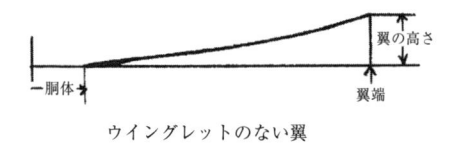

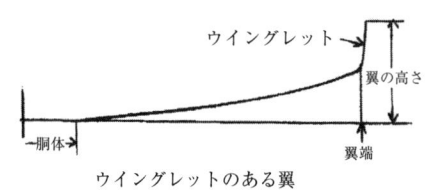

図 3.107　一般の翼とウイングレットのある翼

る．このため最適の飛行速度があり，この速度以外の速度で飛ぶと効果は減じ，場合によっては逆効果となることもある．したがって，長時間一定の速度を保って飛ぶ旅客機などに用いられる．

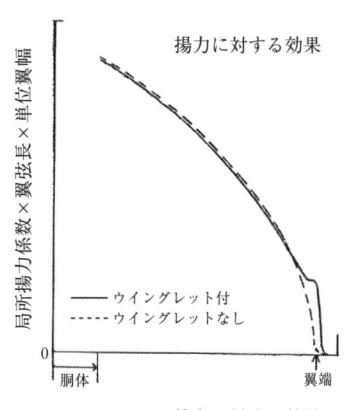

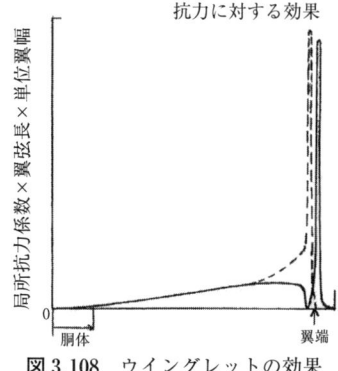

3.17　高揚力装置

図 3.108　ウイングレットの効果

飛行機の離着陸時における速度は低い方が安全であり，離陸距離や着陸距離も短くなって都合がよい．いま，速度 V で水平飛行をしている飛行機を考えると，この飛行機に働く揚力 L と重力（重量）W は釣り合っているから

$$L = W \tag{3.179}$$

である．主翼の面積を S，揚力係数を C_L，空気密度を ρ とすると，揚力 L は

$$L = C_L \cdot \frac{1}{2}\rho V^2 \cdot S \tag{3.180}$$

と表すことができるから，式 (3.137) は

$$C_L \cdot \frac{1}{2}\rho V^2 \cdot S = W \tag{3.181}$$

と書くことができる．この式を V について解くと

3.17 高揚力装置

$$V = \sqrt{\frac{2W}{\rho C_L S}} \qquad (3.182)$$

となる．飛行高度が決まれば ρ は一定であるから，この式は重量 W の飛行機が水平に飛ぶために必要な速度を表している（この式を見て，重い飛行機ほど速く飛ぶことができるなどと考えてはいけない）．飛行機の重量 W はあまり長い時間を考えなければ，これも一定と考えてよい．もちろん，翼面積 S は一定である．W/S を**翼面荷重**（wing loading）という．結局，この式の中で変えることのできるものは揚力係数 C_L だけで，昇降舵を操作して迎え角を変えることによって行われる．すぐわかるように，C_L を大きくすれば，飛行速度を下げることができる．

　離着陸時の状態は水平飛行時と幾分違うが，低い速度で離着陸するためには，やはり C_L を大きくしてやらなければならない．最大揚力係数 C_{Lmax} にしたとき，速度は最も低くなるから，この点から言えば主翼には最大揚力係数の大きい翼型を使用するのがよい（最大揚力係数に対する速度は失速速度であるから，この速度で離着陸することは危険である．そこで，普通は失速速度の1.15〜1.20 倍ぐらいで離着陸する）．しかし，最大揚力係数は普通の翼型では1.2〜1.6 程度で，それ以上に大きくすることは無理である．一般に最大揚力係数は翼厚やカンバーの大きい翼型の方が大きいが，これは最小揚力係数の増加をまねくので限度がある．そこで，主翼に装備して主として離着陸時にそれを操作することにより，その翼本来の最大揚力係数より大きな値が得られるようにした装置を**高揚力装置**（high-lift device）という．

　原理的にはカンバーを増して最大揚力係数を大きくするのであるが，同時に翼面積も増すように工夫したものも多い．式（3.182）からわかるように翼面積 S も揚力係数 C_L と同様に分母にあるから，S を増すことも速度を低くするための効果がある．図 3.109 は翼の後縁を下に折り曲げてカンバーを増し，最大揚力係数を増加させる**フラップ**（flap）と呼ばれる高揚力装置の効果を示したものである．カンバーを増すと境界層が剝離して失速しやすくなるので，翼下面の圧力の高い空気を**スロット**（slot，すき

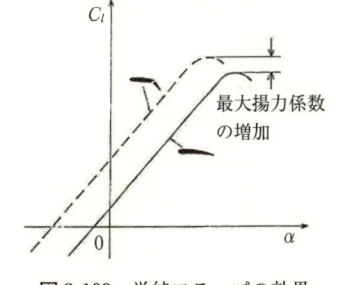

図 3.109 単純フラップの効果

ま）を通して翼の上面に吹き出させ，剝離を防ぐようにしたものである．境界層の剝離をさらに積極的に防ぐようにしたものに吹出し翼や吸込み翼がある．前者はたとえばジェット・エンジンのコンプレッサー出口の高圧空気を翼上面に導き，勢いを失った境界層の中に吹き出させて，エネルギーを与えることによって剝離を防ぐようにしたものであり，後者はコンプレッサー入口の低圧を利用して，エネルギーを失った翼上面の境界層を吸い込んでしまうようにしたものである．このように境界層を制御することによって剝離を防ぐ方法を**境界層制御**（boundary-layer control，略して BLC）と呼んでいる．図 3.110 は**ボルテックス・ジェネレーター**（vortex generator，渦発生片）といって，翼面上に立てた多くの小片で渦を発生させ，境界層中の流れと外側の流れを混合させて剝離を防ぐものであるが，これも境界層制御の一例である．しかし，このようなものを取り付けることは，巡航時における翼の性能を低下させることになるから好ましくない．高揚力装置はあくまでも，翼の高速時における特性を損なわないものでなければならない．

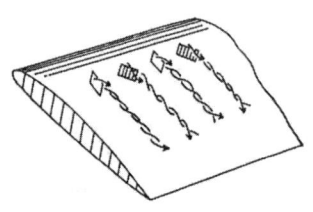

図 3.110 ボルテックス・ジェネレーター

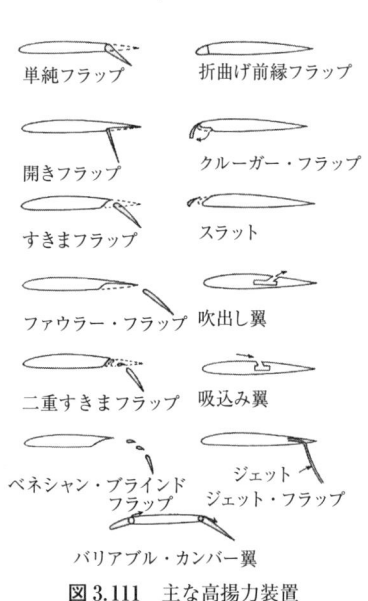

高揚力装置はさまざまなものが研究され，現在使用されているものも種類が多い．図 3.111 にその主要ものを示し，それぞれについて簡単に説明する．

(1) **単純フラップ**

翼の後縁部を単に下方に折り曲げるだけで，構造が簡単なため軽飛行機などに用いられる．最大揚力係数はそれほど大きくはならない．

(2) **開きフラップ（スプリット・フラップ）**

翼の後縁部の下面だけを下方に開く．これも構造が簡単で，単純フラップより大きな最大揚力係数が得られるが，抗力

単純フラップ　　折曲げ前縁フラップ
開きフラップ　　クルーガー・フラップ
すきまフラップ　スラット
ファウラー・フラップ　吹出し翼
二重すきまフラップ　吸込み翼
ベネシャン・ブラインドフラップ　ジェット／ジェット・フラップ
バリアブル・カンバー翼

図 3.111 主な高揚力装置

3.17 高揚力装置

係数の増加が大きい．軽飛行機などに用いられることが多い．

(3) すきまフラップ（スロッテッド・フラップ）

単純フラップに似ているが，下方に折り曲がるとき少し後方へずれるので，翼本体との間にすきま（slot，スロット）ができる点が違う．このすきまより下面の空気が流出し，フラップ上の流れの剝離を防ぐので，フラップの下げ角を大きくとることができる．このため最大揚力係数の増加も大きい．しかも，抗力係数の増加もそれほど大きくない．

(4) ファウラー・フラップ

すきまフラップの改良とも言えるもので，後縁部の下面が後方へ移動しながら下方に曲がる．翼面積の増す効果もあるので，それだけ強力となる．

(5) 二重すきまフラップ（ダブルスロッテッド・フラップ）

翼本体とフラップの間に小翼を置き，二つのすきまができるようにつくられている．このためフラップの上げ角を大きくでき，かつ翼面積の増加もあるので，それだけ大きな揚力が得られる．

(6) ベネシャン・ブラインド・フラップ

すきまの数を三つ以上に増したもので，ちょうど窓の日除けのベネシャン・ブラインドに似ているのでこの名がある．構造は複雑であるが，非常に強力なフラップで，わが国の C-1 輸送機はこの形式のフラップを使っている．

上にあげた 6 種類のフラップは**後縁フラップ**と呼ばれるが，高速機の翼型は翼厚も薄く，前縁半径も小さいので，離着陸時など少し迎え角を大きくすると前縁近くで剝離する．そこで前縁にもフラップとか，後に出てくるスラットをつけて剝離を防ぐ．高速機の場合は特に強力な高揚力装置が必要であり，後縁フラップなどと組合せて用いる．

(7) 折曲げ前縁フラップ

前縁部分を下方に折り曲げることにより，迎え角を大きくしたとき，前縁付近に生ずる大きな逆圧力勾配を緩和し，流れの剝離を防ぐ．

(8) クルーガー・フラップ

前縁部の下面が大きく前方に開いてカンバーと翼面積の増加を計ったもの．ドイツ人クルーガーが開発したもので，その名にちなんでクルーガー・フラップと呼ばれる．

(9) スラット

前縁に取り付けた小翼を**スラット**（slat）という．迎え角を大きくしたとき，このスラットを翼本体から離してやるとそこにすきまができる．このすきまを通って前縁下面の空気が上面に流出し，境界層の剥離を防ぐ．原理はすきまフラップと同じである．図3.112にスラットの効果を示す．

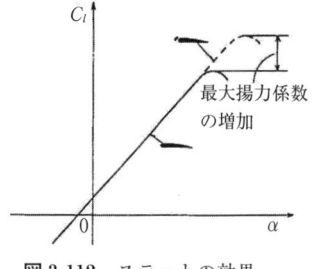

図3.112 スラットの効果

(10) 吹出し翼，吸込み翼

境界層が厚くなって剥離しやすくなる翼上面の後縁近くに，翼幅方向にあけた多数の小穴や細いすきまから空気を翼表面に沿って吹き出したり，逆に境界層を吸い込んだりして，境界層制御により剥離を防止する．図3.113に吹出し翼の特性を示す．

(11) ジェット・フラップ

翼の後縁に沿って斜め下方に空気を噴出し，これにより翼まわりの循環を高め，極めて大きな揚力係数を得ようとするものである．

気流は曲面に付着して流れる性質があり，これを**コアンダ効果**（Coanda effect）という．図3.114はジェット・エンジンの排気を上面に沿って噴出させ，コアンダ効果を利用して循環を高めるもので，わが国が1987年に試験飛行に成功したSTOL機「飛鳥」はこの方法を用いている．

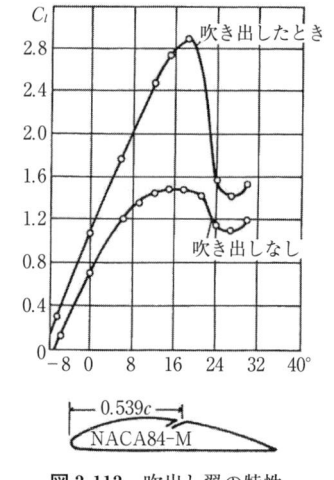

図3.113 吹出し翼の特性

(12) バリアブル・カンバー翼

超音速機の翼には折曲げ前縁フラップと単純フラップの組合せが用いられることがある．この場合は結局，カンバーを2箇所の節点で

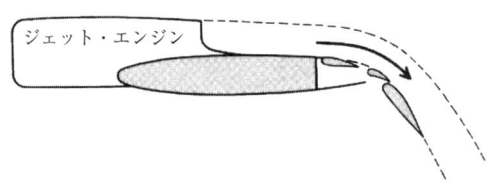

図3.114 コアンダ効果を利用した推力偏向装置

折り曲げて大きくしてやることになるので，特にバリアブル（可変）・カンバー翼と呼ばれる．ただし，折り曲げた部分の翼上面では境界層の剝離が起こりやすいので，この箇所に吹出しを併用して境界層制御を行う．

　高揚力装置は主に離陸と着陸のときに使用されるが，後縁フラップの場合，これを下げると抗力も大きくなるので，加速を必要とする離陸の場合は下げ角を小さくし，着陸の場合は大きくする．

演 習 問 題

1. 翼幅 32.0m，翼中央の翼弦 4.34m，翼端の翼弦 1.55m の主翼の縦横比，幾何平均翼弦，空力平均翼弦を求めよ． (10.9，2.94m，3.17m)
2. 主翼の迎え角 17°のとき，揚力が 18kN，抗力が 2kN であった．空気合力，法線分力，接線分力を求めよ． (18.1kN，17.8kN，−3.35kN)
3. 非圧縮の一様な流れの中に置かれた翼の表面のある点の速度が主流の速度の 1.6 倍であった．流体を圧縮性のものに変えて，主流のマッハ数 0.5 で同じ実験をしたとすると，この点の圧力係数は何程になると予想されるか．
〔−1.80（P-G 法則），−2.05（K-T 法則）〕
4. 主翼面積 14m^2，翼幅 10.6m の矩形翼をもつ総重量 7.84kN の飛行機が，標準大気中高度 1,000m のところを 180km/h の速度で飛んでいる．このときの主翼の揚力係数と誘導抗力係数を求めよ． (0.403，0.00693)
5. ある翼型をもつ楕円翼は縦横比 6 のとき，迎え角 5.45°に対して揚力係数が 0.50，抗力係数が 0.0225 である．この翼を縦横比 12 にした場合，同じ揚力係数 0.5 を生ずる迎え角および抗力係数を求めよ． (4.69°，0.0159)
6. 臨界マッハ数 0.7 の対称翼を使って主翼を設計する場合，後退角をつけて臨界マッハ数を 0.85 に上げたい．何度の後退角をつければよいか．また，後退角をつけることにより同一の迎え角に対して揚力係数は減じるが，翼面積も縦横比も後退角をつけない場合と同じにするとすれば，何パーセント減じることが予想されるか． 〔34.6°，17.6%減（縦横比の大きい翼），9.25%減（縦横比の小さい翼）〕
7. 主翼面積 50m^2，翼幅 9.4m のデルタ翼機がある．総重量を 112.7kN として，標準大気中 10,000m をマッハ 1.5 で水平定常飛行をするときの迎え角は何程か．翼は平板とみなしてジョーンズの理論を用いよ． (1.08°)

第4章

全機に働く空気力

4.1 有害抗力

　飛行機に働く揚力はほとんど主翼の揚力であって，胴体や尾翼などに生ずる揚力はあったとしても小さいのが普通である．ところが，抗力は主翼以外の部分に働くものも相当大きく，これを見積ることは重要である．主翼は揚力を発生して飛行機を空中に支えておくために無くてはならぬものであるから，これに抗力が働くのはやむをえないが，揚力をほとんど出さない主翼以外の部分に働く抗力は，ただ飛行機の前進を妨げるだけであるという考えから，**有害抗力**（parasite drag）と呼ばれる．すなわち，胴体，尾翼，エンジンナセル，その他機体の外にあって気流にさらされる部分に働く抗力の和を有害抗力と呼ぶ．この定義は古くから行われているものであるが，最近は「有害」のなかに入れる抗力の範囲をさらに厳しく広げた定義を用いることが多い．すなわち，主翼の誘導抗力のみが，揚力をつくり出すためにやむをえず生ずる抗力であるとして，誘導抗力以外のすべての抗力を有害抗力に含めるのである．

　図4.1は典型的な4発機の有害抗力を示したものである．図中に記入されて

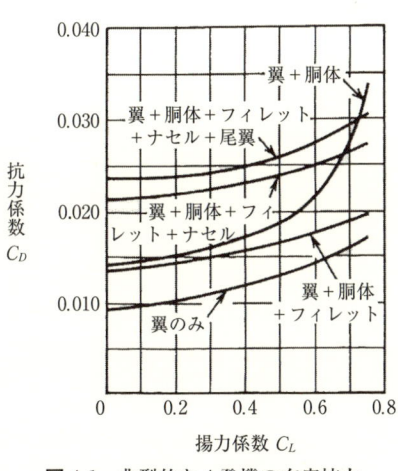

図4.1　典型的な4発機の有害抗力

いるフィレットというのは主翼と胴体の接合部を図4.2のように曲面で整形する部分で，図4.1からもわかるように，フィレットをつけると，大きな揚力に対して抗力が著しく減じることがわかる．これは，フィレットが無いと，主翼の付け根から渦が発生し，そのために抗力が増すが，フィレットをつけると渦の発生が防止されるからである．

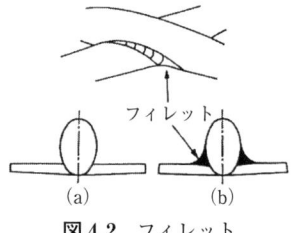

図4.2 フィレット

一般に二つの物体 A, B を組合せた場合，各物体のまわりの流れは他方の存在によって乱されるため，それぞれの物体が単独で存在するときは違った空力特性を示す．これを**空力干渉**（aerodynamical interference）といって，たとえば複葉機の2枚の主翼の干渉が盛んに研究された時代もあった．

いま，物体 A, B が単独で流れの中に置かれた場合の抗力をそれぞれ D_A, D_B とし，この二つの物体をある位置関係で組合せた場合の抗力を D_{A+B} とすると，D_{A+B} は一般に $D_A + D_B$ より大きくなる．そこで，この二つの場合の抗力の差

$$D_K = D_{A+B} - (D_A + D_B) \tag{4.1}$$

を考えて，これを**干渉抗力**（interference drag）という．上に述べた主翼と胴体の組合せの例ではフィレットは干渉抗力を軽減する役目をしているのである．

以上述べたことから，有害抗力を減らすためには，それを生ずるような部分をできるだけ気流中にさらさないようにすること，各部分の抗力および各部分間の干渉抗力が最小になるように形状を整えることであると言える．

4.2 全機の抗力係数

図4.3は飛行機の代表的な機体構成と各部の名称を示したものである．全機の抗力を D, 主翼，胴体，尾翼など各部分の抗力をそれぞれ D_w, D_f, D_t, ……と表すと

$$D = D_w + D_f + D_t + \cdots\cdots \tag{4.2}$$

である．ここで，前節で述べた干渉抗力が必要であれば，これも加える．次に

4.2 全機の抗力係数

(4.2) 式を係数化するために，各項を各部分の抗力係数，代表面積，相対風の動圧 $(1/2)\rho V^2$ を使って書く．全機の代表面積は普通，主翼の面積 S が用いられ，胴体の場合は気流に直角な最大断面積 S_f，尾翼の場合は尾翼の面積 S_t が用いられる．すなわち

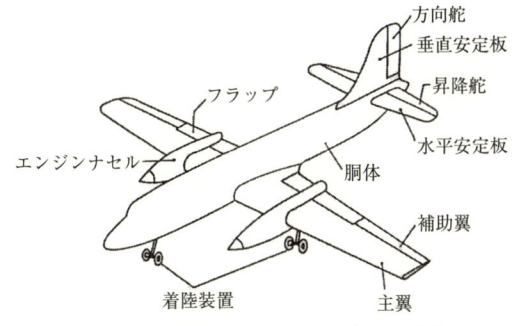

図 4.3 飛行機の代表的形状と各部の名称

$$D = C_D \cdot \frac{1}{2}\rho V^2 \cdot S$$

$$D_w = C_{Dw} \cdot \frac{1}{2}\rho V^2 \cdot S$$

$$D_f = C_{Df} \cdot \frac{1}{2}\rho V^2 \cdot S_f$$

$$D_t = C_{Dt} \cdot \frac{1}{2}\rho V^2 \cdot S_t$$

$$\vdots$$

これらの式を式 (4.2) に代入して，両辺を $(1/2)\rho V^2 \cdot S$ で割ると，全機の抗力係数 C_D は

$$C_D = C_{Dw} + C_{Df}\frac{S_f}{S} + C_{Dt}\frac{S_t}{S} + \cdots\cdots \tag{4.3}$$

と書き表すことができる．

一方，全機の抗力係数は有害抗力係数 C_{Dp} と主翼の誘導抗力係数 C_{Di} の和であるから

$$C_D = C_{Dp} + C_{Di} \tag{4.4}$$

現代の飛行機の有害抗力係数は $C_{Dp} = 0.015 \sim 0.025$ の値をとるが，近似式としてはさらに

$$C_{Dp} = C_{Dp\,\text{min}} + kC_L^2 \tag{4.5}$$

と書くことができる．これは主翼の抗力係数と揚力係数の関係に似ていて，揚力係数の 2 次式で表され，$C_{Dp\,\text{min}}$ を**最小有害抗力係数**（minimun parasite drag coefficient）という．前章の式 (3.114) より

$$C_{Di} = C_L{}^2(1+\delta)/(\pi A)$$

であるから（A は縦横比），これと式(4.5)を式(4.4)に代入すると全機の抗力係数は

$$C_D = C_{Dp\,\text{min}} + \left(k + \frac{1+\delta}{\pi A}\right)C_L{}^2$$

$$= C_{Dp\,\text{min}} + \frac{C_L{}^2}{\pi e A} \quad (4.6)$$

となる．ここに e は

$$e = \frac{1}{1+\delta+k\pi A}$$

で，**飛行機効率**（airplane efficiency）といい，普通 0.7〜0.85 の値をとるが，機体形状の洗練されたものほど 1 に近くなる．また，k は 0.009〜0.012 程度の値をとる．式(4.3)と式(4.6)を比較すると，最小有害抗力係数 $C_{Dp\,\text{min}}$ は次のように表されることがわかる．

$$C_{Dp\,\text{min}} = (1+\varepsilon)\left(C_{Dw} + C_{Df}\frac{S_f}{S} + C_{Dt}\frac{S_t}{S} + \cdots\cdots\right)_{C_L=0} \quad (4.7)$$

ここに ε は干渉による抗力の増加割合を表す係数で，普通 $\varepsilon = 0$〜0.1 程度である．また，添字 $C_L=0$ はゼロ揚力における C_{Dw}，C_{Df}，C_{Dt} の値を示す．

　全機の抗力係数 C_D および揚抗比 C_L/C_D は $C_{Dp\,\text{min}}$ と e と A がわかれば，式(4.6)を使って計算することができる．ただし，迎え角が失速角に近くなると C_D はこの式で与えられる値よりずっと大きくなるため，この式は当てはまらなくなる．表 4.1 はフランスのカラベル輸送機（$C_{Dp\,\text{min}} = 0.015$, $e = 0.89$, $A = 8.0$）について，抗力係数と揚抗比が揚力係数に対してどのように変化するかを計算した結果である．これを図に表すと図 4.4 のようになるが，揚抗比は $C_L = 0.6$ で最大になることがわかる．このことはどんな飛行機でも言えることで，揚抗比は $C_L = 0.5$〜0.7 の範囲で最大値をとり，その値は現代の飛行機では 15〜20 である．第 7 章で述べるように，プロペラ機（ジェット機の場合は少し違う）の航続距離を大きくするには，揚抗比を最大にする揚力係数で飛べばよいが，この揚力係数に対応する飛行速度は巡航速度としてはかなり小さいため，実際の運航では航続距離を犠牲にして飛行速度を大きくしている．

表 4.1 カラベル輸送機の空力特性

C_L	C_D	揚抗比 C_L/C_D
0.15	0.0160	9.4
0.2	0.0168	11.9
0.3	0.0190	15.8
0.4	0.0220	18.2
0.5	0.0262	19.1
0.6	0.0311	19.3
0.7	0.0370	18.9
0.8	0.0437	18.3

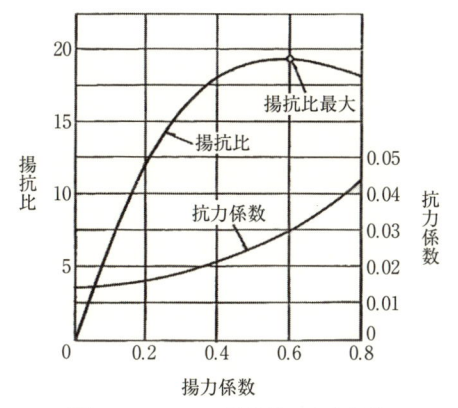

図 4.4 カラベル輸送機の空力特性

4.3 空力特性の推定

　飛行機の基本的な性能は揚力係数と抗力係数で決まるから，飛行機を設計する場合にも，また，すでにある飛行機の性能を見積るにも，この二つの係数のもつ意味は極めて大きい．そこで，たとえば飛行機を新しく設計する場合，机の上の計算だけでその空力特性を推定することは難しいので，風洞実験を行って全機に働く空気力の性質を調べる．しかし，第 2 章 2.13 節でみたように，普通の風洞では一般にレイノルズ数を実物と一致させて実験することは難しい．それでも空気力学的ないろいろな情報が得られるので，実験研究の手段としては欠かすことができないものである．本当に正確なデータをとりたいときには，実物風洞で実験するか，実験機をつくって飛ばす以外に方法はないであろう．このようなことは航空機メーカーや研究所がやることであるが，われわれがある飛行機の揚力係数や抗力係数が知りたい場合は，その飛行機の簡単な要目表があれば，これらの値はある程度推定することができる．

　まず揚力係数は定義により $C_L = 2L/(\rho V^2 S)$ であり，水平定常飛行においては揚力 L は重量 W と釣り合っているから，$L = W$ が成り立つ．したがって

$$C_L = \frac{2W}{\rho V^2 S} \tag{4.8}$$

である．飛行機の重量 W，速度 V，主翼面積 S，飛行高度の空気密度 ρ がわか

れば，この式から C_L のおおよその値が求まる．また，抗力係数は次のようにして求めることができる．速度 V で飛んでいるとき，飛行機に働く抗力を D とすると，この飛行機が単位時間にする仕事すなわち，パワーは DV である．一方，このパワーはエンジンによってまかなわれる．エンジンの軸出力（軸パワー）を P とすると，これにプロペラ効率 η_p を乗じたものが飛行機を前進させるためのパワーに等しい．それゆえ

$$DV = \eta_p \cdot P \qquad (4.9)$$

抗力係数を C_D とすると，$D = C_D \cdot (1/2)\rho V^2 \cdot S$ であるから，これを上式に代入して C_D について解くと

$$C_D = \frac{2\eta_p P}{\rho V^3 S} \qquad (4.10)$$

となる．ジェット機の場合は，水平定常飛行において，推力 T と抗力 $D = C_D \cdot (1/2)\rho V^2 \cdot S$ は釣り合っているから

$$C_D \cdot \frac{1}{2}\rho V^2 \cdot S = T \qquad (4.11)$$

したがって，抗力係数は次式より求めることができる．

$$C_D = \frac{2T}{\rho V^2 S} \qquad (4.12)$$

以上の式を用いて，実機の C_L，C_D などを実際に計算してみよう．ライト兄弟の最初の飛行機フライヤー 1 号機の場合，飛行機の自重 2,687N，燃料 10N，パイロット 667N とすると，$W = 3,364$N，主翼面積 $S = 47.4\text{m}^2$，飛行速度 $V = 13.9\text{m/s}$ であるから，空気密度を海面上の値として

$$C_L = \frac{2 \times 3,364}{1.225 \times 13.9^2 \times 47.4} = 0.60$$

エンジンの出力は $P = 8.82$kW，プロペラ効率は兄弟が主張していたように $\eta_p = 66\%$ とすると

$$C_D = \frac{2 \times 0.66 \times 8,820}{1.225 \times 13.9^3 \times 47.4} = 0.075$$

したがって，揚抗比は

$$\frac{L}{D} = \frac{C_L}{C_D} = \frac{0.60}{0.075} = 8.0$$

次に，現代の代表的な旅客機ボーイング747の場合は，$W=3{,}700$kN，$S=511\text{m}^2$，$V=265$m/s（955km/h），$T=240$kN（巡航時），$\rho=0.525\text{kg/m}^3$（高度8,000m）とすると

$$C_L = \frac{2 \times 3{,}700{,}000}{0.525 \times 265^2 \times 511} = 0.393$$

$$C_D = \frac{2 \times 240{,}000}{0.525 \times 265^2 \times 511} = 0.0255$$

$$\frac{C_L}{C_D} = \frac{0.393}{0.0255} = 15.4$$

また，1977年に飛行距離2,094mの世界記録をつくった日大の人力飛行機ストークBの場合，自重352N，パイロット569Nとすると$W=921$N，$S=21.7\text{m}^2$，$V=7.8$m/s，人力出力$P=257$W，プロペラ効率$\eta_p=0.82$であるから，C_L, C_D, C_L/C_Dを計算すると

$$C_L = 1.14, \quad C_D = 0.0334, \quad C_L/C_D = 34.1$$

となる．

上述の方法でライトの飛行機以後の代表的な幾つかの飛行機について抗力係数のおおよその値を算出したものを表4.2に示す．

ここで上に説明したことと関連するので，**推力パワー**（thrust power）および**等価軸パワー**（equivalent shaft power）について述べておきたい．ジェット・エンジンはプロペラ機のエンジンと違って推力でエンジンの強さが表されるが，これをパワーに換算するとどのくらいのものに相当するか知りたいことがある．これは前記の式(4.9)を応用すれば求めることができる．すなわち，水平定常飛行では$D=T$であるから，このジェット・エンジンを装備した飛行機が速度Vで飛んだものとすれば，式(4.9)の右辺のDをTで置き換えたものは，この飛行機が単位時間にする仕事をパワーで表したものである．これを推力パワーという．また，これだけ

表4.2 著名機の抗力係数

年代	機 名	C_D
1903	フライヤー1号	0.075
1927	スピリット・オブ・セントルイス	0.033
1935	メッサーシュミット Bf 108	0.018
1943	ノースアメリカン P-51 ムスタング	0.020
1943	ボーイング B-29B	0.033
1944	メッサーシュミット Me 163	0.013
1946	ロッキード・コンステレーション	0.019
1950	セスナ 170	0.032
1953	デハビランド・コメット	0.016
1954	ビッカース・バイカウント	0.017

のパワーをレシプロ・エンジン（あるいはタービン・エンジンでもよい）で出すとして，その軸出力を P_e で表せば，適当なプロペラ効率 η_p を仮定して，式 (4.9) の右辺の P を P_e で置き換えた式が成り立つ．したがって

$$P_e = \frac{TV}{\eta_p} \tag{4.13}$$

となり，これを等価軸パワーと呼んでいる．

4.4 胴体の抗力係数

黎明期の飛行機においては主翼と尾翼を結合するものは単なる骨組みであって，胴体と呼べるようなものではなかった．飛行機の性能が向上してパイロット以外の人や物をのせて飛べるようになると，この骨組みの部分がペイロード（乗客，荷物，貨物など輸送の対象となるもの）をのせる空間となり，外皮で覆い，**胴体**（fuselage）と呼ばれるようになった．胴体の体積も大きくなり，飛行速度も速くなってくると外形を流線形にしないと抗力が大きくなってしまうため，抗力係数の小さい胴体形状が研究された．図 4.5 は当時風洞実験で調べられた各種流線形（回転体）と測定された抗力係数を示したものである．こうして 1940 年頃の飛行機は最も抗力係数の小さい形状が胴体に用いられた．しかし，その後，飛行機の場合は理想的な流線形よりも，少し細長い胴体の方が抗力が小さいことがわかってきて，太めの胴体は次第に姿を消した．この時代になると支柱はあまり使われなくなり，脚は引込み式のものが多くなってきて全機の抗力係数が著しく減少した．たとえば戦闘機の場合，全機の抗力の割合は主翼 50％，胴体 34％，尾翼 16％程度になっている．長距離試験機や高速試験機では操縦席の視界を犠牲にしても抗力係数の小さい胴体が採用された．図 4.6 はその一例で，東大の航空研究所

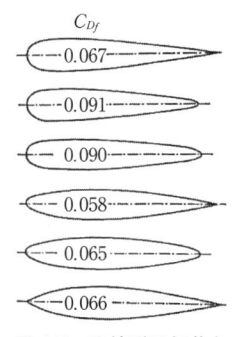

C_{Df}
- 0.067
- 0.091
- 0.090
- 0.058
- 0.065
- 0.066

図 4.5　流線形回転体とその抗力係数

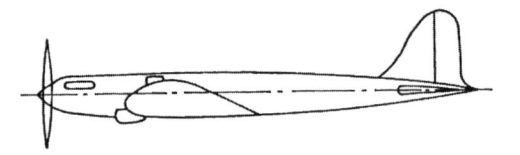

図 4.6　抗力を極力小さくした胴体（航研機）

が1938年に長距離世界記録をつくった航研機の側面図である.

現代の飛行機は空力性能一辺倒の設計ではなく,飛行機全体としての機能を考えて胴体の形状が決められている.たとえば,旅客機では客室の拡張と居住性の向上を目的として平行部の長い胴体が用いられ,操縦席からの視界の確保に重点が置かれた機首部の形状を採用している.参考のために,胴体およびナセル(双胴機の中央胴体)の抗力係数の値を下に示しておく.

- 単発のプロペラ機　　$C_{Df}=0.09\sim0.13$
- 大型輸送機　　　　　$C_{Df}=0.07\sim0.12$
- 飛行艇　　　　　　　$C_{Df}=0.11\sim0.14$
- ナセル　　　　　　　$C_{Dn}=0.08\sim0.14$

翼と胴体の干渉も重要である.高速の場合は次節で述べるとして,ここでは低速の場合について簡単に説明する.まず胴体に対する主翼の前後位置については,胴体の最大断面積の位置で干渉抗力は最も大きくなり,前方,あるいは後方にずれるに従い減少する.また,翼と胴体の上下相互位置によって高翼,中翼,低翼に分けられるが,風洞実験の結果から言うと,抗力は中翼の場合が最も小さく,高翼または低翼では大きくなる.最大揚力係数は高翼の場合は主翼だけの場合とほとんど変わりないが,中翼では小さくなり,低翼の場合はさらに小さくなる.また,上反角効果*については,高翼の場合は強くなり,低翼の場合は弱くなる.

4.5　遷音速面積法則

亜音速飛行時代の飛行機の設計には,主翼は主翼,胴体は胴体でそれぞれ空力的に洗練した形状のものを設計して,それをフィレットで整形して結合すれば空力特性は予想とあまり違わないものとなり,特に問題はなかった.しかし,飛行速度が音速に近くなると第3章で述べたように抗力が急増し,従来のエンジンの推力では音速を超えることができないことがわかってきた.

NACAのリチャード・ホイットカムはこの問題を解決する一つのアイデアを思いつき,1951年から1952年にかけて風洞実験した結果生まれたのがこの

---

*何かの原因で機体が横に傾くと,機体は横すべりをする.このとき主翼に上反角がついていると,復元モーメントを生じて,機体の傾きを直そうとする効果を示す.p.207参照

遷音速面積法則（transonic area rule，遷音速エーリア・ルール）である．この考えはそれまでのように翼と胴体を別々に考えて組合せるのではなく，一体として考える必要があるということである．この法則は，音速付近において翼 – 胴体の組合せの造波抗力は，飛行方向に直角に切った断面積分布と同じ断面積分布をもつ回転体の造波抗力と，近似的に等しいということを述べたものである．図 4.7(a) の翼 – 胴体の組合せの造波抗力はその下に示した断面積分布の等しい回転体の造波抗力と同じになる．断面積分布の滑らかな方が造波抗力が小さくなるので，図 4.7(b) のように翼と胴体の接合部の胴体の断面積を翼の断面積だけ減らして，相当回転体が滑らかな紡錘形になるようにしてやればよい．

図 4.8 および図 4.9 は遷音速面積法則に関する風洞実験結果の一例である．風洞模型は，①胴体のみ，②遷音速面積法則を適用したもの，③単に翼・胴を結合したものである．図の縦軸は亜音速における抗

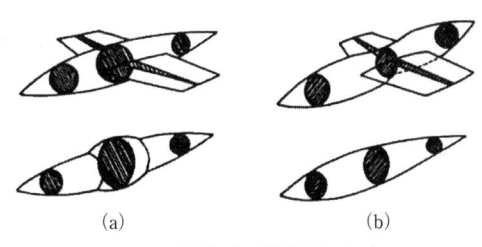

図 4.7　遷音速面積法則の概念

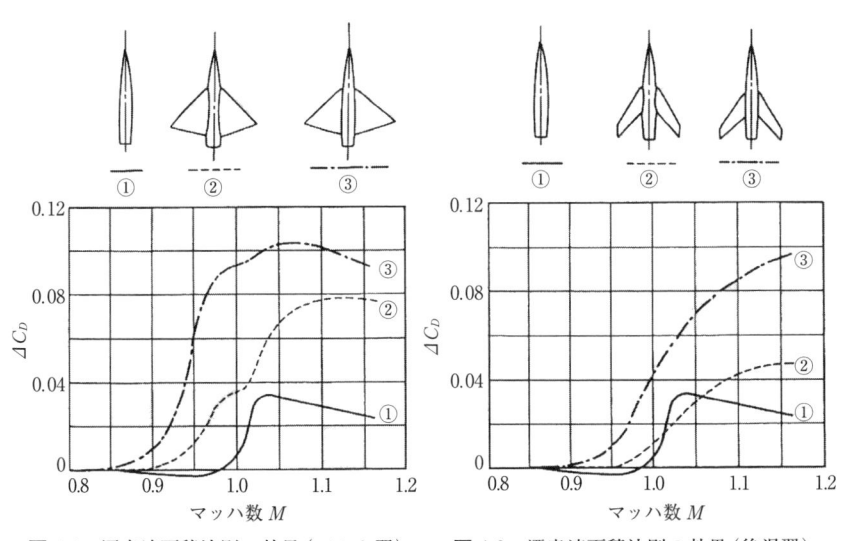

図 4.8　遷音速面積法則の効果（デルタ翼）

図 4.9　遷音速面積法則の効果（後退翼）

力係数を基準に測った抗力係数の増加 ΔC_D (これはほとんど造波抗力である), 横軸はマッハ数である. 実験はゼロ揚力の状態に対して行われたものであるが, 遷音速面積法則が造波抗力の低減にいかに有効であるかがわかる.

遷音速面積法則が最初に適用されたのはアメリカのコンベア社のデルタ翼戦闘機 F-102 である. この飛行機は超音速機として設計されたが, 遷音速における抗力の増加が予想を上まわり, 装備されたジェット・エンジンの推力ではそれを克服できなかったため, 水平飛行においてマッハ 0.9 を超えることができなかった. そこで, コンベア社は NACA の協力を得て, この機体に面積法則を適用して改良することにした. できあがった機体は, 図 4.10 に示すごとく胴体が翼の結合部でコカ・コーラのびんのように細くくびれ, 胴体の長

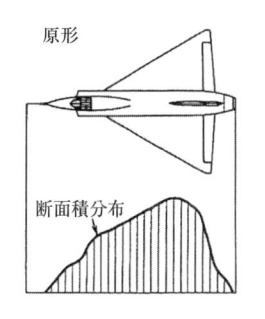

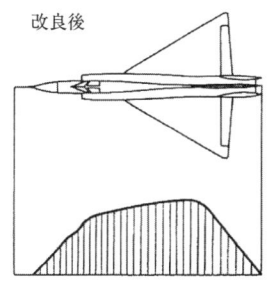

図 4.10 F-102 の機体形状と断面積分布

さが原形よりいくぶん長くなった. この結果, 同じエンジンで F-102 は上昇中に超音速に達することができた. 遷音速面積法則は F-102 が完成する 1955 年まで秘密にされていたが, この成果は世界の航空関係者に深い感銘を与えたのである.

遷音速面積法則の研究からわかったことは, 断面積の分布を滑らかにすることでその応用例として, ボーイング 747 のキャブの延長効果をあげることができる. 図 4.11 のようにキャブの後部を延長して整形することにより断面積分布の変化の大きい部分が滑らかに改良された. 風洞実験の結果は予想に互わず, 図 4.12 のように抗力発散マッハ数を高めることが可能であることを示した. この他に, 遷音速面積法則とは関係ないが, 機体の整形によって空力特性を向上させる

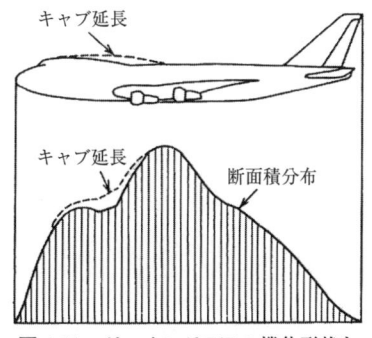

図 4.11 ボーイング 747 の機体形状と断面積分布

ものに**ストレイク**（strake, **ストレーキ**）がある．これは図4.13に示すような，主翼と胴体の接合部の前方に付けられた細長いデルタ翼状の張り出し部分である．デルタ翼と同様に大迎角においてストレイクの縁に沿って強い渦が発生し，ストレイクそのものに揚力が発生すると同時に，渦が主翼の上面を通過するため，失速が防止されて主翼の揚力も増加する．この原理は次章で述べる垂直尾翼のドーサル・フィンのものと同じである．図4.13はジェネラル・ダイナミックF-16の機体形状を示したものであるが，翼と胴体が滑らかな曲面でつながっている．このように翼－胴を一体として設計した機体を一般に**一体化翼－胴**（blended wing-body）という．このような機体形状はもともとレーダー探知から逃れる，いわゆる**ステルス性**（stealthiness, 隠密性）を高める一手段として用いられたのであるが，機体の構造強度上，また，燃料や機器の塔載上も有利であり戦闘機その他にも普及してきている．

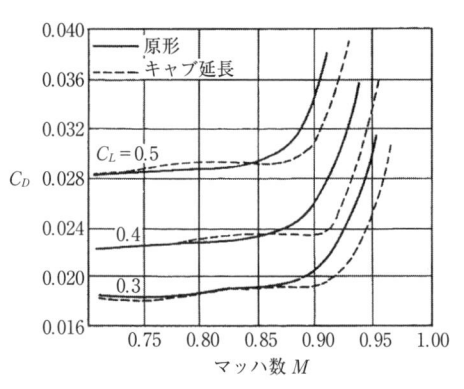

図 4.12 ボーイング747におけるキャブ延長とマッハ数の増加（風洞実験結果）

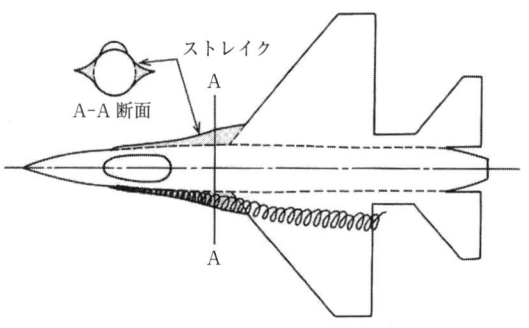

図 4.13 ストレイクと大迎角における渦の発生

演 習 問 題

1. 標準大気中，4,000m の高度を 40m/s の向かい風をうけながら，300km/h の対地速度で飛んでいる飛行機がある．胴体のうける抗力が 1,100N であるとすると，胴

演 習 問 題

1. 標準大気中,4,000m の高度を 40m/s の向かい風をうけながら,300km/h の対地速度で飛んでいる飛行機がある.胴体のうける抗力が 1,100N であるとすると,胴体の抗力係数は何程か.ただし,胴体の断面形は縦長の楕円で最大断面積における長径が 1.5m,短径が 1.1m であるとする.　　　　　　　　(0.136)

2. 翼幅 32m,翼面積 94.8m^2,総重量 196kN の飛行機が標準大気中,4,000m の高度を 400km/h で水平定常飛行している.このときのエンジンの推力は何程か.この飛行機の最小抗力係数を 0.015,飛行機効率を 0.90 とする.　　　(9.82kN)

3. 式 (4.6) は全機について成り立つ式であるが,主翼のみについては,最小翼形抗力係数を $C_{d\,\min}$ とすると同様な式

$$C_D = C_{d\,\min} + \frac{C_L^2}{\pi e_w A}$$

が成り立つ.e_w は,どのように表されるか.

　　　　　　　　$[C_d = C_{d\,\min} + kC_l^2$ とすれば,$e_w = 1/(1 + \delta + \pi kA)]$

4. ボーイング 747 が高度 10,000m を 954km/h の速度で水平定常飛行している.このときのエンジンの総推力を 240kN とすると,推力パワーおよび等価軸パワーは何程か.ただし,換算のためのプロペラ効率を 75% とする.

　　　　　　　　　　　　　　　　　　　　　　(63,600kW,84,800kW)

第5章

安定性と操縦性

5.1 力とモーメントの釣合い

　空間にある一つの質点 P に幾つかの力が作用している場合を考える．図 5.1 (a) は F_1, F_2, $\cdots$, F_5 の五つの力が作用している場合を示したものである．力が釣り合っているということは合力が 0 ということで，図 5.1(b) のように作用している力 F_1, F_2, $\cdots$, F_5 を表す矢印の先端と後端を次々につなぎ合わせたとき完全に閉じるということである（F_1, F_2, $\cdots$, F_5 が同一平面内にある場合は，閉じた多角形をつくる）．慣性の法則(ニュートンの第 1 法則)によると，これらの力が釣り合っているときには質点は，（ⅰ）静止したままであるか，（ⅱ）等速直線運動を続けるか，のいずれかである．（ⅰ）の場合はもともと質点は静止していたのであり，（ⅱ）の場合はもともと等速直線運動をしていたのである．つまり，慣性の法則は質点に釣り合っている力が作用しても運動の状態は変わらないことを意味している．もしも，これらの力の合力が 0 にならなければ，質点 P は合力の方向に加速度運動をする．

　いま，図 5.2(a) のように水平定常飛行をしている飛行機に働く力を考えてみる．飛行機は質点ではないが，これに働く力，すなわち推力 T，抗力 D，揚

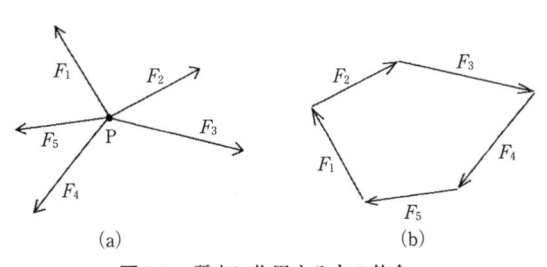

図 5.1 質点に作用する力の釣合い

L, 重力 W が1点（たとえば重心）に働くものと仮定すれば（あるいは飛行機を質点とみなしてもよい），これは上述の(ii)の場合であることがわかる．すなわち，図5.2(b)に示すように T, D, L, W は矩形となるから，これらの力は釣り合っているわけであるが，飛行機は一定の速度 V で直線運動をしている．

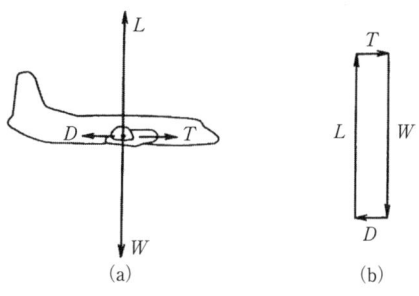

図5.2 水平定常飛行における力の釣合い

実際の飛行機には有限な大きさがあり，また，これに働く力も1点に集まっているわけではない．それでは，有限な大きさの物体の幾つかの点にそれぞれ力が作用している場合はどのような問題が生じるであろうか．図5.3(a)は剛体に $F_1, F_2, \cdots, F_5$ なる力（これらの力の作用線は1点に集まらないものとする）が作用し，それらが一つの面内にある場合を示す．この場合は図5.3(b)のようにこれらの力が重心Oに集中して作用し，かつこれらの力の重心まわりのモーメントの総和——合モーメント

$$M = M_1 + M_2 + M_3 + \cdots + M_5$$

が重心のまわりに作用しているのと同等である．

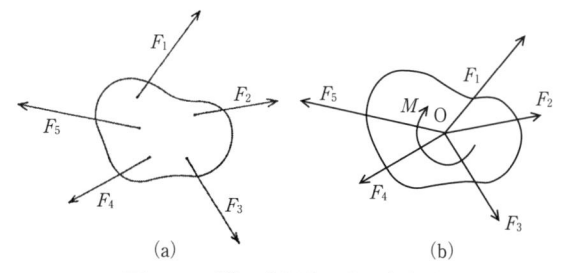

図5.3 剛体に作用する力の多角形

剛体の運動は，その重心が空間の中で位置を変えていく運動と重心まわりに回転する運動とに分解することができる．そして，$F_1, F_2, \cdots, F_5$ が釣り合って合力が0（閉じた多角形をつくる）のときは，剛体の重心は(i)静止しているか，(ii)等速直線運動をしているかのいずれかである。もしも，合力が0でなければ，剛体は合力の方向へ加速度運動をする。一方，重心まわりの合モーメント M が釣り合って0のときは，(i)重心まわりに回転していないか，(ii)一定の角速度で重心まわりに回転しているかのいずれかである。もしも，合モーメントが0でなければ，剛体は重心まわりに角加速度運動をする。

5.1 力とモーメントの釣合い

上のことから剛体は重心まわりに回転しながら全体として位置を変えていく場合があることが分かる。

次に，上に述べた剛体に働く力およびそれによるモーメントの釣合い条件を数式化することを考えてみよう。このためには，普通，図5.4に示すように重心を原点とする直角座標軸を定める（座標軸は剛体に固定とする）。この座標空間において剛体の最も一般的な運動を考えると，重心の運動は x, y, z の各軸方向の運動に分解することができ，重心まわりの運動は x, y, z の各軸まわりの回転運動に分解できる。すなわち，剛体の最も一般的な運動は三つの直進運動と三つの回転運動から成り立っている。したがって，このような運動を**6自由度の運動**という。

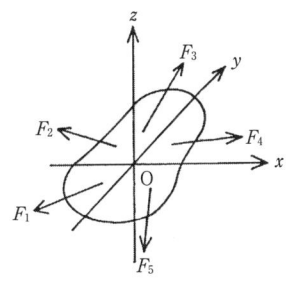

図5.4 剛体と座標軸

いま，図5.5に示すように剛体の重心とそれに作用する力 $F_1, F_2, \cdots, F_5$ が一つの面内にあるものとする。重心を原点としてこの面内に x 軸と z 軸，この面に直角に y 軸を定め，重心はこの面内でのみ運動することができ，また回転運動は y 軸まわりのみ可能であるとする。このとき，この剛体の運動は**3自由度**である。さて，$F_1, F_2, \cdots, F_5$ が釣り合っている場合を考えると，これらの力は閉じた多角形（いまの場合は5角形）をつくる。このことは，F_1 の x 軸方向成分を F_{1x}，z 軸方向成分を F_{1z}，同様に F_2 の両軸方向成分を $F_{2x}, F_{2z}, \cdots\cdots$ などとすると

$$F_{1x} + F_{2x} + \cdots + F_{5x} = 0 \tag{5.1a}$$

$$F_{1z} + F_{2z} + \cdots + F_{5z} = 0 \tag{5.1b}$$

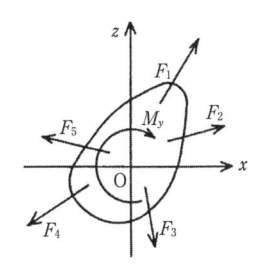

図5.5 平面内の力とモーメント

が成り立つことと同じである。この式において力の成分が座標軸の正の方向を向いている場合には正の値とし，負の方向を向いている場合には負の値とする。次に，y 軸まわりの合モーメントが0である場合には，各力の y 軸まわりのモーメントを $M_{y1}, M_{y2}, \cdots, M_{y5}$ とするとき

$$M_{y1} + M_{y2} + \cdots + M_{y5} = 0 \tag{5.2}$$

が成り立つ．この場合，上式左辺の各モーメントは時計方向を正，反時計方向を負と約束する（これは約束であるから，反時計方向を正，時計方向を負としてもよい）．

上の例では五つの力が働く場合について述べたが，力の数は幾つであっても差し支えない．そこで一般には，式 (5.1)，(5.2) の代わりに

$$F_x = \sum_{i=1}^{n} F_{ix} = 0 \tag{5.3a}$$

$$F_z = \sum_{i=1}^{n} F_{iz} = 0 \tag{5.3b}$$

$$M_y = \sum_{i=1}^{n} M_{iy} = 0 \tag{5.4}$$

と書く．ここに $\sum_{i=1}^{n}$ は関与する n 個の力について総和をとることを示す．

これらの式は3次元の場合には

$$F_x = \sum_{i=1}^{n} F_{ix} = 0$$

$$F_y = \sum_{i=1}^{n} F_{iy} = 0$$

$$F_z = \sum_{i=1}^{n} F_{iz} = 0$$

$$M_x = \sum_{i=1}^{n} M_{ix} = 0$$

$$M_y = \sum_{i=1}^{n} M_{iy} = 0$$

$$M_z = \sum_{i=1}^{n} M_{iz} = 0$$

となる．このように式の数が多くなるが，ベクトル表記（太字*）を用いると簡単化される．すなわち，x, y, z 方向の単位ベクトルを i, j, k とすると

$$\boldsymbol{F} = iF_x + jF_y + kF_z = \sum_{i=1}^{n}(iF_{ix} + jF_{iy} + kF_{iz}) = \sum_{i=1}^{n}\boldsymbol{F}_i$$

$$\boldsymbol{M} = iM_x + jM_y + kM_z = \sum_{i=1}^{n}(iM_{ix} + jM_{iy} + kM_{iz}) = \sum_{i=1}^{n}\boldsymbol{M}_i$$

であるから

$$\boldsymbol{F} = \sum_{i=1}^{n} \boldsymbol{F}_i = 0 \tag{5.5}$$

$$\boldsymbol{M} = \sum_{i=1}^{n} \boldsymbol{M}_i = 0 \tag{5.6}$$

となる．

---

*その細字は大きさを表す．$F = |\boldsymbol{F}|$　$|i| = |j| = |k| = 1$

5.2 静安定と動安定

　図5.6(a)は示すような凹曲面上に小さな球が置かれている場合を考える．球に働く力は重力Wと曲面の反力Rのみであって，この二つの力は大きさが等しく，向きが反対である．いま，球を曲面に沿って図5.6(b)の位置まで移動させたとする．この状態で球に働く力は，球と曲面の間に摩擦がないものとすると，重力Wと曲面の反力R'のみである．R'は球と接している曲面に直角な方向を向いているから，WとR'はもはや一直線上にはなく，図5.6(c)に示すような合力Tを生ずる．Tは球をもとあった位置に引き戻すように働くから，このような位置に置かれた球はもとの位置に戻ろうとする．このように物体をある釣合い位置から変位させたとき，もとの位置に戻ろうとする性質を**復元性**といい，もとの位置に戻そうとする力を**復元力**（restoring force）という．そして，復元性がある場合，**静的に安定である**（statically stable）という．

　次に，図5.7(a)のように上方に凸な曲面を考える．この場合，曲面の頂上に置かれた球に働く重力Wと反力Rは釣り合うから，球は原理的にはこの位置に静止することができる．しかし，少しでもこの静止位置からずれると，球はもはやもとの位置に戻ることはなく，ますます釣合い位置から遠ざかっていく．このような場合は**静的に不安定である**（statically unstable）という．さらに，図5.7(b)のような水平面の場合であると，球は変位してもその位置にとどまり，もとの位置に戻ろうとも，もとの位置から遠ざかろうともしない．すなわち，前の二つの場合の中間であって，この場合は

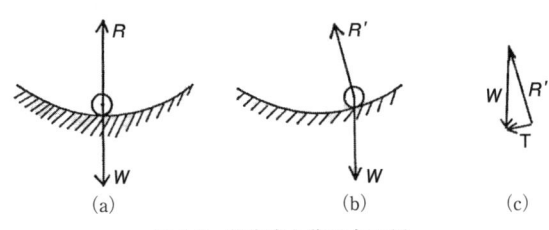

図5.6　静安定と復元力の例

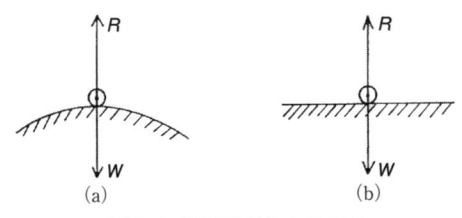

図5.7　静不安定と中立の例

静的に中立安定である（neutrally statically stable）という．

図5.6(a) の場合，変位した球が復元力の作用で釣合い位置に向かって動き出した後の振舞について調べてみよう．球と曲面の間には摩擦がないから（空気抵抗もないとする），球は凹面の最低点を通り過ぎると，反対側の曲面を同じ高さだけ登って静止し，再び逆の方向に向かって動き始める．結局，球は最低点を中立にして振子のように同じ振幅で往復運動（振幅が小さいときは単振動と呼ばれる）を永久に続けることになる．この場合，**動的に中立安定である**（neutrally dynamically stable）という．もちろん，静的に安定である．**静安定**（static stability）は，釣合い位置からの変位に対して復元力が働くかどうかが問題であって，仮に復元力が生じても，これによって起こる物体の運動が時間経過の範果として，最終的にどうなるかは問題にしていないのである．いま考えている凹面上の球の運動でも，球と曲面の間に摩擦があれば，球の往復運動は次第に減衰して，最終的には球は凹面の最低点に落ち着く．

このような摩擦などによる減衰力のために物体の運動が時間とともに減衰して，釣合い位置に近づいていくとき，これを**動的に安定である**（dynamically stable）という．もし，静的に安定であっても，時間の経過とともに運動の振幅が大きくなっていくならば，これは**動的に不安定である**（dynamically unstable）．以上の説明からわかるように，静的に安定であっても動的に安定であるとは限らない．しかし，動的に安定ならば必ず静的にも安定である．なお，図5.8に変位の時間経過をグラフにして，**動安定**（dynamic stability）の判別を示しておく．

静的にも，動的にも安定な力学系の例として，1自由度の場合をあと二つだけあげてみよう．図5.9(a) は球をらせんばねでつるしたものである．球に働く力は重量 W とばねの張力 F であって，この2力は大きさが等しく，向きが反対で釣り合っている．ばねを引き伸ばして球を下方に変位させると，この変位に比例した張力の増加が生

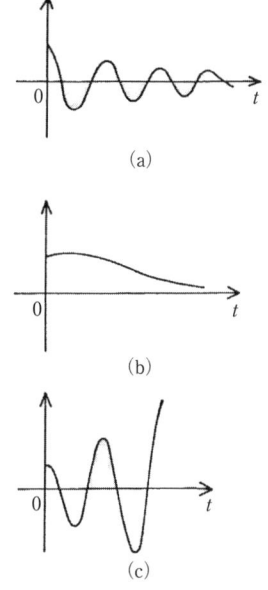

図5.8 動安定 [(a), (b) は動的に安定，(c) は動的に不安定]

じ，球はもとの位置へ引き戻される．この力が復元力である．この状態で球を自由にすると釣合い位置のまわりで上下に振動し，摩擦力や空気抵抗が働かないと仮定すると，球は永久に同じ振幅で振動を続ける．

この球の下に図5.9(b)に示すように制振器（シリンダーとピストンを組合せ，流体抵抗によってシリンダーとピストンの相対運動を減衰させる装置）を取り付け，前と同じように球を上下に振動させる．このとき振動の減衰の仕方は球の質量，ばねの強さ，制振器の減衰能力の大小関係によって異なり，場合によっては図5.8(b)のように振動しないで釣合い位置に戻ることもある．

図5.10(a)は弾性体でできた丸棒をねじりばねとし，下端に円板状の剛体を固定してねじりばねの中心軸まわりに回転振動させるようにしたものである．前の例と違うところは，回転運動であるという点で，復元作用も力ではなく復元モーメントによって行われる．また変位が距離ではなく角度，すなわち角変位である．このような違いはあるが，振動の様式はいままでの例と変わらない．また，図5.10(b)のように回転運動を減衰させる制振器を取り付ければ，前の例とまったく同じような減衰の仕方をする．

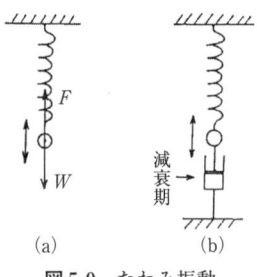

図5.9　たわみ振動

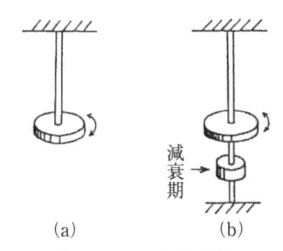

図5.10　ねじれ振動

5.3　飛行機の縦の釣合い

飛行機に働く力やモーメントの釣合いを調べるには，先ず座標軸をどのようにとるか決めなければならない．

飛行中の飛行機に働く力は揚力，抗力，重力および推力であるが，これらはもちろん1点に作用するわけではない．5.1節で述べたようにこれらの力を機体の重心に働く力とモーメントに分けて考える．そして飛行機を剛体とみなし，その重心を原点とし，機体に固定した直角座標軸（右手系）を定める．すなわち，図5.11のようにx軸およびz軸が機体の対称面内に含まれるようにし，

x軸を機体の前方に，z軸を下方に向かってとり，y軸を対称面に垂直にとる。これらの力やモーメントを各軸に関する成分に分解して釣合方程式を立てる。

さらに飛行機の運動を考えるときは，各軸方向への直進運動と各軸まわりの回転運動に分解して考える。これにより力やモーメントの各軸に関する成分と各軸に関する直進運動や回転運動との力学的関係，すなわち運動方程式が導かれる。

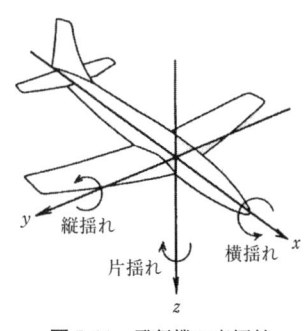

図5.11 飛行機の座標軸

一般に飛行中の機体の姿勢を表す場合 x 軸の水平面とのなす角をピッチ角（姿勢角）といい，θ（頭上げのとき $\theta>0$）で表し，x 軸の飛行方向を含む鉛直面とのなす角をヨー角（片揺れ角）といい，ψ（左翼前進のとき $\psi>0$）で表し，y 軸の水平面とのなす角をロール角（バンク角）といい，ϕ（左翼上げのとき $\phi>0$）で表す。そして，y 軸まわりの回転運動を**ピッチング**(pitching，**縦揺れ**)，z 軸まわりのそれを**ヨーイング**（yawing，**片揺れ**），x 軸まわりのそれを**ローリング**（rolling，**横揺れ**）という。

飛行機の運動を理論的に研究する分野を**飛行力学**（flight dynamics）という。普通は飛行機を剛体と考えて，最も一般的な運動を解析するためには6自由度の運動方程式を取り扱うことになり，大変複雑な問題となる。ここではあまり難しくならない範囲で飛行機の釣合いと安定性に関する基礎的な部分を述べることにする。

飛行機が対称面（x-z 面）内で運動しているとき，これを**縦運動**（longitudenal motion）といい，最も基本的なものである。縦運動以外の運動，すなわち非対称運動を**横運動**（lateral motion）という。縦運動は3自由度の運動であるから，力は x 軸方向と z 軸方向の力を考えればよく，モーメントは y 軸まわりのモーメントのみを考えればよい。

図5.12は縦の直線定常飛行をしている飛行機に働く力を示したものである。ここに V は飛行速度で，x 軸を推力方向に平行にとった場合，力とモーメントの釣合いは5.1節の式(5.3)，(5.4)を満足しなければならない。すなわち

5.3 飛行機の縦の釣合い

$$\sum_i F_{ix} = T + L\sin(\theta - \gamma) - D\cos(\theta - \gamma) - mg\sin\theta = 0, \quad (5.7\text{a})$$

$$\sum_i F_{iz} = -L\cos(\theta - \gamma) - D\sin(\theta - \gamma) + mg\cos\theta = 0, \quad (5.7\text{b})$$

$$\sum_i M_{iy} = 0 \quad (5.8)$$

ここに，T：推力，D：抗力，L：揚力，m：機体の質量，g：重力加速度，θ：姿勢角，γ：経路角である．図 5.12 および式 (5.5) で注意しなければならないことは，L や D は飛行機全体に働く揚力，抗力であって，尾翼などに働くものも含むということである．

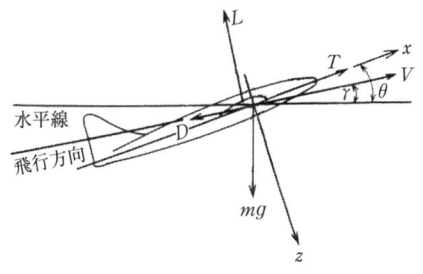

図 5.12 飛行機の姿勢と作用する力

たとえば，水平尾翼に働く揚力 L_h が重心位置に示す効果は，同じ揚力 L_h が重心に働き，かつ重心まわりに $L_h l_h$ (l_h は重心と水平尾翼の風圧中心の距離) なるモーメントが作用するのと同等である．L_h は L に含められ，$L_h l_h$ は ΣM_y に含められる．なお，式 (5.8) で ΣM_{iy} の内容を具体的に書かなかったのは，機体の各部に働く空気力の大きさおよびその作用点と重心間の距離が具体的に示されていないためである．

普通の飛行機やグライダーはみんな尾翼をもっている．これはもちろん安定を保つためであるが，主翼だけでは安定を保つことはできないのであろうか．第 3 章 3.2 節で述べたように，翼は一般に迎え角が変わると，これに働く空気合力の大きさも，風圧中心の位置も変わる．この結果，空気合力が重心まわり（つまり y 軸まわり）にもつモーメントの大きさが変化する．以後，記号上の便宜から重心まわりのモーメントを M_G で表すことにする．図 5.13(a) に示すように空力平均翼弦[*]の前縁から重心 (G) までの翼弦方向の距離を ξ，空力中心 (A) までの距離を a，また重心と風圧中心 (P) との間の距離を f などとし，空気合力 R は近似的に翼弦に直角に働くものとすると，R が重心まわりにもつモーメント M_G は

---

[*]正確に言うならば，「空力平均翼弦の機体の対称面への射影」である．第 3 章 3.2 節参照．

$$M_G = -R \cdot f = -R(a+d-\xi)$$
$$= -R(a-\xi) - Rd$$
$$= -R(a-\xi) + M_{ac} \qquad (5.9)$$

となる．ここにモーメントは頭上げを正とした．
上式の最後の項

$$M_{ac} = -Rd \qquad (5.10)$$

は空力中心まわりのモーメントであるから，迎え角によって変化しない．また，$-R(a-\xi)$ は R が空力中心に働くとしたときに重心まわりに働くモーメントである．したがって，式(5.9)は R が風圧中心に働くということは，図5.13(b)に示すように R が空力中心に働くと同時に，空力中心まわりにモーメント M_{ac} が働くということと等価であることを示している．それゆえ，図5.13(a)の代わりに図5.13(b)のように考えると，迎え角の変化によって変わるのは空気合力 R の大きさだけとなり，大変考えやすくなる．

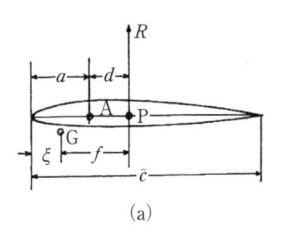

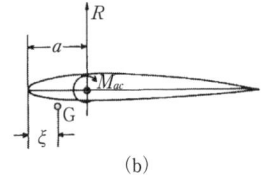

図5.13 空気合力とモーメントの考え方

M_G および M_{ac} は，重心まわりの縦揺れモーメント係数を C_{MG}，空力中心まわりの縦揺れモーメント係数を C_{Mac}，空力平均翼弦を $\bar{c}$ とすると

$$M_G = C_{MG} \cdot \frac{1}{2}\rho V^2 S\bar{c} \qquad (5.11)$$

$$M_{ac} = C_{Mac} \cdot \frac{1}{2}\rho V^2 S\bar{c} \qquad (5.12)$$

のように表すこともできる．また，空気合力と揚力の大きさを近似的に等しいとすると

$$R \fallingdotseq C_L \cdot \frac{1}{2}\rho V^2 S \qquad (5.13)$$

と書くことができるから，これらを式(5.9)に代入すると主翼の重心まわりのモーメント係数 C_{MG} が次のように求められる．

$$C_{MG} = C_{Mac} - \left(\frac{a}{\bar{c}} - \frac{\xi}{\bar{c}}\right) C_L \qquad (5.14)$$

空力中心まわりのモーメント係数 C_{Mac} は普通の翼型では負の値をもち，カ

ンバーが大きいほどその絶対値は大きい．参考のために，表5.1にNACAの4字番号翼型の C_{Mac} の値を示しておく．なお，C_{Mac} が正の値をもつ翼型としては**反転カンバー翼**［reflexed airfoil, 図5.14(b)］があり，ゼロ揚力角 α_0 も0あるいは正の値をとり得る．

表5.1 C_{Mac} の値

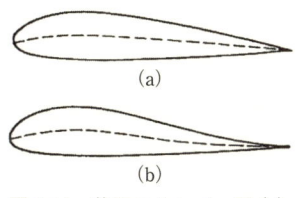

翼型	カンバー[%]	C_{Mac}
NACA 0012	0	0
2412	2.0	-0.043
4412	4.0	-0.085
6412	6.0	-0.133

図5.14 普通のカンバー翼(a)と反転カンバー翼(b)

空力中心まわりのモーメント M_{ac} は式(5.10)で与えられるが，この式の左辺を式(5.12)で，また右辺の R を式(5.13)で書き換えると

$$C_{Mac} \cdot \frac{1}{2}\rho V^2 S \bar{c} = -C_L \cdot \frac{1}{2}\rho V^2 S \cdot d$$

したがって

$$\frac{d}{\bar{c}} = -\frac{C_{Mac}}{C_L} \tag{5.15}$$

なる関係が得られる．ゆえに風圧中心係数は

$$C_p = \frac{a+d}{\bar{c}} = \frac{a}{\bar{c}} - \frac{C_{Mac}}{C_L} \tag{5.16}$$

と表すことができる．この式から風圧中心の位置は C_{Mac} の値の大きい翼型，すなわちカンバーの大きい翼型ほど移動が大きいことがわかる．

5.4 縦の静安定

5.2節では曲面上に置かれた球を例にとって安定性の概念を説明したが，飛行機に安定性も本質的には球と同じようなものである．ただ飛行機の場合は球のような位置変位ではなく，重心まわりの回転運動の角変位が問題となる．まず，**縦の静安定**（longitudinal static stability）について考えてみよう．

いま，小さな迎え角で定常直線飛行をしている飛行機がある．何かの原因で（たとえば突風で）機体の姿勢が変わって迎え角が増したとすると，これは抗力の増加と揚力の増加を生じる．そして，前者は飛行速度を低下させ，後者は飛行経路を上方へ曲げる．もしも，揚力の増加（いまの場合は揚力係数の増加である）が重心まわりに頭下げのモーメントを生ずるならば，迎え角は減少させられるから，速度は回復し，飛行経路はまっすぐになって，元の釣合い状態に戻る．しかし，揚力係数の増加が頭上げのモーメントを生ずるならば，飛行機は元の釣合い状態からますます離れて行ってしまう．それゆえ，縦の静安定性は飛行機の縦揺れモーメント係数 C_{MG} が揚力係数 C_L によってどのように変化するかにかかっている．すなわち，C_L に対する C_{MG} の変化の傾斜が負であれば，釣合いは静的に安定であり，もし正であれば静的に不安定である．

ここでは，主翼だけの飛行機は特別な形の飛行機を除いて不可能であることも証明したいので，まず，尾翼も，あるいは前翼（先尾翼）もない主翼だけをもつ飛行機を考えてみる．この場合，揚力の重心まわりのモーメント係数 C_{MG} は式 (5.14) のように表される．

$$C_{MG} = C_{Mac} + \left(\frac{\xi}{\bar{c}} - \frac{a}{\bar{c}}\right) C_L$$

この式からわかるように C_{MG} は重心位置 ξ に関係する．そこで図 5.15 のように横軸に揚力係数 C_L，縦軸にモーメント係数 C_{MG} をとり，式 (5.14) をグラフに表すと直線になるが，その傾斜は ξ の大きさによって変わる．この直線は重心位置と空力中心位置とが一致しないかぎり，縦軸および横軸と交わる．前節で述べたように C_{Mac} は普通の翼型だと負であるから，

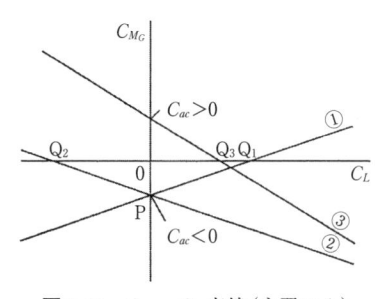

図 5.15 $C_{MG} \sim C_L$ 直線（主翼のみ）

図のように縦軸の負の部分（点 P）で交わる．横軸と交わる点は，直線の傾斜によって異なり，右上がりであれば点 Q_1 のように横軸の正の部分で交わり，右下がりであれば点 Q_2 のように負の部分で交わる．いずれにしても，直線が横軸と交わる点では $C_{MG} = 0$ であるから，重心まわりのモーメントが 0 で，この点の示す揚力係数（したがって迎え角）で飛行機は釣合いを保つことができ

る．しかし，何かの原因でこの迎え角が少しでも変わると，重心まわりにモーメントが生じる．このモーメントが機体を元の姿勢に戻すようなものであれば静的に安定であり，逆に迎え角が変化をさらに助長するようであれば不安定ということになる．

さて，先にも述べたように直線の傾斜は重心位置 ξ の大きさによって変化する．重心が空力中心より後にあれば，式(5.14)において $\xi/\bar{c}-a/\bar{c}>0$ となるから，C_{MG} は C_L の増加とともに増加し，図5.15の直線①のように右上がりの直線となる．この場合，点 Q_1 で示される釣合いの状態から迎え角が大きくなると，つまり揚力係数 C_L が大きくなると重心まわりの正のモーメント，すなわち頭上げのモーメントを生じ，迎え角はますます大きくなってしまう．このとき，飛行機は縦揺れに対して静的に不安定である．次に，重心が空力中心より前にある場合は，$\xi/\bar{c}-a/\bar{c}<0$ となるから，C_{MG} は C_L の増加とともに減少し，直線は②のように右下がりとなる．したがって Q_2 なる釣合い状態から迎え角が大きくなると，負のモーメント，すなわち頭下げのモーメントを生じ，元の姿勢に戻ろうとする．これは静的に安定である．しかし，この場合はよく考えてみると，直線が横軸と交わる点 Q_2 に対する揚力係数は負であるから，モーメントに関する条件は満たされても，力の釣合いが満たされないことになる．なお，重心が空力中心にあれば $\xi/\bar{c}-a/\bar{c}=0$ となり，直線は横軸に平行となり交わらないから，どんな迎え角をとってもモーメントは一定値をとり0とすることはできない．この場合はモーメントの釣合い条件そのものが満たされない．

以上の考察から，C_{Mac} が負の値をもつ普通の翼型では，重心を空力中心より後方に置けば静的に不安定となるし，空力中心より前方に置けば釣合いがとれないという結果になって，結局，主翼だけではうまく飛べないことがわかる．もっとも，重心を空力中心より前方に置く場合は，翼を裏返しにして使えば力の釣合い条件は満たされるので，そのような飛行機は原理的には可能であるが，このような翼の使い方は翼本来の性能を無視することになるので，普通はこのような使い方はしない．

それでは，どうすれば安定も釣合いの条件も満足させることができるのであろうか．この問に対しては，次の三つの解決策を示すことができる．

解決策(1)

C_{Mac} が正の値をもつ翼型を使い，重心を空力中心より前方に置く．C_{Mac} が正となる翼型は反転カンバーをもつ翼型で，この場合，$C_{MG} \sim C_L$ 直線は図 5.15 の③のように縦軸と点 Q_3 で交わり，しかも右下がりになるので安定と釣合いの両条件が満たされ，主翼だけで飛ぶことができる．これは無尾翼機というわけであるが，普通の無尾翼機はこの方式を用いていない．それは C_{Mac} が負の翼型であっても，翼に後退角をつけ，捩り下げを与えると，翼全体として空力中心まわりの縦揺れモーメント係数を正にすることができ，正の C_{Mac} をもつ翼型を用いるより，空力的に都合のよい点が多いからである．ドイツのユンカース教授は 1910 年に飛行機の理想的形態は無尾翼機であることを力説して研究・開発に努めたが，この年にイギリスの J.W. ダンはこの原理に基づいて無尾翼機をつくり，飛行に成功している．

解決策(2)

主翼に**水平尾翼**（horizontal tail plane）を組合せ，重心を空力中心の少し後に置く．普通の飛行機はこの方式で，水平尾翼は重心まわりにモーメントを発生し，これによって飛行機は縦の釣合いと安定の能力が与えられる．水平尾翼の面積は小さいので，これに働く空気力は小さいが，図 5.16 に示すように重心よりずっと後方に置かれているため，復元モーメントは極めて大きく，主翼のみでは不安定であっても，主翼の不安定を補なって飛行機全体を安定にすることができる．この辺の原理をもう少し詳しく説明すると次のようになる．

飛行機の主翼や水平尾翼は，図 5.17 (a) に示すように機体の基準軸に対してそれぞれ取付け角 δ_w，δ_h だけ上方に傾いて取り付けられているが，δ_h は δ_w に

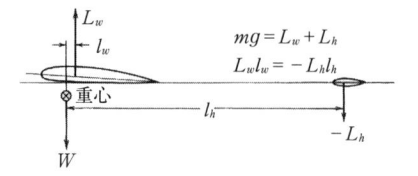

図 5.16 尾翼式飛行機の縦の釣合い（巡航時）

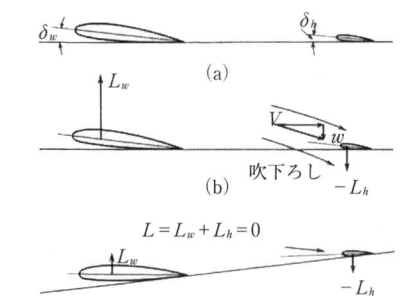

図 5.17 主翼および水平尾翼の揚力と迎え角の関係

比べ一般に小さい．基準軸は巡航速度のとき水平になるように決められているので，巡航状態では主翼の迎え角はほぼ取付け角 δ_w に等しく，風圧中心は重心よりも後方にくるから，揚力は重心まわりに頭下げのモーメントを生ずる．一方，水平尾翼は図5.17(b)に示すように主翼の吹下ろしがあるので，取付け角 δ_h があるにもかかわらず，その迎え角は負となるため，揚力は下向き（L_h <0）になる．すなわち，水平尾翼は重心まわりに頭上げモーメントを生ずる．

いま，主翼が迎え角0の姿勢で相対風をうけている場合を考えてみよう．このとき水平尾翼の迎え角は図5.17(c)に示すように負となるから，これに働く揚力は下向きで，重心まわりに頭上げのモーメントを生じる．主翼の方はその翼型が対称翼でないかぎり，迎え角が0でもわずかながら揚力を生じる．胴体等に働く揚力は無視し，主翼と水平尾翼に働く揚力だけを考える．仮に，主翼の揚力と水平尾翼に働く下向きの揚力の大きさが同じであるとすると，飛行機全体に働く揚力は0となる．すなわち，全機の揚力係数は0である．このときの状態を図5.15にならって横軸に揚力係数，縦軸に縦揺れモーメント係数をとって表すと，図5.18のように主翼のモーメント係数は点 P_w で表わされ，水平尾翼のモーメント係数は点 P_h で表される．

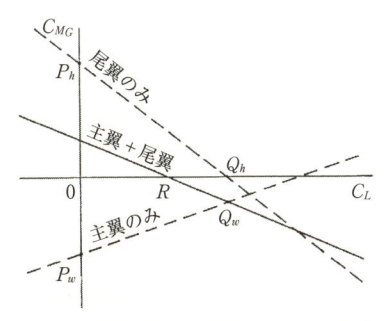

図5.18 尾翼式飛行機の C_{MG}〜C_L 直線

次に，この飛行機の主翼が δ_w より少し大きい迎え角で相対風をうけている場合を考えてみると，水平尾翼の揚力が0となるような迎え角が存在する．この迎え角においては水平尾翼のモーメント係数は0であり，全機の揚力係数は主翼の揚力係数に等しくなっている．したがって，この状態を図5.18に示すと主翼のモーメント係数は点 Q_w で，水平尾翼のモーメント係数は点 Q_h で示される．結局，主翼の C_{MG}〜C_L 直線は点 P_w と Q_w を通る直線（破線）で表され，水平尾翼の C_{MG}〜C_L 直線は点 P_h と Q_h を通る直線（破線）で表される．全機の縦揺れモーメント係数は主翼と水平尾翼に対するものを合計したものであるから，全機の C_{MG}〜C_L 直線は実線で示す直線で表される．そして，この実線の直線が横軸と交わる点 R が全機の縦揺れモーメント係数を0とする点，す

なわち，主翼と水平尾翼に働く揚力の重心まわりのモーメントが釣り合う点である．この点では揚力係数も正，直線の傾斜も右下がりであるから，釣合いも静安定性も共に条件が満たされている．この図から主翼のみの $C_{MG} \sim C_L$ 直線が右上がりの場合でも，釣合いと安定の条件が満たされることのあることがわかる．これは重心が空力中心より後方にあってもよいことを意味し，実際には空力平均翼弦の 15～40% くらいの範囲に置かれている．

次に，水平尾翼に働く揚力が重心まわりに生ずるモーメントについて考えてみる．水平尾翼の揚力は当然，その風圧中心に作用するが，普通，尾翼の翼型には対称翼が用いられるため，風圧中心は迎え角のいかんにかかわらず常に空力中心と一致する［式 (5.16) において対称翼では $C_{Mac}=0$ であるから］．したがって，水平尾翼の揚力が重心まわりに生ずるモーメントは，重心と水平尾翼の空力中心間の距離（モーメント・アーム）l_h を水平尾翼に働く揚力 L_h に乗ずることによって求められる．このモーメントを無次元化したものが水平尾翼の重心まわりの縦揺れモーメント係数 C_{Mh} であって，次のように定義される．

$$C_{Mh} = \frac{L_h l_h}{\frac{1}{2}\rho V^2 S \cdot \bar{c}} \tag{5.17}$$

ここに，S は主翼面積，$\bar{c}$ は主翼の空力平均翼弦，$(1/2)\rho V^2$ は動圧である．水平尾翼の揚力 L_h はその揚力係数を C_{Lh}，面積を S_h とすると

$$L_h = C_{Lh} \cdot \frac{1}{2}\rho V^2 \cdot S_h{}^* \tag{5.18}$$

であるから，これを式 (5.17) に代入すると

$$C_{Mh} = C_{Lh} \cdot \frac{S_h l_h}{S \bar{c}} \tag{5.19}$$

のように表される．分母の $S\bar{c}$ は主翼が決まれば一定であるから，尾翼の能力を高めるためには，尾翼の面積 S_h が大きく，重心からの距離 l_h が大きいことが必要であることがわかる．そこで

$$V_h = \frac{S_h l_h}{S \bar{c}} \tag{5.20}$$

---

*尾翼の付近の相対風の大きさは，主翼の付近とは違っているので動圧も違ってくるが，ここでは簡単のため主翼付近の動圧 $(1/2)\rho V^2$ を用いる．

を**水平尾翼容積**（horizontal tail volume）と呼び，縦の静安定の一つの目安としている．普通，この値は 0.3～1.0 である．

なお，水平尾翼は迎え角の変化に対してできるだけ大きな揚力を生じた方がよいから，縦横比を大きくして，揚力傾斜を強くする必要がある．しかし，あまり縦横比を大きくすると，失速角が小さくなるので限度がある．一般に水平尾翼の縦横比は主翼より小さくする．これは主翼が失速しても，水平尾翼は失速しないようにして，飛行機の安定性を確保するためである．また，遷音速機や超音速機で水平尾翼に後退角をつける場合は，主翼の後退角よりも大きくして衝撃失速を主翼より遅らせるようにするのも同じような理由による．

解決策(3)

主翼に前翼を組合せて，重心をかなり前方に置く．原理的にはこれでも可能なわけで，ライト兄弟のフライヤー1号もこの方式であったし，比較的新しい時代の飛行機でも，前翼が採用された例がある．

前翼式[canard configuration，＝**先尾翼式**，エンテ (Ente) 型]では，図 5.19 に示すように，前翼か取付け角を主翼より大きくしておく．尾翼式の場合と同じようにして，主翼，前翼，全機の $C_{MG} \sim C_L$ 直線を画いてみると図 5.20 のようになる．この図からわかるように，たとえば，釣り合って飛んでいるときに何かの原因で迎え角が大きくなったとすると，前翼は重心まわりに頭上げのモーメントを生じ，さらに迎え角を増そうとする．このために主翼の揚力は増加するが，この揚力の増加による重心まわりのモーメントは頭下げとなる．同じ迎え角の増加に対して，主翼の頭上げモーメントの増加の方が前翼による頭上げモーメントの増加より大きいので，機体全体として重心まわりのモーメントは頭下げとなり，復元する．

次に，主翼の迎え角が何かの原因で減

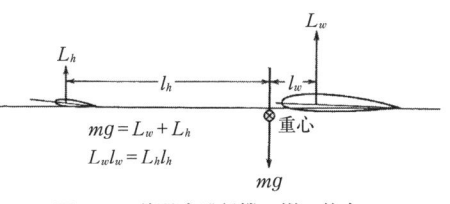

図 5.19 前翼式飛行機の縦の釣合い

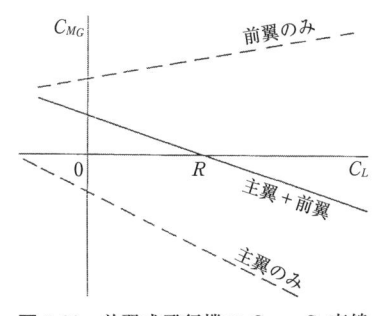

$mg = L_w + L_h$
$L_w l_w = L_h l_h$

図 5.20 前翼式飛行機の $C_{MG} \sim C_L$ 直線

じると，主翼の頭下げのモーメントが減じ，前翼の頭上げのモーメントも減じる．前者の減じ方のほうが大きいので全体として，頭上げモーメントを生じ，復元する．

5.5 方向静安定

縦の安定では飛行機の対称面内で起こる動揺，すなわち y 軸まわりの回転的動揺を考えた．これに対して横安定は対称面に直交する二つの平面内に起こる動揺，すなわち z 軸および x 軸まわりの回転的動揺に対する安定を横安定という．後でわかるように，この二つの軸まわりの運動は互いに関連があるので，安定性についても分離して考えることはできない．しかし，一つの方便として，z 軸まわりの動揺，すなわち片揺れだけを取り出してその安定性を考えることがある．そして，片揺れの静安定のことを普通，**方向静安定**（directional static stability）というが，風見安定ということもある．

方向の静安定に対して**垂直尾翼**（vertical tail plane）は，縦の静安定における水平尾翼のような役目をする．いま，機首を進行方向に向けて定常直線飛行をしている飛行機を考える．この飛行機が何かの原因で進行方向に対して角 ψ（これを**片揺れ角**という）だけ機首を右または左に振ったとする（図5.21）．いままで迎え角が0だった垂直尾翼に ψ という迎え角が与えられたので，垂直尾翼には横向きの力 F が生じる．この力は重心まわりに片揺れ角を減らすようなモーメント，すなわち復元モーメントを生ずるので，方向静安定が得られる．なお，方向静安定のことを風見安定というのは，風見板が常に風の方向を向く原理が垂直尾翼と同じであるところからきている．

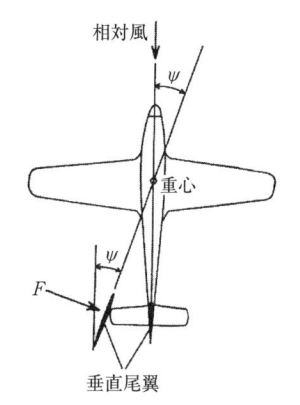

図 5.21 方向静安定の説明図

垂直尾翼の場合も水平尾翼の場合と同様に，その能力を表す尺度として，**垂直尾翼容積**（vertical tail volume）を次のように定義する．

$$V_v = \frac{S_v l_v}{Sb} \tag{5.21}$$

ここに，S_vは垂直尾翼の面積，l_vは重心と垂直尾翼の空力中心間の距離，Sは主翼の面積，bは主翼の翼幅である．現在の飛行機について垂直尾翼容積を調べてみると大体 0.03～0.10 の範囲にある．ジェット輸送機で盛んに採用されているリアエンジン方式では，重心が後の方にあるため，胴体が重心の前方にかなり突き出した形になり，垂直尾翼容積をよほど大きくしないと方向安定を確保することができない．

　垂直尾翼も縦横比の大きい方が強力なものとなるが，水平尾翼のところで述べたように失速という点では不利である．特に双発機で1発停止ということになれば，片揺れモーメントが生じるため飛行機は横すべりを始める．このとき，もしも垂直尾翼の失速角が横すべり角（片揺れ角）よりも小さければ，垂直尾翼は失速して一定の横すべり角を保って飛ぶことはできなくなる．すなわち，方向不安定になる．また，失速しないまでも横すべり角が失速角に近いとわずかな外乱でも失速を起こすから，垂直尾翼の縦横比はあまり大きくできない．このほか格納庫に入れることなど取り扱いの面から言っても，むやみに背が高く細長いものをつけることはできないから，この点からもおのずと限界がある．それでも，最近の飛行機は一般に昔と比べれば，垂直尾翼の縦横比は大きく，3.0～5.0 程度となっている．

　垂直尾翼の失速を防止する方法としては，図 5.22 に示すように垂直尾翼の胴体接合部の前方にドーサル・フィン（dorsal fin, 背びれ）をつけると効果のあることが知られている．この場合，横すべり角が大きくなると，このフィンに沿って渦流が発生するため，垂直尾翼の翼根部における流れの剝離が遅れ，失速が防止される．この方法は 40 年ほど前にアメリカのボーイング社のシャイラーが提案したもので，ボーイング B-17 の E 型以降の機体に初めてつけられた．

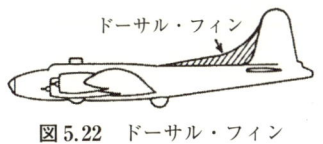

図 5.22　ドーサル・フィン（B-17E）

5.6　上反角効果

　横揺れ（ローリング）して傾いた機体をもとの姿勢に戻す働き，すなわち，**横の静安定**（lateral static stability）を与えるものが主翼の**上反角**（dihedral angle）である．横揺れに対する復元モーメントの発生は，縦揺れや片揺れの場合と違って直接的ではない．縦揺れや片揺れの場合には，迎え角の変化あるいは片揺れ角の大きさに比例した空気力の増加が水平尾翼や垂直尾翼に生じて，その結果，ただちに復元モーメントになって機体をもとの姿勢に戻した．これに対して，横揺れの場合には，機体が x 軸まわりに傾いても，この傾いた角度［これを**バンク角**（angle of bank）という］に対して何の復元モーメントも生じない．その理由は，機体がどれほど傾いても，機体の各部分に働く空気力の配分は依然として機体の対称面に関して対称で何らの変化も起こらないからである．このことに関しては，上反角のあるなしはまったく関係がない．それでは上反角をつけるとなぜ復元モーメントが生じるのであろうか．

図 5.23 はバンクした飛行機を x 軸方向から見た図であるが，この図でわかるように揚力と重力の合力が横方向（y 軸方向）に生じ，機体を横すべりさせる．この結果，飛行機はある横すべり角をもって斜めに飛ぶことになる．このとき，主翼は図 5.24(a) に示すように，斜めの方向の相対風をうけることになる．いま，主翼には図 5.24(b) に示すように上反角 γ があるとすると，右翼（横すべり方向の翼）の一つの断面 A-A では，相対風の翼幅方向成分 v は，上反角のため翼面に直角な成分 $v\gamma$ をもつ．したがって，この断面の翼型は前方からの相対風 V と上向きの相対風 $v\gamma$ を合成した風をうけることになり，結局，迎え角が $\Delta\alpha = v\gamma/V$ だけ増す．このことは断面 A-A に限らず，右翼のどの断面でも同じことが言えるから，右翼は全体として揚力が増す．一方，左翼では迎え角が $\Delta\alpha = v\gamma/V$ だけ減るから，左翼は全体として揚力が減ずる．以上の結果として，復元モーメ

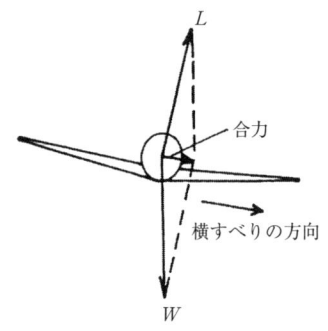

図 5.23 飛行機の横すべり

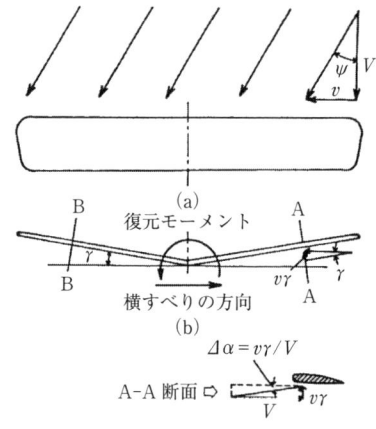

図 5.24 上反角効果の説明図

5.6 上反角効果

ントが生じるわけであるが，これを**上反角効果**（dihedral effect）という．これでわかるように，上反角は横すべりを介して間接的に復元モーメントを生じるのである．

上反角効果は上反角γが大きいほど強い．しかし，胴体との空力的干渉を考慮すると，上反角効果はγだけでは一義的に決まらないことがわかる．主翼と胴体の空力干渉は前章で述べたように，主翼と胴体の上下相対位置に関係し，一般に高翼は上反角効果を強め，低翼は弱める．このため，上反角の大きさは普通，高翼で0～2°，低翼では5～8°程度となっている．このほか，横揺れの復元モーメントに影響するものとしては，最近の背の高い垂直尾翼をあげることができる．このような背の高い垂直尾翼では，横すべりによってこれに生ずる横力（前節のF）のx軸まわりのモーメントも，モーメント・アームが長いため相当大きなものになり，これが復元モーメントとして横安定に及ぼす寄与は無視できない．

後退翼は横すべりに対して上反角のある翼と同じように復元横揺れモーメントを生ずる．この性質は上反角をつけなくても，後退角をつけただけで現われるもので，普通，**後退角の上反角効果**（dihedral effect of sweepback angle）と呼んでいる．

いま，後退角による効果だけを調べるために，図5.25のように上反角もテーパーもない後退翼が横すべり角ψで右にすべる場合を考える．このとき，相対風速度Vの翼前縁に垂直な成分は，図から明らかなように右翼のV_Rの方が左翼のV_Lより大きくなる．翼に働く揚力の大きさは前縁に垂直な速度成分で決まるから，速度成分の大きい右翼の揚力の方が，速度成分の小さい左翼の揚力より大きくなり，その結果として右翼が上がり，左翼が下がるような復元横揺れモーメントを生じるのである．

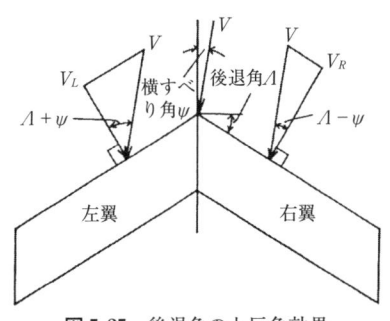

図5.25 後退角の上反角効果

後退翼ではその上反角効果のために，横揺れに対する復元性が強くなるので実際の上反角はその分だけ小さくする．このことは後で述べるように，復元性

は強ければよいというものではなく，この場合も「過ぎたるは及ばざるがごとし」という格言があてはまる．特に，高翼配置にすると上反角効果が一層強められるので，後退翼をもつ高翼機では下反角をつけて強すぎる上反角効果を減殺しているものがある．

5.7 飛行機の動安定

これまで説明してきた安定性は，飛行機がある釣合いを保って飛んでいるときに，何かの原因で釣合いの位置から動揺した場合，復元モーメントが生ずるという意味での安定性であって，時間の経過に対して飛行機が最終的にもとの釣合いの姿勢に戻るか否かは問題にしなかった．すなわち，静安定であった．もちろん，5.2節で述べたように静的に安定でなければ動的に安定ではありえない．

飛行機がうける動揺にはy軸まわりの動揺（縦揺れ），x軸まわりの動揺（横揺れ），z軸まわりの動揺（片揺れ）があるわけであるが，一般にはこれらが合成された動揺である．これらの動揺をうけると，各軸まわりの機体は回転的な振動を起こす．この振動の振幅（いまの場合は角振幅）が時間の経過とともに減衰してもとの釣合い位置に戻れば動的に安定であり，振幅が増していくようであれば不安定である．振幅が減衰するのは機体の重心まわりに減衰モーメントが生じるためで，たとえば縦揺れ振動の場合，減衰モーメントは水平尾翼に生じる空気力の重心まわりのモーメント*である．そして，減衰モーメントの大小によって，もとの姿勢への復帰に遅速の差ができる．

5.7.1 縦の動安定(1)

水平定常飛行している飛行機がある．外乱をうけて対称面内で釣合いの位置からある角度だけ重心まわりに（y軸まわりに）回転したとして，図5.26(a)の

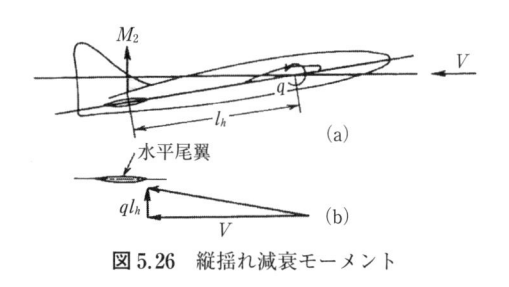

図5.26 縦揺れ減衰モーメント

---

*遷音速飛行，超音速飛行ではモーメント変化は速度にも依存する．ここでは亜音速飛行の場合を扱う．

5.7 飛行機の動安定

ように頭上げの姿勢にあって，頭上げの方向に回転運動をしているときを考えてみる．舵は操作せず固定状態とする．このような運動では迎え角が変化するから，実際は揚力や抗力が変化して，飛行機の重心は上下しながら飛ぶ．最初から重心の運動まで考えに入れると取り扱いが難しくなるので，まず重心まわりの回転運動だけを考えることにする．釣合い状態からの迎え角の変化をθ'として，この値は小さいものとする．これによる縦揺れモーメントの変化$\varDelta M_1$は次のように書くことができる．

$$\varDelta M_1 = \frac{dC_{MG}}{d\alpha}\theta' \cdot \frac{1}{2}\rho V^2 S\bar{c} \tag{5.22}$$

ここに，$dC_{MG}/d\alpha$は$C_{MG}\sim\alpha$直線*の傾斜であって，$dC_{MG}/d\alpha \cdot \theta'$は迎え角が$\theta'$だけ変化したために生じた縦揺れモーメント係数の変化である．モーメントとしては$\varDelta M_1$ほかに，機体が重心まわりに角速度$q=d\theta'/dt$で回転しているために，水平尾翼から生じる次のようなモーメント$\varDelta M_2$がある．

水平尾翼は下方（z軸方向）に動いており，その速度は，重心と水平尾翼の空力中心の間の距離をl_hとすると，ql_hで表される．そして，この速度のためにql_h/Vだけ迎え角が増したのと同じことになる［図5.26(b)］．つまり，水平尾翼がその位置でうける迎え角の変化（この変化が静的な復元モーメントを生じる．ただし，これは$\varDelta M_1$の中にすでに含まれている）のほかに余分な迎え角が生じるのである．この迎え角の増加のために水平尾翼に生じる揚力の増加は

$$\frac{dC_{Lh}}{d\alpha_h}\frac{ql_h}{V} \cdot \frac{1}{2}\rho V^2 S_h \tag{5.23}$$

となる．ここに，$dC_{Lh}/d\alpha_h$は水平尾翼の揚力傾斜，S_hはその面積である．したがって，この揚力増加が重心まわりに生ずるモーメントは

$$\varDelta M_2 = \frac{dC_{Lh}}{d\alpha_h}\frac{ql_h}{V} \cdot \frac{1}{2}\rho V^2 S_h \cdot l_h \tag{5.24}$$

で，これは上述の回転運動を妨げるように作用する．

重心まわりの機体の慣性モーメントをI_yとすると

　　　　　（慣性モーメント）×（角加速度）=（モーメント）

---

*図5.18でみたようにC_{MG}はC_Lに対して直線的に変化する．ところが，C_Lはαがあまり大きくない範囲においてαに対して直線的に変化するから，C_{MG}はαに対して直線的に変化することになる．

であるから，重心まわりの回転運動の方程式は

$$I_y \frac{d^2\theta'}{dt^2} = \Delta M_1 - \Delta M_2 \qquad (5.25)$$

と書くことができる．ΔM_2 の前に負号を付けたのは，迎え角の増加率 $q>0$（頭上げ）に対して ΔM_2 の向きが反対になるためである．

機体の重心まわりの慣性2次半径を i とすると，機体の質量を m とすると慣性モーメントは次のように表される．

$$I_y = mi^2 \qquad (5.26)$$

式 (5.22)，(5.24)，(5.26) を式 (5.25) に代入し，$mg = C_L \frac{1}{2}\rho V^2 S$ の関係を用いて整理すると

$$\frac{i^2}{g}\frac{d^2\theta'}{dt^2} = -k_1 \bar{c}\theta' - k_2 \frac{l_h^2}{V}\frac{d\theta'}{dt} \qquad (5.27)$$

が得られる．ただし

$$k_1 = -\frac{1}{C_L}\frac{dC_{MG}}{d\alpha}, \quad k_2 = \frac{1}{C_L}\frac{dC_{Lh}}{d\alpha_h}\frac{S_h}{S} \qquad (5.28)$$

である．ここで

$$\frac{g}{V}t \equiv \tau, \quad k_1 \frac{\bar{c}V^2}{gi^2} \equiv \sigma, \quad k_2 \frac{l_h^2}{i^2} \equiv \delta \qquad (5.29)$$

のような無次元量を導入すると，式 (5.27) は

$$\frac{d^2\theta'}{d\tau^2} = -\sigma\theta' - \delta\frac{d\theta'}{d\tau} \qquad (5.30)$$

となる．

σ は飛行機の静安定性を表す係数で，もしも $\sigma>0$ ならば，上式からわかるように迎え角の増加 $\theta'>0$ に対して $-\sigma\theta'<0$ となり，復元モーメントを生ずるから静的に安定である．また，もしも $\sigma<0$ ならば，$-\sigma\theta'>0$ となり，機体の頭上げのモーメントが増加することになるから静的に不安定となる．飛行機は一般に迎え角が非常に大きくならないかぎり $dC_{MG}/d\alpha<0$ であるから，$\sigma>0$ である．一方，δ は水平尾翼による減衰効果を表す係数で，角速度 $d\theta'/dt$ に対してそれとは逆向きのモーメント $-\delta \cdot d\theta'/dt$ を生ずる．常に $\delta>0$ であって，この値が大きいほど回転運動は早く減衰する．

式 (5.30) は定数係数の2階線形常微分方程式で，その一般解は A_1, A_2 を任

5.7 飛行機の動安定

意定定数とすると

$$\theta' = A_1 e^{\lambda_1 \tau} + A_2 e^{\lambda_2 \tau} \tag{5.31}$$

で与えられる．ここに

$$\left.\begin{array}{l} \lambda_1 = \dfrac{-\delta + \sqrt{\delta^2 - 4\sigma}}{2} \\[2mm] \lambda_2 = \dfrac{-\delta - \sqrt{\delta^2 - 4\sigma}}{2} \end{array}\right\} \tag{5.32}$$

である．A_1, A_2 はある時刻（たとえば，運動の初期 $\tau=0$）における迎え角の変動量と角速度が与えられれば一義的に定まるが，動安定の問題では変動の大きさそのものが問題となるのではなく，変動の大きさが時間とともに減少するか，増大するかが問題となるので，強いて A_1, A_2 の値を決める必要はない．

運動の形は $\sqrt{}$ の中の符号によって決まる．

（ⅰ）$0 < \sigma \leq \delta^2/4$ なる場合 $\delta > 0$ とすると

$$\lambda_1 < 0, \quad \lambda_2 < 0$$

となる．$e^{\lambda_1 \tau}$, $e^{\lambda_2 \tau}$ ともに図 5.27 に示すように τ の増加とともに減少するから，重心まわりの機体の回転運動は振動することなく減衰する．動的に安定である．

（ⅱ）$\delta^2/4 < \sigma$ なる場合

$\sqrt{}$ の中は負となるので λ_1, λ_2 はともに複素数となる．

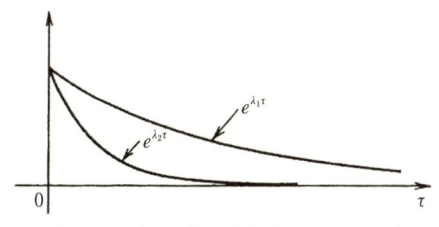

図 5.27 $e^{\lambda_1 \tau}$, $e^{\lambda_2 \tau}$ の変化（$\lambda_1 < 0$, $\lambda_2 < 0$）

$$\frac{\sqrt{4\sigma - \delta^2}}{2} = \omega \tag{5.33}$$

と置くと

$$\lambda_1 = -\frac{\delta}{2} + i\omega, \quad \lambda_2 = -\frac{\delta}{2} - i\omega \tag{5.34}$$

となるから

$$\begin{aligned}\theta' &= e^{-\frac{\delta}{2}\tau}(A_1 e^{i\omega\tau} + A_2 e^{-i\omega\tau}) \\ &= e^{-\frac{\delta}{2}\tau}(B_1 \cos\omega\tau + B_2 \sin\omega\tau)\end{aligned} \tag{5.35}$$

と書くことができる＊(次頁の脚注参照)．$\delta > 0$ なるときは，$e^{-\frac{\delta}{2}\tau}\cos\omega\tau$, $e^{-\frac{\delta}{2}\tau}\sin\omega\tau$

はともに図5.28(a)に示すように振動しながら減衰する．したがって動的に安定である．もしも，$\delta<0$ であったとすると，これらの2項は図5.28(b)のように振動しながら増大する．この場合，$\sigma>0$ であるから静的には安定であるが，動的には不安定であることがわかる．また，$\delta=0$ であったとすると，図5.28(c)のように減衰も増幅もしないで一定の振幅で同じ振動を続けることになる．動的に中立安定である．

（iii）$\sigma<0$ なる場合

$\delta>0$ とすると
$$\lambda_1>0, \quad \lambda_2<0$$
となるから，図5.29に示すように $e^{\lambda_1\tau}$ は増幅し，$e^{\lambda_2\tau}$ は減衰する．したがって θ' は増幅することになる．これは静的にも動的にも不安定な場合である．

以上，主要な場合について，縦の動安定を考えたが，飛行機は $\sigma>0$, $\delta>0$ であるから動的に安定で，振動しても一般に周期は短く（数秒），すぐに減衰する．

振幅が初期の1/2になるまでに要する時間 t_h は図5.28(a)から分かるように $1/2 = e^{-\frac{\delta}{2}t_h}$ より

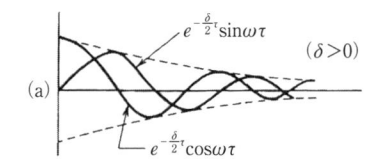

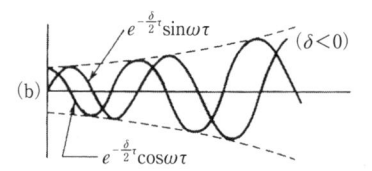

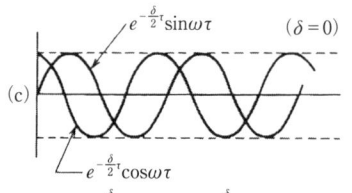

図5.28　$e^{-\frac{\delta}{2}\tau}\cos\omega\tau$，$e^{-\frac{\delta}{2}\tau}\sin\omega\tau$ の変化

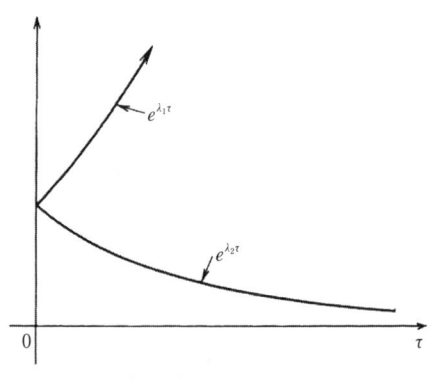

図5.29　$e^{\lambda_1\tau}$，$e^{\lambda_2\tau}$ の変化（$\lambda_1>0$, $\lambda_2<0$）

$$t_h = \frac{1.39}{\delta}\frac{V}{g} \tag{5.36}$$

---

*B_1, B_2 は任意定数で，A_1, A_2 と同じようにして決めることができる．

5.7.2 横の動安定

　飛行機の横揺れ運動と片揺れ運動は一般に連成して起こるため，静安定の場合と同様に動安定の場合もこの二つの運動を分離して考えることはできない．しかし，ここでは 5.5 節で方向静安定を考えたときと同じように，便宜的に一方の運動が起こったとき他の運動の影響は無視して（あるいは他の運動は起こらないとして）横揺れの動安定および片揺れの動安定（方向の動安定）を考えてみる．

　すでに述べたように飛行機はバンクしても，それに対して復元モーメントを生じない．しかし，横揺れの回転運動に対しては減衰モーメントが生じる．いま，飛行機が x 軸まわりに角速度 p で回転している場合を考えると，図 5.30 に示すように x 軸から等しい距離 s にある左右の翼の翼断面を比較すると，回転によって下がる方の翼の翼断面は迎え角が ps/V だけ増加し，上がる方の翼の翼断面は ps/V だけ減少する．このことは s のすべての値（もちろん，翼幅を b とすると $0<s<b/2$）について言えるから，結局，下がる方の翼は揚力が増加し，上がる方の翼は揚力が減少するので，この揚力差に基づく横揺れモーメントが生ずる．このモーメントは x 軸まわりの回転運動を妨げるように作用する．すなわち減衰モーメントである．減衰モーメントの特徴は，縦揺れの場合でも横揺れの場合でも，回転角速度（q や p）に比例するということで，角速度が 0 であれば機体の姿勢がどんなに釣合い位置から変位していても減衰モーメントは生じない．この点が変位の大きさに比例する復元モーメントと違う点である．

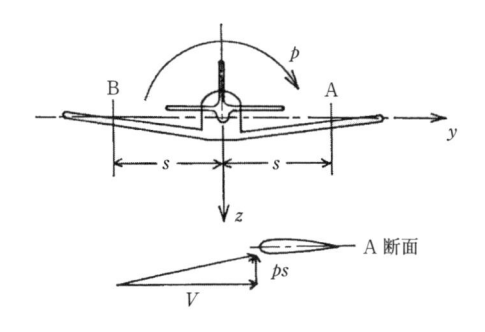

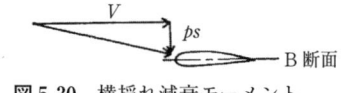

図 5.30　横揺れ減衰モーメント

　さて，左右の翼の揚力の違いは同時に左右の翼の抗力の違いを生じ，この抗力差に基づく片揺れモーメントのために，機体は片揺れ運動を起こす．これが横揺れと片揺れとを分離して考えることのできない原因であるが，同様なこと

は飛行機が片揺れ運動を起こしたときにも言える．すなわち，片揺れ運動は主翼の左右で揚力差を生ずるため横揺れ運動を誘起する．なお，片揺れ運動の場合の減衰モーメントは垂直尾翼が縦揺れ運動における水平尾翼と同じような働きをするために得られるが，垂直尾翼の空力中心と重心との距離 l_v が大きいので減衰モーメントも大きく，片揺れ運動は急速に減衰する．

5.8 らせん不安定ときりもみ

　横揺れと片揺れは互いに関連し合って起こる運動であるから，それぞれの安定性に関与する上反角と垂直尾翼の大小関係は飛行機の運動特性に大きな影響を与える．すなわち，上反角が小さく，垂直尾翼が大きすぎる場合は横すべりをはじめると，らせん経路を描いて降下する，いわゆる**らせん不安定**（spiral instability）に至る場合がある．また，上反角が大きく，垂直尾翼が小さすぎると，横揺れ運動の復元モーメントが強すぎて，機体は時計の振子のように釣合い位置のまわりに往復運動を引き起こす．この運動の有様がオランダ人のスケートで滑る様に似ていることから，これを**ダッチロール**（Dutch roll．Dutch とは「オランダ人の」という英語の形容詞）と呼んでいる．次に，これらの運動についてもう少し詳しく考えてみよう．

　飛行機は垂直飛行中に機体がバンクすると，横すべりをし，これは上反角効果によって，もとの姿勢に戻る．上反角が小さいと横すべりはなかなか止まらない．横すべりをしているとき飛行機は，図5.31のように横すべり速度 v と飛行速度 V で決まる片揺れ角 $\psi = \tan^{-1} v/V$ をもって飛んでいることになる．このため垂直尾翼には相対風が迎え角 ψ で当たり，図の矢印の方向に片揺れモーメントを生ずる．このモーメントは機体に片揺れ運動を起こさせる．いま，図5.31のごとく機首

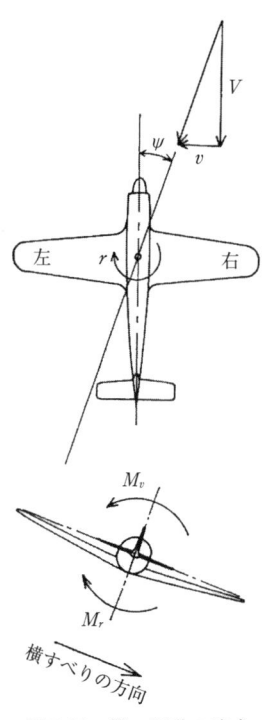

図5.31　横の運動の連成

5.8 らせん不安定ときりもみ

を右へ回すような片揺れ運動が起こると，左翼は右翼より大きな速度の相対風をうけることになるので，左翼の揚力は右翼の揚力より大きくなり，この揚力の差のために横揺れモーメント M_r が生ずる．このモーメントは機体のバンク角を増すように働く．このため，さらに横すべりの運動が強まり，ますます機首を右へ曲げる．しかし，これは上反角効果が弱い場合であって，普通は上反角のために横すべりが横揺れ復元モーメント M_v を生じ，これは機体をもとの姿勢に戻す方向に働く．結局，この復元モーメント M_v と機体の傾きを助長するモーメント M_r と，どちらが大きいかによって復元するか，不安定な状態に入るかが決まる．

　上反角が大きくて，M_v が M_r より大きいときは復元する．しかし，これも程度問題で M_v があまり大きすぎるとダッチロールを引き起こす．このときの機体の運動は図 5.32 に示すように球が谷状の急な斜面を転がり降りるとき，谷の左右の側面へ交互に上がり下がりしながら下って行くのに似ている．

　上反角が小さくて，M_r が M_v より大きい場合はらせん不安定となる．普通の飛行機はどちらかと

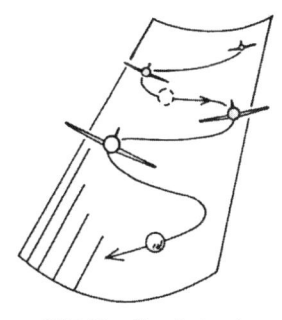

図 5.32 ダッチロール

言うと，らせん不安定の傾向をもっているが，らせん不安定の度合をらせん不安定度といい，機種によってその度合が違う．たとえば，旅客機などの大型機では不安定度は大きくては困る．これに対して，戦闘機では機敏に方向を変える必要があるから，バンク角を与えると，ひとりでにバンク角が増す方が望ましい．したがって，不安定度はある程度まで大きくしなければならない．もっとも，最近のジェット戦闘機などでは，このような横の運動よりも上昇運動など縦の運動が重要視されるようになっている．

　すでに述べたように，翼は失速すると揚力が急激に低下する．いま，失速角に近い迎え角で飛んでいる飛行機が左へバンクしたとする．機体は横すべりを始め，機首を左へ回すような片揺れ運動が起こる．すると，右翼の揚力は左翼より大きくなり，この揚力差のために右翼は上がり，左翼は下がる．この結果，左翼は迎え角が増すが，失速角を超えるので揚力は急減し，抗力が著しく増加する．右翼は迎え角が減るので揚力は減じ，抗力も減少する．このような

状態では全機の揚力が非常に低下しているので，飛行機は機首を下に向けて，x 軸まわりに回転を始める．これは第 3 章 3.13 節で述べた自転現象を起こしているわけで，飛行機は図 5.33(a) のように鉛垂線を軸とする円筒面上にらせんを描いて降下していく．飛行機のこのような運動を**きりもみ**（spin）と呼ぶが，飛行機は自らこれを防止するような空気力を生じないうえ，操舵しても舵の効きが悪くなっているので危険な状態である．

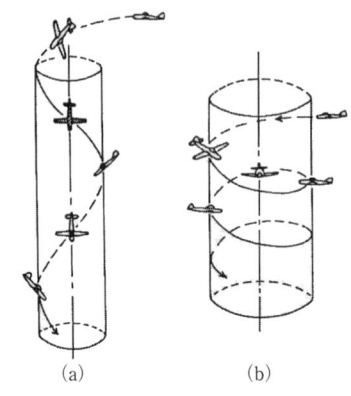

図 5.33 垂直きりもみ (a) と水平きりもみ (b)

重心が後方に寄りすぎている飛行機では，わずかな横揺れ角を与えただけできりもみに入ることがある．この場合，機首は起こされ，迎え角は 70° にも達することがあり，飛行機は図 5.33(b) のように水平に近い姿勢で回転しながら降下していくので，これを**水平きりもみ**（flat spin）と呼ぶ．一旋回中の高度低下は普通のきりもみ（これを水平きりもみに対して**垂直きりもみ**と呼ぶことがある）より小さいが，失速が深いのでこのきりもみ状態から脱出することは非常に困難である．最近の飛行機では水平きりもみに至ることはない．

5.9 昇降舵の働き

飛行機は操縦者の希望する方向へ飛んで行けなければ困る．このためには**操縦性**（controllability）が必要である．操縦はそれまで保たれていた力やモーメントの釣合いを破ることによって行われるので，あまり安定がよいと操縦性が悪くなるわけである．つまり，安定性と操縦性は密接な関係があって，しかも裏腹の関係でもあるということができる．

飛行機に上昇や降下，あるいは旋回などの運動をさせたり，速度をいろいろに変えたりすることが操縦であるが，自動車や船などと違ってハンドルや舵輪を右に回せば右に曲がるといった単純なものではない．上げ舵は必ずしも上昇飛行を意味しないし，方向舵を右に曲げるだけでは右旋回することはできな

5.9 昇降舵の働き

い．飛行機の舵には**昇降舵**（elevator），**方向舵**（rudder），**補助翼**（aileron）の3舵があるが，これらの舵の実質的な働きは，舵角の大きさに応じて，それぞれ y 軸，z 軸，x 軸まわりにある大きさのモーメントを発生させ，各軸まわりの機体の釣合い角度を変えたり，回転運動を起こさせたりすることである．モーメントの発生の原因は，舵を動かすとそれがついている翼の部分のカンバーが増して揚力が生じるためである．

舵の操作は普通の飛行機では操縦席に設けられた操縦桿（または操縦輪）とフット・ペダルにより行われ，図5.34に示すように操縦桿を左または右に倒すと補助翼が動き，その作動方向は左右の翼で逆になるように連動されている．すなわち，操縦桿を右に倒すと左翼の補助翼は下がり，右翼の補助翼は上がるため，左翼の揚力は増し，右翼の揚力は減じて，機体を右へ傾けるような横揺れモーメントが生じる．同様に操縦桿を左に倒すと，機体を左に傾ける横揺れモーメントが生じる．また，操縦桿を手

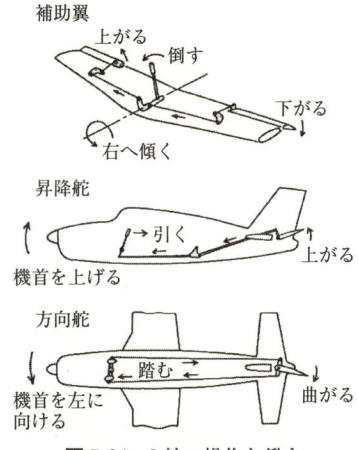

図5.34 3舵の操作と働き

前に引くと昇降舵が上がり，機首を上げるような縦揺れモーメントが生じ，前方へ押すと昇降舵は下がり，機首を下げる縦揺れモーメントが生じる．フット・ペダルは左足を前方に踏めば方向舵が左へ曲がって，機首を左に向けるような片揺れモーメントが生じる．右足を踏めば方向舵は右へ曲がって，機首を右に向ける片揺れモーメントが生じる．以下，3舵の働きと飛行機の運動についてもう少し詳しく説明してみよう．

図5.18では，そこで述べたように全機の $C_{MG} \sim C_L$ 直線が横軸と交わる点は y 軸まわりのモーメントが釣り合っていて，しかも静的に安定なことを表しているから，定常な飛行をすることができる．しかし，揚力係数 C_L が決まってしまうので，速度 V も決まってしまう．つまり，飛行機の質量を m，主翼面積を S とすると，$mg = C_L \cdot (1/2)\rho V^2 \cdot S$ において飛行高度が決まると空気密度 ρ は一定であるから，V も一定とならざるを得ない．一定の速度でしか飛べないということは不便であるから，C_L を変えて希望する速度で飛べるようにす

る必要がある．しかもモーメントの釣合いが保てるようにしなければならない．このためにはy軸まわりのモーメントを発生させて，機体の迎え角を変え，別な釣合い状態に移すことができればよい．このモーメントを発生させるのが昇降舵である．

いま，昇降舵をある角度だけ下げる（下げ舵をとる）と，重心まわりに頭下げのモーメントが生じる．このためC_{MG}～C_L直線は，図5.35に示すようにその分だけ下の方に平行移動する．すると，C_{MG}～C_L直線と横軸との交点は現在の点Rから左方の点Sに移り，現在より小さな揚力係数（迎え角）で釣合いが保たれ

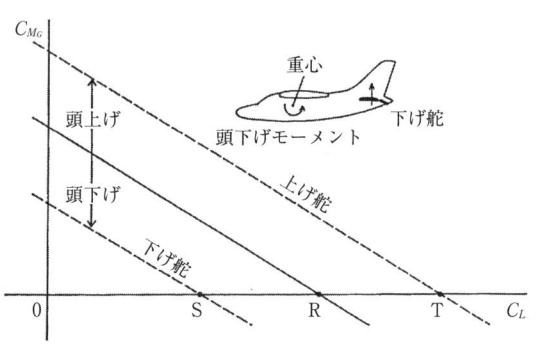

図5.35　昇降舵の上げ・下げによるC_{MG}～C_L直線の変化

ることがわかる．ただし，水平飛行を維持するには速度を増さなければならないが，そのためには一般に推力を増す必要がある．次に，昇降舵を上げる（上げ舵をとる）と重心まわりに頭上げのモーメントが生じ，C_{MG}～C_L直線は図のように上方に平行移動し，横軸との交点は右方の点Tに移る．これにより，現在より遅い速度で釣合いが保たれるようになる．こうして操縦者は適当な昇降舵角をとることによって揚力係数を自由に定め，揚力と重力とが釣り合う水平飛行速度を自由に選ぶことができる．「上げ舵」，「下げ舵」という表現から，上げ舵は飛行機が上昇するための舵，下げ舵は降下するための舵であるかのように思われるが，上の説明でそれは正しくないことがわかるであろう．飛行機が上昇飛行をするためには，もちろん上げ舵をとって，機体が頭上げの姿勢をとるようにしなければならないが，それと同時にエンジンの絞りを開いて推力を増し，図5.36のように推力が抗力のほかに重力の後向き成分も負担で

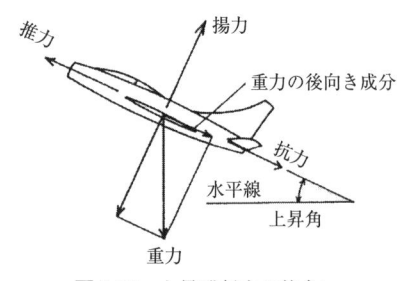

図5.36　上昇飛行中の釣合い

きるようにしてやらなければならない．つまり，水平飛行のときに比べて推力にそれだけの余裕があってはじめてできることである．また，上昇するときに上げ舵をとると，飛行速度を遅くできるため抗力が減って，上昇に必要な推力がそれだけ大きくとれる．飛行機が降下するときには，エンジンを絞って，推力を減ずればよい．こうすると速度が減じ，したがって揚力も減じるから降下する．降下を速めたいときはある程度の下げ舵を加えればよい．しかし，着陸のときのように非常に速度を遅くする必要があるときは，

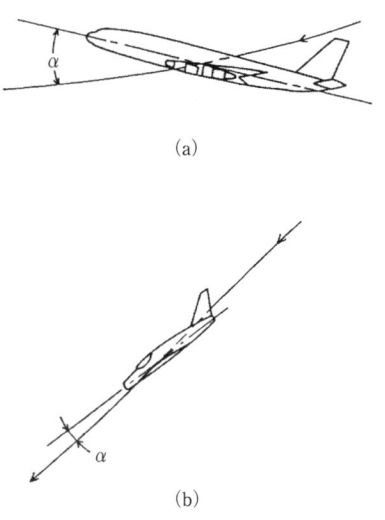

図 5.37　着陸時の降下 (a) と急降下 (b)

図 5.37 (a) のように上げ舵をとって迎え角を大きくし，抗力の大きい状態で降りる．降下するからといって，下げ舵を引くとは限らないのである．これに対して，同じ降下でも戦闘機の急降下などは，図 5.37 (b) のように迎え角を小さくとって急角度で突っ込むため，下げ舵をとる．上昇・降下については，第 7 章「飛行機の性能」のところでさらに詳しく論じることにする．

なお，飛行機のなかには昇降舵がなく，水平尾翼全体の角度を変えて昇降舵と同じ効果が得られるようにしたものがあり，これを**フライング・テール**〔(all) flying tail，全可動尾翼〕という．高速の戦闘機などに多く使用され，大きな操舵力を必要とするため，油圧装置によって動かす．このような機械力を使った操縦方式を一般に**機力操縦**（power operation）と呼んでいる．

5.10　方向舵と補助翼の働き

　方向舵は片揺れモーメントを発生させるもので，飛行機が旋回する場合のほか，横風をうけて飛ぶとき，または双発機が片発飛行をするときに生ずる片揺れモーメントを方向舵により逆向きのモーメントを発生させて打ち消す．また，片揺れと横揺れの運動は連成して起こるから，方向舵を使って横すべりを

起こさせ，上反角効果を利用して機体をバンクさせるような操縦も可能である．一方，補助翼は機体に横揺れモーメントを発生させて横揺れ角*を与える．図5.34に示したように翼端近くに取り付けられ，左右で動きが逆になるようにつくられている．補助翼を下げた方の翼は揚力が増し，上げた方の翼は揚力が減ずるので，両方の効果が一致してx軸まわりに横揺れモーメントを生ずる．

飛行機が旋回する場合，方向舵は船の舵に似た働きをするが，たとえば右旋回をするときは方向舵を右へ曲げればよいかといえば，それだけでは旋回をすることはできない．これではほとんど横すべりをするだけで，滑らかな円弧を描いて飛ぶことはできない．

いま，旋回中の飛行機の運動を図5.38(a)のように旋回面内で考えてみる．このとき，飛行機には軌道半径の外方向に遠心力が働くが，飛行機が円軌道を描いて飛ぶためには，この遠心力と釣り合う力がなければならない．すなわち，遠心力と大きさが等しく方向が反対の求心力がなければならない．

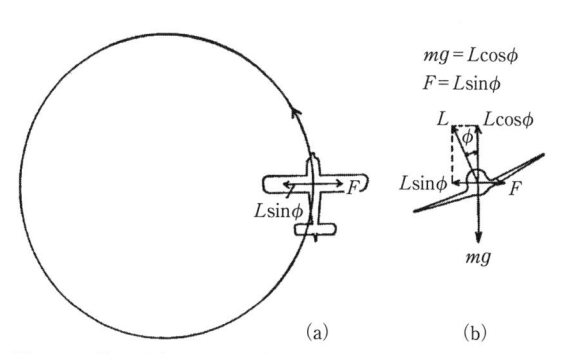

図5.38 旋回飛行における力の釣合い（F：遠心力，ϕ：バンク角）

この求心力は図5.38(b)に示すように，補助翼を操作して機体を旋回中心の側にバンクさせ，揚力の旋回半径方向成分を生じさせることによって得られる．旋回中の釣合い式は機体の重量をmg，遠心力をF，バンク角をϕとすると

$$垂直方向：mg = L\cos\phi = C_L \frac{1}{2}\rho V^2 \cos\phi \qquad (5.37)$$

$$水平方向：F = L\sin\phi = C_L \frac{1}{2}\rho V^2 \sin\phi \qquad (5.38)$$

---
*横揺れ角とバンク角とは定義が違う．バンク角は水平線とy軸とのなす角をいう．

5.10 方向舵と補助翼の働き

遠心力 F は，旋回速度を V，旋回半径を R とすると機体の質量は m であるから

$$F = m\frac{V^2}{R}$$

と表される．よって式(5.37)，(5.38)より

$$\tan\phi = \frac{V^2}{gR} \tag{5.39}$$

または

$$R = \frac{V^2}{g\tan\phi} \tag{5.40}$$

が得られる．式(5.39)から水平を保って横滑りなく旋回するには V が大きいほど，また，R が小さいほどバンク角 ϕ を大きくしなければならないことがわかる．

式(5.40)からは旋回半径 R を小さくするには V を小さく，ϕ を大きくすればよいことがわかる．しかし，旋回半径 R を小さくするために極端に ϕ を大きくし，V を小さくするならば，式(5.37)で V と $\cos\phi$ が共に小さくなり，垂直方向の釣合い式(5.37)を満たさなくなる．すなわち，水平に飛ぶことができなくなり，飛行高度が下がる．

以上のことから直線飛行から旋回飛行に入るとき，速度 V を変えなければならない場合が生じることがわかる．このことは旋回に際してエンジンの出力のコントロールが必要であることを意味する．

3舵のうちでも補助翼は揚力を発生するという重要な役目のある主翼に取り付けられているので，設計上いろいろと難しい問題がある．その第一は**逆片揺れ**（adverse yaw）と呼ばれるものである．これは，補助翼を操作したときに上がる方の補助翼の舵角と下がる方の補助翼の舵角とが同じ大きさであると，下げた方の翼の揚力は増すので抗力も上げた方の翼より大きくなる．その結果，左右の翼の抗力の不釣合いによる片揺れモーメントが生ずる．いま，左に旋回しようとして，左翼の補助翼を上げ，右翼の補助翼を下げたとする．ところが，この操作によって生ずる**逆片揺れモーメント**（adverse yawing moment）は機首を右に向けるように働くので，逆効果になってしまう．これが補助翼の操作による逆片揺れである（図5.39）．これを避けるためには，上

げの舵角に対して下げの舵角が小さくなるように，たとえば，上げ 24° に対して下げ 15° というように差動比を与えた**差動補助翼**（differential aileron）を用いればよい．

補助翼を操作したとき生ずる第二の問題は，**補助翼の逆利き**（aileron reversal）である．飛行機は弾性体であるから，外力が作用すると多かれ少なかれ変形する．特に，主翼は薄い割には大きな力やモーメントが作用するので，その変

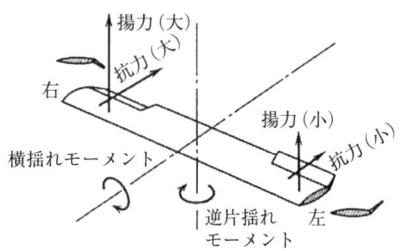

図 5.39　逆片揺れモーメント

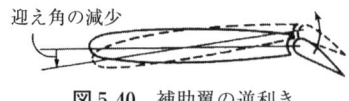

図 5.40　補助翼の逆利き

形も大きい．補助翼を下げると主翼の揚力が増すのであるが，揚力の分布からいえば，補助翼のある近くでの増加が大きい．このため，主翼に捩（ねじ）りモーメントが生じて，図 5.40 に示すごとく前縁が下を向くように変形するので，迎え角が減り，その効果として揚力が減る．つまり，揚力を増すように補助翼を下げたにもかかわらず，逆に揚力が減じてしまうことになる．これが補助翼の逆利きと呼ばれる現象で，これを防ぐためには主翼の捩り剛性を高めて，捩れ変形を小さくしなければならない．

主翼は飛行機を空中に支える揚力を発生することが主たる役目であるが，5.6 節で述べたように横揺れに対して復元モーメントを生じ，横安定を保つ役目も兼ねている．この復元モーメントは上反角効果として生ずるものであるから，一たん横すべりをしてから生ずるので時間的な遅れがある．この点が水平尾翼や垂直尾翼の直接的な働きと異なる点である．そこで，離着陸時のときのように敏速な復元性が要求されるときには，操縦者が補助翼を操作して直接機体の姿勢を直す必要がある．

補助翼と同じような役目をするものに**スポイラー**（spoiler）がある．この装置は図 5.41 のように主翼の上面に取り付けて，必要なときにこれを起こして使用するものである．スポイラーを立てると，その後方の流れに渦流が生じて主翼の揚力が減じる．そこで左右の主翼にあるスポイラーのうち一方だけを立てると，その側の翼の揚力が減じるため横揺れモーメン

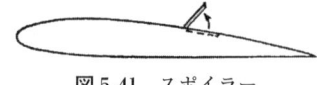

図 5.41　スポイラー

トが発生する．スポイラーを使った場合，抗力の増加によるヨーイング・モーメントは逆片揺れではなく順方向なので旋回に有利となる．また，スポイラーは補助翼と違って主翼の後縁部を占めることがないので，翼幅全体にわたってフラップを付けることができるという利点がある．

なお，無尾翼機やデルタ翼機では水平尾翼がないので昇降舵はない．それでは縦の釣合いや操縦はどうするかというと，この場合，補助翼が昇降舵の役も兼ねておりこれを**エレボン**（elevon）という．この名称はelevator（昇降舵）とaileron（補助翼）を合成したものである．エレボンは左右を逆に動かせば補助翼として働き，左右を同じに動かせば昇降舵として働く．さらに，この二つの動きを重ね合わせて使うこともできる．図5.42はコンコルドのエレボンの位置を示したものである．なお，後縁フラップと補助翼を兼ねたものもあり，これを**フラッペロン**（flape ron）という．

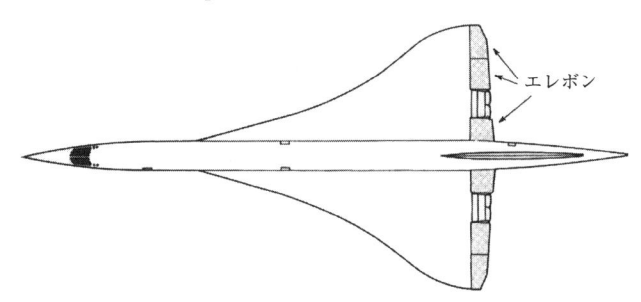

図5.42 コンコルドのエレボン

演 習 問 題

1. ある飛行機の主翼の空力中心は24％翼弦点にあり，$C_{Mac} = -0.126$ である．重心が20％翼弦点にあるとすれば，$C_L = 0.6$ のときの重心まわりの縦揺れモーメント係数 C_{MG} は何程か． (-0.150)

2. 主翼の模型を風洞試験したところ，次のようなデータが得られた．

$C_L = 0.2$ のとき $C_{M0.25} = -0.040$
$C_L = 0.6$ のとき $C_{M0.25} = -0.036$

空力中心位置 a および空力中心まわりの縦揺れモーメント係数 C_{Mac} を求めよ．ただし，この翼の空力平均翼弦は0.6mである． $(0.144\text{m}, \ -0.042)$

3. 翼幅 3m, 翼弦 0.6m の矩形翼を風洞試験したところ, 動圧が 1,000Pa のとき揚力が 900N, 前縁まわりの縦揺れモーメントが $-216\mathrm{N \cdot m}$ であった. このとき 30%翼弦点まわりの縦揺れモーメント係数を求めよ. $\hspace{2em}(-0.05)$

4. 翼の風洞試験の結果, 次のデータを得た.
$$C_L=0 \text{ のとき } C_{M0.25}=-0.126$$
$$C_L=0.6 \text{ のとき } C_{M0.20}=-0.150$$
この翼の揚力係数 C_L と風圧中心係数 C_p の関係式を求め, 横軸に C_p, 縦軸に C_L をとってこれをグラフに表せ. $\hspace{2em}(C_p=0.24+0.126/C_L, \text{略})$

5. 縦横比 6, 翼面積 $54\mathrm{m}^2$ の矩形翼がある. 翼型は NACA2412 で空力中心は 24%翼弦点にあり, $C_{Mac}=-0.050$ である. 重心が空力中心の 15cm 前方にあるとき, 翼が釣り合う $(C_{MG}=0)$ 揚力係数を求めよ. この揚力係数を使うことができるか. また, この釣合いは静的に安定であるか. $C_L=0.4$ において釣り合うための重心位置を求めよ. このときの静安定はどうか. $\hspace{2em}(-1.0, \text{否}, 36.5\%, \text{不安定})$

6. 前問において翼型を反転カンバーのものにつくり変えたとする. この翼型の空力中心は 24%翼弦点にあり, $C_{Mac}=0.02$ である. $C_L=0.4$ において釣り合うための重心位置はどこか. この釣合いは静的に安定であるか. $\hspace{2em}(19\%, \text{安定})$

第6章

飛行機の運動方程式

6.1 剛体としての運動方程式

　飛行力学では機体を変形しない剛体と仮定し，その運動方程式はニュートンの第2法則を用いて導かれる．ニュートンの第2法則は慣性座標系（絶対座標系）に対して成り立つ法則である．飛行力学では地球の公転や自転を無視し，地球に相対的に固定した空間座標を慣性座標系として用いる．

　機体は有限の大きさをもっているが，その運動は力学の理論によると5.1節で述べたように (1) 重心に機体の全質量が集中したと見なす質点の直線運動と (2) 重心まわりの回転運動に分解して取り扱うことができる．ニュートンの第2法則を適用すると以下のようになる．なお，太字はベクトル量を表す．

　(1) 機体に働く全ての外力の総和は機体の運動量の時間的変化に等しい．

$$[外力]=[運動量の時間的変化]$$

すなわち，機体に働く外力の総和を F，機体の全質量を m，飛行速度（重心速度）を V とすると

$$F=\Sigma F_i=\frac{d}{dt}(mV)$$

機体の質量は変わらないものとすると

$$F=\Sigma F_i=m\frac{dV}{dt} \qquad (6.1)$$

が成り立つ．

　(2) 機体に働く全ての外力による重心まわりのモーメントの総和は機体の

運動量のモーメント（角運動量）の時間的変化に等しい．
[外力のモーメント]＝[角運動量の時間的変化]
すなわち，機体の重心まわりに働く全ての外力のモーメントの総和を M，角運動量を H とすると

$$M = \Sigma M_i = \frac{dH}{dt} \tag{6.2}$$

6.2 慣性モーメントと慣性乗積

角運動量 H は次のように表すことができる．

機体を微小な部分に分け，その質量を dm，その位置を機体の重心から r，その速度を v とすると，運動量 vdm が機体の重心まわりにもつモーメント（角運動量）は

$$dH = r \times v dm$$

機体全体に渡って積分すると

$$H = \int r \times v \, dm \tag{6.3}$$

ここで微小部分の速度 v は機体の重心速度 V と機体の回転角速度 ω との間に

$$v = V + \frac{dr}{dt} = V + \omega \times r \tag{6.4}$$

なる関係があるから

$$H = \int r \times v \, dm = \int r \times (V + \omega \times r) \, dm = \int r \times V \, dm + \int r \times (\omega \times r) \, dm$$

最後の項において V は積分に関して定数，また $\int r dm = 0$ であるから

$$\int r \times V \, dm = \int r \, dm \times V = 0$$

よって

$$H = \int r \times (\omega \times r) \, dm \tag{6.5}$$

ベクトル 3 重積の公式* （次頁の脚注参照）を使うと

6.2 慣性モーメントと慣性乗積

$$H = \int [\omega(r \cdot r) - r(\omega \cdot r)] dm \tag{6.6}$$

となる.

ここで位置ベクトル r と角速度 ω を

$$r = xi + yj + zk \tag{6.7}$$

$$\omega = pi + qj + rk \tag{6.8}$$

と表す. *i*, *j*, *k* はそれぞれ *x* 軸, *y* 軸, *z* 軸方向の単位ベクトル, *p*, *q*, *r* は各軸まわりの角速度である. これらの表記を用いると式 (6.6) は

$$H = (pi + qj + rk) \int (x^2 + y^2 + z^2) dm - \int (xi + yj + zk)(px + qy + rz) dm \tag{6.9}$$

H を *x*, *y*, *z* 方向成分に分けると

$$\begin{aligned} H_x &= p\int (y^2 + z^2) dm - q\int xy dm - r\int xz dm \\ H_y &= -p\int xy dm + q\int (x^2 + z^2) dm - r\int yz dm \\ H_z &= -p\int xz dm - q\int yz dm + r\int (x^2 + y^2) dm \end{aligned} \tag{6.10}$$

ここで

$$\begin{aligned} I_x &= \int (y^2 + z^2) dm, & I_{xy} &= \int xy dm \\ I_y &= \int (x^2 + z^2) dm, & I_{xz} &= \int xz dm \\ I_z &= \int (x^2 + y^2) dm, & I_{yz} &= \int yz dm \end{aligned} \tag{6.11}$$

と置けば

$$\begin{aligned} H_x &= I_x p - I_{xy} q - I_{xz} r \\ H_y &= -I_{xy} p + I_y q - I_{yz} r \\ H_z &= -I_{xz} p - I_{yz} q + I_z r \end{aligned} \tag{6.12}$$

I_x, I_y および I_z をそれぞれ *x*, *y* および *z* 軸まわりの機体の**慣性モーメント** (moment of inertia) といい, その他のものを**慣性乗積** (product of inertia) という. 慣性モーメントも慣性乗積も機体の形状と質量の分布の仕方によって決まる. 慣性モーメントは大きければ大きいほど機体は回転に対して大きい抵抗を示す.

---

*$A \times (B \times C) = B(A \cdot C) - C(A \cdot B)$

6.3 座標軸の選定

上に求めた運動方程式は慣性座標系に対して成り立つ式であるが，飛行機の運動を解析するには機体に固定した座標系を用いるのが便利である．一般に図5.11のように機体の重心を原点とした直角座標軸（右手系）を定める．すなわち，x軸およびz軸が機体の対称面内に含まれるようにし，x軸を機体の前方に，z軸を下方に向かってとり，y軸を対称面に垂直にとる．

座標軸のとり方としては次の3通りのとり方がある．

(1) 安定軸系（風軸系）

対称面内で定常的に飛行しているとき，x軸を機体の進行方向に一致させた場合，座標系 (x, y, z) を**安定軸系**（stability axis system）または**風軸**（かぜじく）**系**（wind axis system）という．この場合，飛行速度Vのx軸，y軸，z軸方向成分をそれぞれU, V, Wとすると

$$V = Ui + Vj + Wk$$

と書けるのでVとWは0となる．よって揚力はz軸に，抗力はx軸に平行となり，方程式が簡単化され便利である．

(2) 機体軸系

x軸を上記以外の推力軸，あるいは主翼の空力平均翼弦などに平行にとりy, z軸は安定軸系と同じにとるものを**機体軸系**（body axis system）という．

特にx軸を機体の慣性主軸に一致させた場合，**主軸系**（principal axis system）として別に分類することがある．主軸系では$I_{xz}=0$となるので式 (6.12) は次のようになる．

$$\begin{aligned} H_x &= I_x p \\ H_y &= I_y q \\ H_z &= I_z r \end{aligned} \qquad (6.13)$$

この場合は，回転の運動方程式が簡略化されるので重要である．

(3) 大気中での飛行機の飛行経路や機体の姿勢などを調べる場合には運動方程式 (6.1), (6.2) を地球に固定した座標系に座標変換した方程式を用いる．本書ではこれらの問題は取り扱わないので，これ以降は (1) の安定軸系を用いることにする．

6.4 オイラーの運動方程式

式 (6.2) からわかるように H を時間で微分する必要がある．座標軸が回転しないならば，機体が回転すると慣性モーメントや慣性乗積が時間と共に変化することは明らかである．そのため方程式中に I_x, I_y, I_z, I_{xy}, I_{yz}, I_{zx} および p, q, r の時間微分が出てくる．これは望ましいことではない．これを避けるには座標系を機体に固定し，座標が機体と共に動くようにすることである．このようにすると I_x, I_y, I_z, I_{xy}, I_{yz}, I_{zx} は定数になる．この目的のためには回転座標系に関するベクトルの微分係数を求めなければならない．

角速度 ω で回転する回転座標系に関する任意ベクトル A の微分係数は

$$\left.\frac{dA}{dt}\right|_I = \left.\frac{dA}{dt}\right|_B + \omega \times A \tag{6.14}$$

ここに添え字 I は慣性座標系，B は機体に固定した座標系を表す．この式を式 (6.1) および (6.2) に適用すると

$$F = \Sigma F_i = m\left.\frac{dV}{dt}\right|_B + m(\omega \times V) \tag{6.15}$$

$$M = \Sigma M_i = \left.\frac{dH}{dt}\right|_B + \omega \times H \tag{6.16}$$

ここで

$$V = Ui + Vj + Wk \tag{6.17}$$

$$M = Li + Mj + Nk \tag{6.18}$$

と置く．L, M, N はそれぞれ x 軸，y 軸，z 軸まわりのモーメントすなわち，ローリングモーメント，ピッチングモーメント，ヨーイングモーメントである．式 (6.15), (6.16) を各軸方向成分に分けて書くと

$$F_x = m\left(\frac{dU}{dt} + qW - rV\right), \quad F_y = m\left(\frac{dV}{dt} + rU - pW\right), \quad F_z = m\left(\frac{dW}{dt} + pV - qU\right) \tag{6.19}$$

$$L = \frac{dH_x}{dt} + qH_z - rH_y, \quad M = \frac{dH_y}{dt} + rH_x - pH_z, \quad N = \frac{dH_z}{dt} + pH_y - qH_x \tag{6.20}$$

ここに H_x, H_y, H_z は式 (6.12) で与えられる．式 (6.19), (6.20) は飛行機の**オイラー運動方程式**（Euler equation of motion）と呼ばれる．

機体に働く外力 **F** は空気力と推力，および重力である．空気力と推力の合力の各軸方向成分を (X, Y, Z)，重力の各軸方向成分を (X_g, Y_g, Z_g) で表すと

$$F_x = X + X_g, \quad F_y = Y + Y_g, \quad F_x = Z + Z_g$$

$$X_g = -mg\sin\theta, \quad Y_g = mg\cos\theta\sin\phi, \quad Z_g = mg\cos\theta\cos\phi$$

ここに ϕ はバンク角（機体の対称面が重力方向とのなす角，図 5.38 参照）である．

よって式 (6.19) は

$$\begin{aligned} X - mg\sin\theta &= m\left(\frac{dU}{dt} + qW - rV\right) \\ Y + mg\cos\theta\sin\phi &= m\left(\frac{dV}{dt} + rU - pW\right) \\ Z + mg\cos\theta\cos\phi &= m\left(\frac{dW}{dt} + pV - qU\right) \end{aligned} \quad (6.21)$$

ほとんどの飛行機は左右対称であるから，対称面内に x 軸と z 軸をとると，慣性乗積 I_{yz}, I_{xy} は共に 0 となるので式 (6.12) は簡単化される

$$\begin{aligned} H_x &= I_x p - I_{xz} r \\ H_y &= I_y q \\ H_z &= -I_{xz} p + I_z r \end{aligned} \quad (6.22)$$

よってモーメント方程式 (6.20) は

$$\begin{aligned} L &= I_x \frac{dp}{dt} - I_{zx}\frac{dr}{dt} + qr(I_z - I_y) - pq I_{xz} \\ M &= I_y \frac{dq}{dt} + rp(I_x - I_z) + I_{xz}(p^2 - r^2) \\ N &= -I_{xz}\frac{dp}{dt} + I_z \frac{dr}{dt} + pq(I_y - I_x) + I_{xz} qr \end{aligned} \quad (6.23)$$

となる．

6.5 微小擾乱法

6.5.1 縦の動安定 (2)

飛行機の安定性は釣り合った飛行状態からの動揺が小さいとして論じられる

ことが多い．運動方程式は非線形であるが，この場合は安定軸系を用いて**微小擾乱法**（small disturbance method）により方程式を線形化して取り扱うのが便利である．

第5章では飛行機の縦の動安定（1）として重心まわりの回転運動のみを考えたが，縦の運動には回転運動のほかに重心の上下運動が伴う．そこで微小擾乱法適用してこの問題を考えてみよう．なお，本章でも第5章5.7節で述べたような理由から低亜音速飛行の場合のみを考えることにする．

いま，簡単のために定常飛行していて飛行機の外乱による縦運動（機体の対称面が水平面に垂直な面内での運動）を考える．ただし，舵面は固定とし，外乱は小さいものとする．すなわち速度変化，角速度変化，角度変化はみな小さく，u'，w'，q'，θ'，γ' とし，定常飛行時の値を添字0で示すとすると

$$U = U_0 + u', \quad W = W_0 + w', \quad q = q_0 + q', \qquad (6.24)$$
$$\theta = \theta_0 + \theta', \quad \gamma = \gamma_0 + \gamma'$$

と書くことができる．また，同時に生じる抗力，揚力およびピッチングモーメントの変動を ΔD，ΔL および ΔM とすると

$$D = D_0 + \Delta D, \quad L = L_0 + \Delta L, \quad M = M_0 + \Delta M \qquad (6.25)$$

機体が図6.1に示すような姿勢になっているとすると，機体に働く空気力と推力の合力の x 軸方向成分 X，z 軸方向成分 Z は安定軸系を採用した場合，抗力を D，揚力を L，推力を T（推力軸は必ずしも x 軸と一致し，両軸のなす角は一般に小さいので一致しているとする）として，次のように表される．

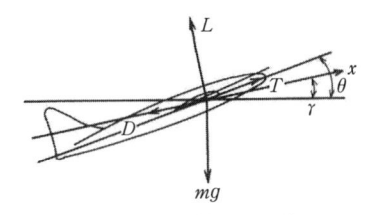

図6.1 飛行機の縦運動

$$X \equiv -D + T\cos(\theta - \gamma) \qquad (6.26)$$
$$Z \equiv -L - T\sin(\theta - \gamma) \qquad (6.27)$$

縦運動であるから，$V = p = r = 0$ である．このとき，運動方程式 (6.21)，(6.23) は

$$-D + T\cos(\theta - \gamma) - mg\sin\gamma = m\left(\frac{dU}{dt} + qW\right) \qquad (6.28)$$

$$-L - T\sin(\theta - \gamma) + mg\cos\gamma = m\left(\frac{dW}{dt} - qU\right) \qquad (6.29)$$

$$M = I_y \frac{dq}{dt} \qquad (6.30)$$

のように縮約される.

最初，飛行機は速度 U_0 で水平飛行 ($\theta_0 = \gamma_0 = W_0 = 0$ で $M_0 = q_0 = 0$) をしているとする．したがってこの場合，添字 0 は水平定常飛行時の値を示す．推力の変化はないとして $T = T_0$ とおく．

このとき式 (6.28), (6.29), (6.30) に式 (6.24), (6.25) を代入し，u', w', q' などの擾乱量の積を微小量として省略し，さらに $\sin\theta' = \theta'$, $\cos\theta' = 1$, $\sin\gamma' = \gamma'$, $\cos\gamma' = 1$ などの近似を行うと次の線形方程式が得られる.

$$-(D_0 + \Delta D) + T_0 - mg\gamma' = m\frac{du'}{dt} \qquad (6.31)$$

$$-(L_0 + \Delta L) - T_0(\theta' - \gamma') + mg = m\left(\frac{dw'}{dt} - U_0 q'\right) \qquad (6.32)$$

$$M_0 + \Delta M = I_y \frac{dq'}{dt} \qquad (6.33)$$

水平定常飛行状態では

$$\left.\begin{array}{l} D_0 - T_0 = 0 \\ L_0 - mg = 0 \end{array}\right\} \qquad (6.34)$$

$$M_0 = 0 \qquad (6.35)$$

が成り立つ．よって

$$-\Delta D - mg\gamma' = m\frac{du'}{dt} \qquad (6.36)$$

$$-\Delta L - T_0(\theta' - \gamma') = m\left(\frac{dw'}{dt} - U_0 q'\right) \qquad (6.37)$$

$$\Delta M = I_y \frac{dq'}{dt} \qquad (6.38)$$

ここに $\theta' - \gamma' = \alpha'$ は迎え角の変化，また $q' = d\theta'/dt$ であるから

$$-\Delta D - mg\gamma' = m\frac{du'}{dt} \qquad (6.39)$$

6.5 微小擾乱法

$$-\Delta L - T_0 \alpha' = m\left(\frac{dw'}{dt} - U_0 q'\right) \qquad (6.40)$$

$$\Delta M = I_y \frac{d^2\theta'}{dt^2} \qquad (6.41)$$

ΔD, ΔL の変化は，次のようにして求められる．

$$\begin{aligned}
D &= C_D \cdot \frac{1}{2}\rho U^2 \cdot S \\
&= \left[C_{D_0} + \left(\frac{dC_D}{d\alpha}\right)_0 \alpha'\right] \cdot \frac{1}{2}\rho (U_0 + u')^2 \cdot S \\
&= D_0\left[1 + \frac{1}{C_{D_0}}\left(\frac{dC_D}{d\alpha}\right)_0 \alpha' + 2\frac{u'}{U_0}\right]
\end{aligned} \qquad (6.42)$$

で与えられるから，抗力の変化 ΔD は

$$\Delta D = D - D_0 = D_0\left[\frac{1}{C_{D_0}}\left(\frac{dC_D}{d\alpha}\right)_0 \alpha' + 2\frac{u'}{U_0}\right] \qquad (6.43)$$

同様にして揚力の変化 ΔL は

$$\Delta L = L - L_0 = L_0\left[\frac{1}{C_{L_0}}\left(\frac{dC_L}{d\alpha}\right)_0 \alpha' + 2\frac{u'}{U_0}\right] \qquad (6.44)$$

また，ΔM は第 5 章で求めた式 (5.25) の右辺 $\Delta M_1 - \Delta M_2$ において ΔM_1 の θ' を迎え角変化 α' で置き換えたものと同じ（ここでは q を q' と表す）になる[*]．すなわち，

$$\Delta M = \frac{dC_{M_G}}{d\alpha}\alpha' \cdot \frac{1}{2}\rho U_0^2 S\bar{c} - \frac{dC_{L_h}}{d\alpha_h}\frac{q'l_h}{U_0} \cdot \frac{1}{2}\rho U_0^2 S_h \cdot l_h \qquad (6.45)$$

以上の結果，式 (6.39)，(6.40)，(6.41) は

$$m\frac{du'}{dt} = -D_0\left[\frac{1}{C_{D_0}}\left(\frac{dC_D}{d\alpha}\right)_0 \alpha' + 2\frac{u'}{U_0}\right] - mg\gamma' \qquad (6.46)$$

$$m\left(\frac{dw'}{dt} - U_0 q'\right) = -L_0\left[\frac{1}{C_{L_0}}\left(\frac{dC_L}{d\alpha}\right)_0 \alpha' + 2\frac{u'}{U_0}\right] - D_0\alpha' \qquad (6.47)$$

$$I_y\frac{d^2\theta'}{dt^2} = \frac{dC_{M_G}}{d\alpha}\alpha' \cdot \frac{1}{2}\rho U_0^2 S\bar{c} - \frac{dC_{L_h}}{d\alpha_h}\frac{q'l_h}{U_0} \cdot \frac{1}{2}\rho U_0^2 S_h \cdot l_h \qquad (6.48)$$

---

[*]第 5 章　211 ページ参照

ところで，迎え角の変化 α' および γ' は

$$\alpha' = \frac{w'}{U_0}, \quad \gamma' = \theta' - \alpha'$$

と表されるから

$$m\frac{du'}{dt} = -D_0\left[\frac{1}{C_{D_0}}\left(\frac{dC_D}{d\alpha}\right)_0 \alpha' + 2\frac{u'}{U_0}\right] - mg(\theta' - \alpha') \tag{6.49}$$

$$mU_0\frac{d}{dt}(\theta' - \alpha') = L_0\left[\frac{1}{C_{L_0}}\left(\frac{dC_L}{d\alpha}\right)_0 \alpha' + 2\frac{u'}{U_0}\right] + D_0\alpha' \tag{6.50}$$

$$I_y\frac{d^2\theta'}{dt^2} = \frac{dC_{M_G}}{d\alpha}\theta' \cdot \frac{1}{2}\rho U_0^2 S\bar{c} - \frac{dC_{Lh}}{d\alpha_h}\frac{l_h}{U_0}\frac{d\theta'}{dt} \cdot \frac{1}{2}\rho U_0^2 S_h \cdot l_h \tag{6.51}$$

が得られる．$\tau = \dfrac{gt}{U_0}$, $\bar{u}' = \dfrac{u'}{U_0}$, と置くと

$$\frac{d\bar{u}'}{d\tau} = -\frac{1}{C_{L_0}}\left(\frac{dC_D}{d\alpha}\right)_0 \alpha' - 2\frac{C_{D_0}}{C_{L_0}}\bar{u}' - (\theta' - \alpha') \tag{6.52}$$

$$\frac{d}{d\tau}(\theta' - \alpha') = 2\bar{u}' + \left[\frac{C_{D_0}}{C_{L_0}} + \frac{1}{C_{L_0}}\left(\frac{dC_L}{d\alpha}\right)_0\right]\alpha' \tag{6.53}$$

$$\frac{d^2\theta'}{d\tau^2} = -\sigma\alpha' - \delta\frac{d\theta'}{d\tau} \tag{6.54}$$

式 (6.52), (6.53), (6.54) は $\bar{u}'$, α', θ' に関する定数係数の線形連立微分方程式を構成する．A, B, C および λ を定数とすると，この種の微分方程式は次のような形の解をもつことが知られている．

$$\bar{u}' = Ae^{\lambda\tau}, \quad \alpha' = \bar{w}' = Be^{\lambda\tau}, \quad \theta' = Ce^{\lambda\tau}$$

これを式 (6.52), (6.53), (6.54) に代入すると

$$\left.\begin{array}{l}\left(\lambda + 2\dfrac{C_{D_0}}{C_{L_0}}\right)A + \left[\dfrac{1}{C_{L_0}}\left(\dfrac{dC_D}{d\alpha}\right)_0 - 1\right]B + C = 0 \\[2mm] 2A + \left[\lambda + \dfrac{1}{C_{L_0}}\left(\dfrac{dC_L}{d\alpha}\right)_0 + \dfrac{C_{D_0}}{C_{L_0}}\right]B - \lambda C = 0 \\[2mm] \sigma B + (\lambda^2 + \delta\lambda)C = 0\end{array}\right\} \tag{6.55}$$

上式より同時に 0 とはならない A, B, C が存在するためには係数でつくられる行列式

$$\begin{vmatrix} \lambda + 2\dfrac{C_{D_0}}{C_{L_0}} & \dfrac{1}{C_{L_0}}\left(\dfrac{dC_D}{d\alpha}\right)_0 - 1 & 1 \\ 2 & \lambda + \dfrac{C_{D_0}}{C_{L_0}} + \dfrac{1}{C_{L_0}}\left(\dfrac{dC_L}{d\alpha}\right)_0 & -\lambda \\ 0 & \sigma & \lambda^2 + \delta\lambda \end{vmatrix} = 0 \quad (6.56)$$

でなければならない.これを展開して整理すると,λ に関する4次方程式が得られる.

$$a_4\lambda^4 + a_3\lambda^3 + a_2\lambda^2 + a_1\lambda + a_0 = 0 \quad (6.57)$$

ここに,係数は

$$\left. \begin{aligned} a_4 &= 1 \\ a_3 &= \delta + \left[3\dfrac{C_{D_0}}{C_{L_0}} + \dfrac{1}{C_{L_0}}\left(\dfrac{dC_L}{d\alpha}\right)_0\right] \\ a_2 &= 2\left[1 + \dfrac{C_{D_0}}{C_{L_0}} \cdot \dfrac{1}{C_{L_0}}\left(\dfrac{dC_L}{d\alpha}\right)_0 - \dfrac{C_{D_0}^2}{C_{L_0}^2} - \dfrac{1}{C_{L_0}}\left(\dfrac{dC_D}{d\alpha}\right)_0\right] \\ &\quad + \sigma + \delta\left[3\dfrac{C_{D_0}}{C_{L_0}} + \dfrac{1}{C_{L_0}}\left(\dfrac{dC_L}{d\alpha}\right)_0\right] \\ a_1 &= 2\delta\left[1 + \dfrac{C_{D_0}}{C_{L_0}} \cdot \dfrac{1}{C_{L_0}}\left(\dfrac{dC_L}{d\alpha}\right)_0 + \dfrac{C_{D_0}^2}{C_{L_0}^2} - \dfrac{1}{C_{L_0}}\left(\dfrac{dC_D}{d\alpha}\right)_0\right] + 2\dfrac{C_{D_0}}{C_{L_0}}\sigma \\ a_0 &= 2\sigma \end{aligned} \right\} \quad (6.58)$$

式 (6.57) を**振動数方程式** (frequency equation) という.一般に4個の根 λ_1, λ_2, λ_3, λ_4 があって,これを用いるともとの連立微分方程式の一般解は次のように書かれる.

$$\left. \begin{aligned} \bar{u}' &= A_1 e^{\lambda_1\tau} + A_2 e^{\lambda_2\tau} + A_3 e^{\lambda_3\tau} + A_4 e^{\lambda_4\tau} \\ \alpha' &= B_1 e^{\lambda_1\tau} + B_2 e^{\lambda_2\tau} + B_3 e^{\lambda_3\tau} + B_4 e^{\lambda_4\tau} \\ \theta' &= C_1 e^{\lambda_1\tau} + C_2 e^{\lambda_2\tau} + C_3 e^{\lambda_3\tau} + C_4 e^{\lambda_4\tau} \end{aligned} \right\} \quad (6.59)$$

5.7.1 項［縦の動安定性 (1)］において式 (5.30) の解を詳しく考察したが,その結果を4次方程式の解に対して当てはめてみると,4個の根のうち,実部が正であるものが一つでもあると式 (6.59) で与えられる解は発散してしまうことがわかる.すなわち,動的に安定であるためには,すべての根の実部が負でなければならない.4次方程式の根は係数が具体的な数値で与えられさえすれば,計算機を用いて容易に求めることができる.ここでは,数式のままでも

う少し考えてみることにする．実は，安定性を判定するだけならば，必ずしも根の値を求める必要はないことが知られている．それは，式 (6.57) のような 4 次方程式があった場合，すべての根の実部が負であるためには

$$\left. \begin{array}{l} a_4>0, \ a_3>0, \ a_2>0, \ a_1>0, \ a_0>0 \\ a_3a_2a_1 - a_4a_1^2 - a_3^2a_0>0 \end{array} \right\} \quad (6.60)$$

でなければならないというものである．これを**ラウス**（Routh）**の安定判別条件**という．

さて，式 (6.58) で与えられる係数は大変複雑なので，値の小さい項は省略して簡単化を試みる．a_3 において C_{D_0}/C_{L_0}, $(dC_L/d\alpha)_0/C_{L_0}$ は，それぞれ水平定常飛行時の揚抗比の逆数および迎え角 α_0^* の逆数を表す．一般に $(dC_L/d\alpha)_0/C_{L_0}=1/\alpha_0$ に比較して C_{D_0}/C_{L_0} は数値としては 2 桁くらい小さいので，C_{D_0}/C_{L_0} は省略する．a_2 の第 1 項目のカッコ内に現れる $(dC_D/d\alpha)_0/C_{L_0}$ は次のようになる．第 4 章の式 (4.6) で示したように

$$C_D = C_{Dpmin} + \frac{C_L^2}{\pi Ae}$$

であるから

$$\frac{1}{C_{L_0}}\left(\frac{dC_D}{d\alpha}\right)_0 = \frac{2}{\pi Ae}\left(\frac{dC_L}{d\alpha}\right)_0 \quad (6.61)$$

$(dC_L/d\alpha)_0 = (1.6 \sim 1.8)\pi$ 程度とすれば，この値も小さい．第 1 項目のカッコ内は 1 以外は省略するとする．第 3 項目のカッコ内は a_3 と同様な省略を行う．a_1 については，第 1 項目のカッコ内は a_2 と同じであるので 1 以外省略する．第 2 項目は係数 C_{D0}/C_{L0} があるので省略する．以上の結果，係数は次のようになる．

$$\left. \begin{array}{l} a_4 = 1 \\ a_3 = \delta + \dfrac{1}{\alpha_0} \\ a_2 = 2 + \sigma + \dfrac{\delta}{\alpha_0} \\ a_1 = 2\delta \\ a_0 = 2\sigma \end{array} \right\} \quad (6.62)$$

---

*正確にはゼロ揚力角から測った迎え角となる．

$\delta>0$, $\alpha_0>0$ であるから，$\sigma>0$（静的に安定）であれば式 (6.60) の第1行目の条件は満たされる．第2行目の条件は

$$2\delta\left(\delta+\frac{1}{\alpha_0}\right)\left(2+\sigma+\frac{\delta}{\alpha_0}\right) \\ -4\delta^2-2\sigma\left(\delta+\frac{1}{\alpha_0}\right)^2>0 \qquad (6.63)$$

これを整理すると

$$\sigma<\delta^2+\frac{2\alpha_0\delta}{1+\alpha_0\delta} \qquad (6.64)$$

となる．この結果を図に表すと図 6.2 のようになり，$\delta>0$ の半平面は次の三つの領域に分けられる．

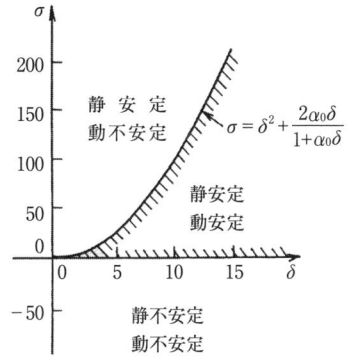

図 6.2　飛行機の縦安定性判別図（$\alpha_0 = 1/12$rad）

(ⅰ) $\sigma<0$：静的にも動的にも不安定

(ⅱ) $0<\sigma<\delta^2+\dfrac{2\alpha_0\delta}{1+\alpha_0\delta}$：静的にも動的にも安定

(ⅲ) $\delta^2+\dfrac{2\alpha_0\delta}{1+\alpha_0\delta}<\sigma$：静的には安定であるが，動的には不安定

飛行機を設計する場合は，縦の動安定が（ⅱ）の範囲に入るようにする．

飛行機の動揺には短い周期で急速に減衰する**短周期モード**（short-period mode）と長い周期で減衰の遅い**長周期モード**（long-period mode）があり，前者は式（6.57）の根のうち絶対値の大きい場合に対応し，後者は絶対値の小さい場合に対応する．

いま，静安定が過大な場合を考えてみる．すなわち，極端な場合として σ の値が非常に大きく式(6.57)の係数において σ を含む項以外はすべて省略すると，式（6.57）は次のようになる．

$$\lambda^2+2\frac{C_{D_0}}{C_{L_0}}\lambda+2=0 \qquad (6.65)$$

この式はまた迎え角変化 $\alpha'=0$ $(\gamma'=\theta')$ として，式（6.52），（6.53），（6.54）より得られることがわかる．すなわち，式（6.55）において $B=0$ とし，第3式を捨てると

$$\left.\begin{array}{l}\left(\lambda + 2\dfrac{C_{D_0}}{C_{L_0}}\right)A + C = 0 \\ 2A - \lambda C = 0\end{array}\right\} \tag{6.66}$$

これより式 (6.65) が得られる．この方程式の根は

$$\lambda = -\dfrac{C_{D_0}}{C_{L_0}} \pm i\sqrt{2 - \dfrac{C_{D_0}{}^2}{C_{L_0}{}^2}} \tag{6.67}$$

となるから，振動の周期は

$$T = \dfrac{2\pi U_0}{g\sqrt{2 - \dfrac{C_{D_0}{}^2}{C_{L_0}{}^2}}} \tag{6.68}$$

減衰率は

$$-\dfrac{g}{U_0}\dfrac{C_{D_0}}{C_{L_0}} \tag{6.69}$$

振幅が初期の 1/2 になるまでに要する時間 t_h は式 (5.34) に倣って

$$t_h = 0.69 \dfrac{C_{L_0}}{C}\dfrac{U_0}{g} \tag{6.70}$$

となる．一般に C_{D_0}/C_{L_0} の値は小さいから減衰は極めて悪い．式 (6.68) において $C_{D_0}{}^2/C_{L_0}{}^2$ を省略すると

$$T = \sqrt{2}\dfrac{\pi U_0}{g} \tag{6.71}$$

飛行速度 U_0 を 100m/s とすると周期は約 45 秒となる．

$\gamma'(=\theta')$ に対する解は，C_{D_0}/C_{L_0} を無視すると，a, b を定数として

$$\gamma' = \theta' = a\sin\dfrac{\sqrt{2}g}{U_0}t + b\cos\dfrac{\sqrt{2}g}{U_0}t \tag{6.72}$$

となる．γ は経路角であるから，これは飛行機の重心が正弦波形（さらに厳密な理論によればトロコイド曲線）の軌跡を描いて飛ぶ．これを**フゴイド運動** (phugoid motion) という．この飛行では位置のエネルギーと運動のエネルギーの周期的交換が行われて，飛行機が波状曲線の頂上にあるときは位置のエネルギーが最も大きく，したがって速度は遅い．波状曲線の谷にくると位置のエネルギーは運動のエネルギーに変わるので速度は増大する．この速度の増加は揚力を増加させるので飛行機は再び上昇していく．振動の周期が長く（数十秒），

減衰しにくいのが特徴である．図6.3はフゴイド運動を示したものであるが，極めて誇張して描いてある．

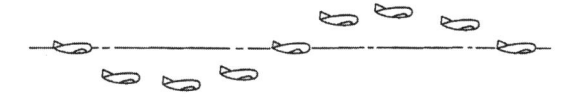

図6.3 フゴイド運動（誇張して描いてある）

式 (6.57) は4次方程式であるから，2次方程式 (6.65) で与えられる二つの根のほかにあと二つの根がある．4次式は一般に二つの2次式の積に因数分解できるので，簡単のために式 (6.65) の左辺の係数 C_{D_0}/C_{L_0} を小さいとして省略し，これを因数の一つとし，式 (6.57) の左辺の係数は式 (6.62) で与えられるものとして，この4次方程式の左辺を因数分解すると近似的に

$$(\lambda^2 + 2)\left[\lambda^2 + \left(\delta + \frac{1}{\alpha_0}\right)\lambda + \left(\sigma + \frac{\delta}{\alpha_0}\right)\right] = 0 \tag{6.73}$$

となる．すなわち，残り二つの根は次の2次方程式の根として得られる．

$$\lambda^2 + \left(\delta + \frac{1}{\alpha_0}\right)\lambda + \left(\sigma + \frac{\delta}{\alpha_0}\right) = 0 \tag{6.74}$$

この方程式はまた，速度変化 $u'=0$ として式 (6.52)，(6.53)，(6.54) より得られることがわかる．すなわち，式 (6.55) において $A=0$ として，第1式を捨て，かつ $C_{D_0}/C_{L_0}=0$ とすると

$$\left.\begin{array}{r}\left(\lambda + \dfrac{1}{\alpha_0}\right)B - \lambda C = 0 \\ \sigma B + (\lambda^2 + \delta\lambda)C = 0\end{array}\right\} \tag{6.75}$$

となる．これより振動数方程式 (6.74) が得られる．

式 (6.74) の根を求めると

$$\lambda = -\frac{1}{2}\left(\delta + \frac{1}{\alpha_0}\right) \pm \sqrt{\frac{1}{4}\left(\delta + \frac{1}{\alpha_0}\right)^2 - \left(\sigma + \frac{\delta}{\alpha_0}\right)} \tag{6.76}$$

となる．$\delta + 1/\alpha_0$ は正であるから振動は減衰するが，根号の中が正であれば振動することなく減衰する．低速用の飛行機では根号の中は十分に正の値となるが，縦横比の小さい後退翼をもった高速機が低速で飛ぶ場合，十分な静安定性があれば根号の中は負となり，振動する．この振動の周期は

$$T = \frac{2\pi U_0}{g\sqrt{\left(\sigma + \dfrac{\delta}{\alpha_0}\right) - \dfrac{1}{4}\left(\delta + \dfrac{1}{\alpha_0}\right)^2}} \tag{6.77}$$

減衰率は

$$-\frac{g}{2U_0}\left(\delta + \frac{1}{\alpha_0}\right) \tag{6.78}$$

である．一般に周期は短く，減衰が速い．

以上，縦の動安定性についてかなり近似的な解析手法を使って調べたわけであるが，程度の差はあっても，飛行機の縦運動は減衰の遅い長周期運動と減衰の速い短周期運動の合成されたものであることがわかる．

演 習 問 題

1. 飛行機の対称面内での縦運動に対するオイラー方程式を書け．
2. 1つの剛体Bと1つの定点Oが与えられているとき，点Oを原点とする直角座標系 (x, y, z) に対して剛体Bの慣性モーメントおよび慣性乗積に関する次式はこの座標系を点Oの回りにどのように回転しても成り立つ．これを証明せよ．

$$I_x x^2 + I_y y^2 + I_z z^2 - 2I_{xy}xy - 2I_{yz}yz - 2I_{zx}zx = C \text{ （一定）}$$

3. 飛行速度 $U_0 = 223\,\text{m/s}$ のとき，4次の振動数方程式の4個の根が

$$\lambda_{1,2} = -0.6.544 \pm 1.181i, \quad \lambda_{3,4} = -25.18 \pm 32.83i$$

であった．振動周期および減衰係数を求めよ．ただし

（長周期；$T = 4.35\,\text{s}$, 減衰率；$\eta = -1.107$,

短周期；$T = 121\,\text{s}$, 減衰率；$\eta = -0.0519$）

第7章

飛行機の性能

7.1 水平飛行性能

7.1.1 ジェット機の場合

　一直線に水平に飛ぶ場合，これを水平飛行というが，飛行機の飛び方としては最も基本的なものである．とりわけ，一定速度で水平飛行をする場合は特に重要であって，これを**水平定常飛行**（steady level flight）という．

　水平定常飛行をしている飛行機に働く力は，揚力 L，抗力 D，推力 T，重力 W であって

$$T = D \tag{7.1a}$$
$$L = W \tag{7.1b}$$

なる釣合い関係がある（図 5.2 参照）．

　全機の揚力係数を C_D，主翼面積を S とすると，この飛行機が密度 ρ なる大気中を速度 V で飛ぶとき，これに働く抗力は

$$D = C_D \cdot \frac{1}{2} \rho V^2 \cdot S \tag{7.2}$$

と表される．式 (7.1a) からわかるように，式 (7.2) で計算される抗力の値は，速度 V で水平定常飛行するために推進装置が出さなければならない推力でもある．そこで，この推力を水平定常飛行に必要な推力，略して必要推力（required thrust, **必要スラスト**）と呼び，T_r なる記号で表す．すなわち

$$T_r = C_D \cdot \frac{1}{2} \rho V^2 \cdot S \tag{7.3}$$

一方，この飛行機の揚力係数を C_L とすると，揚力は

$$L = C_L \cdot \frac{1}{2} \rho V^2 \cdot S \tag{7.4}$$

であるから，これと式 (7.1b) より

$$C_L \cdot \frac{1}{2} \rho V^2 \cdot S = W \tag{7.5}$$

が得られる．次に式 (7.3) と式 (7.5) より $(1/2)\rho V^2 \cdot S$ を消去すると，必要推力は

$$T_r = \frac{W}{C_L/C_D} \tag{7.6}$$

なる式で表される．つまり，重量を揚抗比で割った値に等しい．

第4章の4.2節で説明したように全機の抗力係数 C_D は

$$C_D = C_{Dp\min} + \frac{C_L^2}{\pi e A} \tag{7.7}$$

のように書くことができる．ここに，$C_{Dp\min}$ は最小有害抗力係数，e は飛行機効率 (0.7〜0.85)，A は縦横比である．この式を式 (7.6) に代入すると

$$T_r = \frac{C_D}{C_L} W = \frac{C_{Dp\min}}{C_L} W + \frac{C_L}{\pi e A} W$$

$$= \frac{C_{Dp\min}}{C_L} \cdot C_L \frac{1}{2} \rho V^2 S + \frac{C_L \frac{1}{2} \rho V^2 S}{\pi e A} \cdot \frac{W}{\frac{1}{2} \rho V^2 S}$$

$$= \frac{C_{Dp\min} S}{2} \cdot \rho V^2 + \frac{2}{\pi e} \frac{W^2}{AS} \cdot \frac{1}{\rho V^2} \tag{7.8}$$

ここで，翼幅を b とすると，縦横比は $A = b^2/S$ であるから式 (7.8) の最終項の AS は b^2 で置き換えることができる．よって

$$T_r = \frac{C_{Dp\min} S}{2} \cdot \rho V^2 + \frac{2}{\pi e} \left(\frac{W}{b}\right)^2 \cdot \frac{1}{\rho V^2}$$

$$= C_1 \rho V^2 + \frac{C_2}{\rho V^2} \tag{7.9}$$

となる．ここに定数 C_1, C_2 は

$$C_1 = \frac{C_{Dp\min}S}{2} = \frac{f}{2}$$

$$C_2 = \frac{2}{\pi e}\left(\frac{W}{b}\right)^2$$

で，共にいま考えている飛行機に固有な値である．なお，W/b を**翼幅荷重**（span loading），式（7.9）の第1項 $C_1\rho V^2$ を**有害推力**（parasite thrust），第2項 $C_2/(\rho V^2)$ を**誘導推力**（induced thrust）と呼ぶ．式（7.9）から，ある与えられた速度で飛ぶ飛行機の必要推力（したがって抗力）に影響を与える因子として

$$W/b,\ f,\ e \text{ および } \rho$$

の四つがあることがわかる．また，必要推力を最小にする速度 V_{op} は，式（7.6）より $(C_L/C_D)_{\max}$，すなわち最大揚抗比のときであるから，式（7.7）より $C_{Dp\min} = C_L^2/(\pi eA)$ を満足する C_L に対する速度であることがわかる．

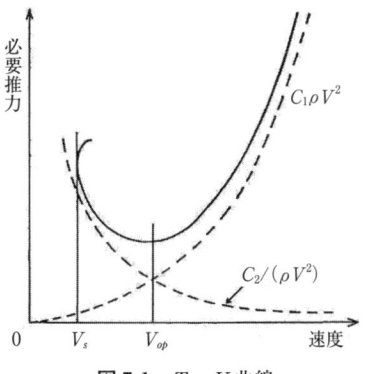

式（7.9）において，飛行高度を決めると ρ が定まり，C_1，C_2 は定数であるから，必要推力 T_r が速度 V の関数として容易に求められる．図7.1は T_r と V の関係をグラフに表したものであるが，高度を変えると同様な曲線が何本も引ける．これを**必要推力曲線**（thrust required curve）または $T_r\sim V$ **曲線**と呼ぶ．この $T_r\sim V$ 曲線の求め方には風洞実験その他のデータがなくてもよいので，設計初期

図 7.1 $T_r\sim V$ 曲線

のように大体の推力を見積りたいときに便利である．風洞実験その他で式（7.7）に相当する $C_D\sim C_L$ の関係が正確にわかっているときには，速度 V を与えて式（7.5）から C_L を求め，この C_L に対する C_D を実験による $C_D\sim C_L$ 曲線から読み取って，最初に与えた速度 V とともに式（7.3）に代入すれば，必要推力が求まる．

ジェット機が遷音速や超音速で飛ぶ場合は，造波抗力が生ずるために必要推力は式（7.9）で与えられる値よりかなり大きくなる．また，失速速度 V_s の近くでは式（7.9）の表す $T_r\sim V$ 曲線は実際と一致しなくなる*（次頁の脚注参照）．

実際の曲線は図 7.1 に示すように V_s の付近で釣り針状になる.

海面上における $T_r \sim V$ 曲線がわかっていると,任意の高度における $T_r \sim V$ 曲線は次のようにして求めることができる.ある高度での必要推力を求めるためには式 (7.9) において,その高度に対する空気密度 ρ を用いなければならない.いま,海面上における量に添字 0 を付けて区別することにすると,水平定常飛行においては,ある高度における量との間に次の関係が成り立つ.

$$W = C_{L_0} \cdot \frac{1}{2} \rho_0 V_0^2 \cdot S$$

$$= C_L \cdot \frac{1}{2} \rho V^2 \cdot S \tag{7.10}$$

仮に同じ揚力係数すなわち $C_L = C_{L_0}$ で飛ぶとすると,式 (7.10) より

$$V = \frac{V_0}{\sqrt{\dfrac{\rho}{\rho_0}}} \tag{7.11}$$

でなければならない.また,式 (7.7) からわかるように揚力係数が同じならば抗力係数も同じになる.すなわち,$C_D = C_{D_0}$ である.海面上とある高度における必要推力はそれぞれ

$$T_{r_0} = C_{D_0} \cdot \frac{1}{2} \rho_0 V_0^2 \cdot S \tag{7.12a}$$

$$T_r = C_D \cdot \frac{1}{2} \rho V^2 \cdot S \tag{7.12b}$$

と表されるが,式 (7.12b) に (7.11) を代入し,$C_D = C_{D_0}$ を考慮すると

$$T_r = T_{r_0} \tag{7.13}$$

となることがわかる.

上の結果から,図 7.2 において海面上の $T_r \sim V$ 曲線上の A 点と等しい推力は,空気密度 ρ なる高度 (Z) においては $V = V_0/\sqrt{\rho/\rho_0}$ なる速度に対応する点 A' で得られる.このような操作を V_0 のいろいろな値に対して行うと,任意の

---

*失速速度は式 (7.5) を V について解き,その結果において揚力係数を最大揚力係数で置き換えればよい.すなわち

$$V_S = \sqrt{\frac{2W}{\rho S} \cdot \frac{1}{C_{L\max}}}$$

ただし,この速度で飛ぶことは危険であるから,実際の最小速度は V_S より幾分大きく定める.

7.1 水平飛行性能

高度における $T_r \sim V$ 曲線が簡単に求められる．

一方，推進装置の出す推力を**利用推力**（thrust available, **利用スラスト**）と呼んで，記号 T_a で表す．$T_r \sim V$ 曲線と同様に $T_a \sim V$ 曲線として示され，これはその推進装置に固有な性能である．そこで，所要の高度における $T_r \sim V$ 曲線と $T_a \sim V$ 曲線を同じグラフ面上に書けば（図 7.2），両者の交点 M または M′ によりその利用推力に対する水平定常飛行の速度が求められる．**利用推力曲線**（thrust available curve）はジェット・エンジンの場合，回転数をパラメーターとして同一高度に対して何本も引くことができ，そのうち連続最大回転数に相当する曲線との交点が最大速度を示す．すなわち，この交点より右の速度では必要推力が利用推力より大きくなるので飛ぶことはできない．この高度で最大速度より低い速度で飛ぶには，エンジンを絞り，推力を減らす必要があるが，このとき $T_a \sim V$ 曲線は下へずれるので交点は左の方へ移り，低い釣合い速度となる．推力を絞って飛んでいる状態ではエンジンの推力に余裕がある．一般に利用推力と必要推力の差を**余剰推力**（excess thrust, **余剰スラスト**）と呼び，その大きさは速度によって変わる（図 7.2）．

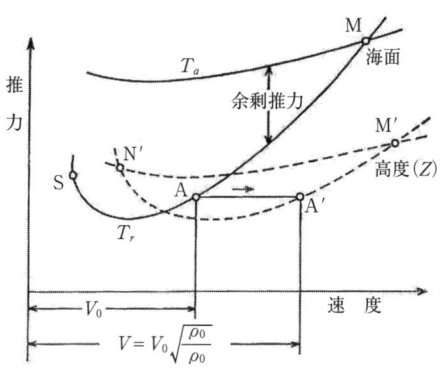

図 7.2 高度による必要推力の変化

最小速度は低い高度では失速を示す点 S で決まるが，高高度では，2 曲線がもう一つの点 N′ で交わり，この点が最小速度を与える．いろいろな高度について最大速度と最小速度を求めると，一般に高度によって図 7.3 のように変化することがわかる．最大速度と最小速度が一致する点では余剰推力がなくなるので，これより高い高度では飛ぶことができない．したがって，この点が絶対上昇限度を与

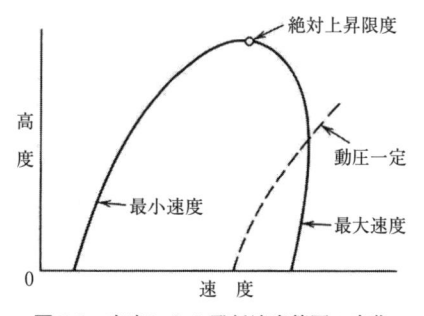

図 7.3 高度による飛行速度範囲の変化

える.なお,超音速機ではエンジン出力の上からはこの計算による最大速度を出せるが,低高度においては高い動圧あるいは空力加熱のために,機体が構造強度上耐え得ない場合は破線で示したような速度制限[たとえば,動圧(すなわち計器速度)のある一定値以上の飛行禁止]を設ける.

7.1.2 プロペラ機の場合

前節に述べたことはプロペラ機の場合にも,そっくりそのまま適用できるが,プロペラ推進装置の推力を正しく表す必要がある.プロペラ機のエンジンはジェット・エンジンと違って軸パワーでエンジンの強さが表されているから,最初からパワーを使った式を考えた方が便利である.すなわち,必要推力の代りに**必要パワー**(power required)を,利用推力の代りに**利用パワー**(power available)を考える.

飛行機が抗力 D に逆らって速度 V で飛ぶために必要なパワー,すなわち必要パワー P_r は

$$P_r = DV = \frac{1}{2}\rho C_D V^3 S \tag{7.14}$$

である.当然,いまの場合にも式(6.5)は成り立つから

$$V = \sqrt{\frac{2W}{C_L \rho S}} \tag{7.15}$$

これを式(7.14)に代入すると

$$P_r = \frac{\rho}{2} C_D S \left(\frac{2W}{C_L \rho S}\right)^{3/2}$$

$$= \frac{C_D}{C_L^{3/2}} W \sqrt{\frac{2W}{\rho S}} \tag{7.16}$$

となる.これは必要推力の式(7.6)に相当するものである.一方,式(7.9)に相当する式は次のようにして導くことができる.

式(7.14)の C_D に式(7.7)を代入すると

$$P_r = \frac{\rho}{2} S V^3 \left(C_{Dp\min} + \frac{C_L^2}{\pi e A} \right)$$

$$= \frac{C_{Dp\min} S}{2} \cdot \rho V^3 + \frac{2}{\pi e A S} \cdot \left(\frac{1}{2} C_L \rho V^2 S\right)^2 \cdot \frac{1}{\rho V} \tag{7.17}$$

ここで $AS = b^2$ と書くことができるから

$$P_r = \frac{C_{Dp\min}S}{2} \cdot \rho V^3 + \frac{2}{\pi e}\left(\frac{W}{b}\right)^2 \cdot \frac{1}{\rho V}$$

$$= C_3 \rho V^3 + \frac{C_4}{\rho V} \tag{7.18}$$

が得られる．定数 C_3, C_4 は

$$C_3 = \frac{C_{Dp\min}S}{2} = \frac{f}{2}$$

$$C_4 = \frac{2}{\pi e}\left(\frac{W}{b}\right)^2$$

で，共に飛行機に固有な値である．式 (7.18) の第1項 $C_3\rho V^3$ を**有害パワー** (power parasite)，第2項 $C_4/(\rho V)$ を**誘導パワー** (power induced) と呼ぶ．また，必要パワーに影響を与える因子は W/b, f, e および ρ で，必要推力の場合とまったく同じである．飛行高度を決めると ρ が定まり，C_3, C_4 は定数であるから，必要パワー P_r が速度 V の関数として求められ，必要推力における $T_r \sim V$ 曲線（図7.1）に相当する $P_r \sim V$ 曲線 [**必要パワー曲線** (power required curve)] が図7.4のように描ける．曲線は高度をパラメーターとして何本も引ける．$C_D \sim C_L$ の関係が実験データとしてわかっているときは，式 (7.7) を使わないでも $P_r \sim V$ 曲線を求めることができる．すなわち，速度 V を与えて式 (7.5) より C_L を求め，この C_L に対する C_D を実験による $C_D \sim C_L$ 曲線から読み取って，最初に与えた速度 V とともに式 (7.14) に代入すれば，その速度における必要パワーが計算できる．なお，必要パワーを最小にする速度 V_{op} は，式 (7.16) からわかるように $C_L^{3/2}/C_D$ を最大にする速度である．$C_D \sim C_L$ の関係が式 (7.7) で表される場合は，微分法を用いると，$C_{Dp\min} = C_L^2/(3\pi eA)$ を満足する C_L に対する速度であることがわかる．

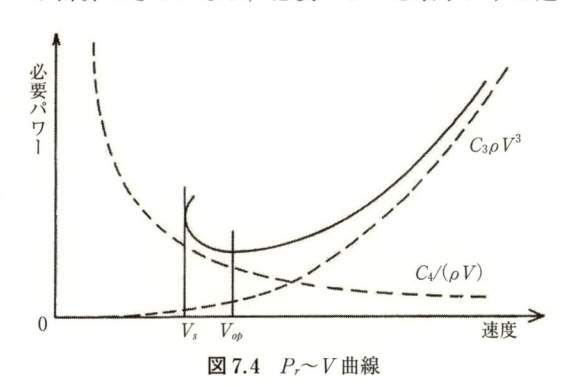

図7.4 $P_r \sim V$ 曲線

海面上の $P_r \sim V$ 曲線から，任意の高度 Z における $P_r \sim V$ 曲線を得る方法はジェット機の場合とまったく同じである．すなわち，推力と重力の釣合いの式 (7.10) はプロペラ機でも同じであるから，海面上と高度 Z とで揚力係数が同じであるとすると，式 (7.11) より

$$V = \frac{V_0}{\sqrt{\dfrac{\rho}{\rho_0}}}$$

でなければならない．また，揚力係数が同じならば抗力係数も同じになるから，$C_D = C_{D0}$ である．海面上および高度 Z における必要パワーは式 (7.14) より，それぞれ次のようになる．

$$P_{r0} = \frac{\rho_0}{2} C_{D0} V_0^3 S \tag{7.19a}$$

$$P_r = \frac{\rho}{2} C_D V^3 S \tag{7.19b}$$

この2式より

$$\frac{P_r}{P_{r0}} = \frac{C_D}{C_{D0}} \cdot \frac{\rho}{\rho_0} \cdot \frac{V^3}{V_0^3} \tag{7.20}$$

この式に式 (7.11) および $C_{D0} = C_D$ なる関係を用いると

$$P_r = P_{r0} \sqrt{\frac{\rho_0}{\rho}} \tag{7.21}$$

が得られる．したがって，任意の高度 Z における $P_r \sim V$ 曲線は図 7.5 に示す作図によって求めることができる．

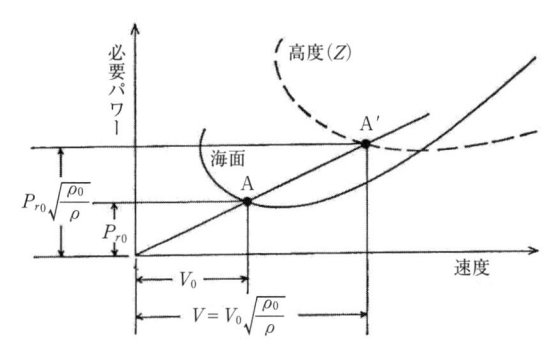

図 7.5　高度による必要パワーの変化

水平定常飛行の速度はジェット機の場合と同じように，$P_r \sim V$ 曲線と次に述べる $P_a \sim V$ 曲線との交点から求められる．

7.2 利用パワー

プロペラ機の性能を論ずるには，$P_a \sim V$ 曲線［**利用パワー曲線**（power available curve）］を求める必要があるが，利用パワーは飛行高度および飛行速度によって変化するだけではなく，プロペラの特性によっても変わるため，$P_a \sim V$ 曲線を求める手順はかなり複雑である．

密度 ρ なる空気の中で直径 D［m］のプロペラを毎秒回転数 n で回転させたところ，速度 V で前進したとする．このときプロペラを回転させるために必要なパワーをプロペラの**吸収パワー**と呼び，P_p なる記号で表すことにすると，これは次式で与えられる．

$$P_p = C_p \rho n^3 D^5 \qquad (7.22)$$

ここに，C_p は**パワー係数**（power coefficient）といい，**進行率**（advance ratio）$V/(nD)$ の関数である．一方，この吸収パワーがすべて飛行機を推進するために使えるかというと，空力的な損失のためにいくらか減少する．吸収パワーのうち飛行のために有効に使われるパワーの割合を示す係数を**プロペラ効率**（propeller efficiency）といい，η_p で表す．すなわち，利用パワー P_a と吸収パワー P_p の間には

$$P_a = \eta_p P_p \qquad (7.23)$$

の関係がある．プロペラ効率は飛行速度によっても変わるが，最適の場合でも $\eta_p = 0.8$（80％）程度である．

さて，プロペラにはいろいろな形式のものがあるが，利用パワーを求める上で重要になる分類として，ピッチの変えられない**固定ピッチ・プロペラ**（fixed-pitch propeller）とピッチの変えられる**可変ピッチ・プロペラ**（variable-pitch propeller）がある．ピッチが変えられるということは図 7.6 で，羽根角 β が変えられるということである．なお，羽根

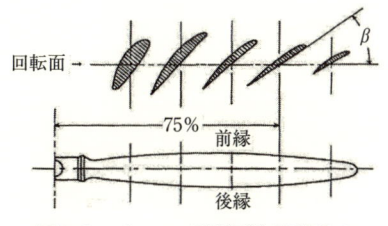

図 7.6 プロペラ翼断面と羽根角 β

角は半径方向に変化しているので,回転軸の中心からプロペラ半径の75％の位置の断面の羽根角を代表として使うことが多い．利用パワーを求めるためにはプロペラの特性曲線が必要であるが，これは図7.7に示すような$C_p \sim V/(nD)$曲線［図(a)］と$\eta_p \sim V/(nD)$ 曲線［図(b)］がある．以下，固定ピッチ・プロペラと，可変ピッチ・プロペラの一種である**定速プロペラ**(constant-speed propeller)の場合について，$P_a \sim V$曲線の求め方を説明する．

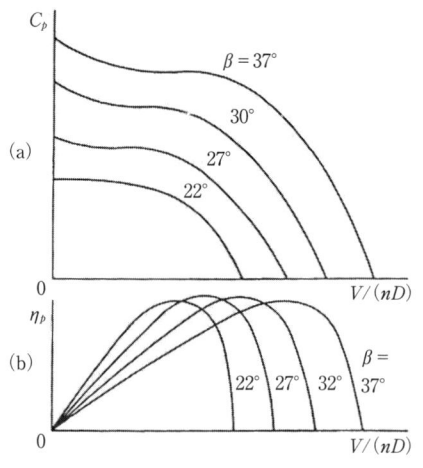

図7.7 プロペラの特性曲線

7.2.1 定速プロペラの場合

定速プロペラは連続的にピッチが変えられる自動可変ピッチのプロペラで，飛行速度に関係なく回転数が一定に保たれる．レシプロ・エンジンで駆動している場合，飛行高度が決まると，エンジンの軸パワーP_sは絞り弁の開度をパラメーターとして，回転数

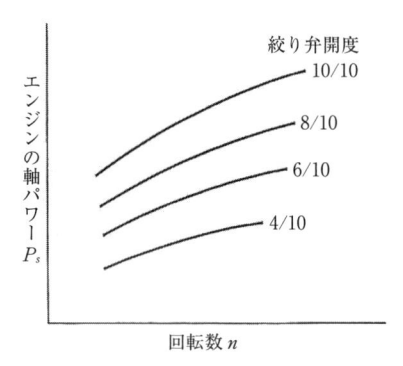

図7.8 エンジンの軸パワー曲線

nとともに図7.8に示すように変化する．定速プロペラでは飛行速度が変わっても，回転数およびパワー係数が一定となるように羽根角が変わるので，プロペラの吸収パワーは，その回転数およびそのときの絞り弁開度におけるエンジンの軸パワーに等しい．したがって，利用パワーを求めるには，プロペラ効率だけわかればよい．プロペラ効率η_pは次の順序で求められる．

与えられた速度Vに対して

（i） $V/(nD)$を計算する（nは与えられている）．

（ii） $V/(nD)$とC_p［nが与えられればP_s，したがってP_bが決まり，式(7.22)より求まる］がわかると，図7.7 (a) から羽根角βが求まる．

（ⅲ） $V/(nD)$ と β がわかると，図7.7（b）から η_p が求められる．

上の操作を V のいろいろな値に対して行うと，$\eta_p \sim V$ 曲線が得られ，P_b は一定だから，$P_a \sim V$ 曲線を求めることができる．

7.2.2 固定ピッチ・プロペラの場合

この場合，飛行速度が変わるとプロペラ回転数が変わるので吸収パワーも変わる．そこで，$\eta_p \sim V$ 曲線のほかに，$P_b \sim V$ 曲線も求めなければならない．

与えられた回転数 n に対して

（ⅰ） 図7.8よりそのときの絞り弁開度における軸パワー P_s を求める．
（ⅱ） この P_s を式（7.22）の P_b に代入して C_p の値を求める（固定ピッチだから，β は一定）．
（ⅲ） 図7.7（a）から，この C_p に対応する $V/(nD)$ を求める．
（ⅳ） この $V/(nD)$ の値から V が求められ，また図7.7（b）から η_p が求められる．

上の操作を n のいろいろな値に対して行うと，$P_b \sim V$ 曲線，$\eta_p \sim V$ 曲線が得られるから，式（7.23）によって $P_a \sim V$ 曲線が求まる．

7.3 上 昇 性 能

7.3.1 ジェット機の場合

定常上昇飛行をしている飛行機に働く力は前章の図5.36に示したとおりで，揚力を L，重力を W，推力を T_a，抗力を D，**上昇角**（angle of climb）を θ とすると

$$L = W\cos\theta \tag{7.24a}$$
$$T_a - D = W\sin\theta \tag{7.24b}$$

なる釣合い式が得られる．飛行機が単位時間に上昇する高度を**上昇率**（rate-of-climb）といい ω で表す．**上昇速度**（climbing speed）を V とすると図からわかるように

$$\omega = V\sin\theta$$

なる関係がある．式（7.24b）の両辺に V を乗ずると

$$(T_a - D)V = WV\sin\theta = W\omega \tag{7.25}$$

T_a-D は余剰推力であるから，左辺の $(T_a-D)V$ は余剰推力が単位時間になす仕事，すなわちパワーである．したがって，上式はこのパワーが機体重量 W を ω という速度で上方へ持ち上げるために消費されることを表している．式 (7.25) の両辺を W で割ると，上昇率は

$$\omega = \frac{(T_a-D)V}{W} \tag{7.26}$$

で与えられる．上昇角 θ が $15°$ より小さいとすると，式 (7.24a) において $\cos\theta \doteqdot 1$ と置くことができるから，$C_L \sim V$ の関係，したがって，式 (7.7) を通じて $C_D \sim V$ の関係は水平定常飛行の場合と同じになる．よって，式 (7.26) の $T_a - D$ は図 7.2 の余剰推力 $T_a - T_r$ と同じになり，この図と式 (7.26) を使えば，与えられた速度 V で上昇する場合の上昇率を簡単に求めることができる．上昇率が最大となる速度は図 7.2 で見当がつくように，余剰推力が最大となる点より少し速い速度である．上昇率が最大となる速度を**最良上昇速度** (best rate-of-climb speed) という．

7.3.2 プロペラ機の場合

プロペラ機では推力を使った式では都合が悪い．式 (7.26) において利用推力と速度の積 $T_a V$ が**利用パワー** (power available) である．よって

$$\omega = \frac{P_a - DV}{W} \tag{7.27}$$

となる．さらに，θ が小さくて $\cos\theta \doteqdot 1$ と置けるときには，式 (7.27) の DV は必要パワー P_r であるから

$$\omega = \frac{P_a - P_r}{W} \tag{7.28}$$

したがって，余剰パワー $P_a - P_r$ を求め，図 7.9，式 (7.28) を使えば，ただちに上昇率が計算できる．ジェット機の場合と違って，最良上昇速度 V_{c0} は余剰パワーがちょうど最大になる点の速度である．

飛行高度が高くなると，空気密度が小さくなるのでエンジンの利用推力や利用パ

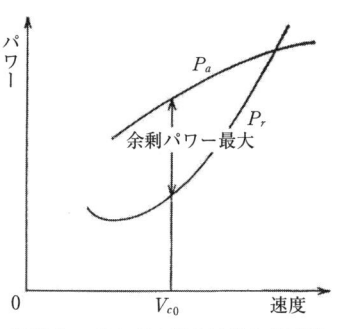

図 7.9 プロペラ機の最良上昇速度

ワーは減少する.一方,必要推力や必要パワーも高度とともに変わっていく.図7.10は低空と高空における余剰推力と余剰パワーの速度による変化を示したものである.この図からわかるように,一般に余剰推力(あるいは余剰パワー)は高度が増すと減少するから上昇率も減っていき,ある高度で0となる.図7.11は上の方法で計算した上昇率の高度による変化を示したものであるが,この図から最良上昇速度も高度とともに変化することがわかる.図7.12は最良上昇速度における上昇率の高度による変化を示したものであるが,この図から次の3種類の**上昇限度**(ceiling)が求められる.まず,上昇率 $\omega=0$ となる高度として**絶対上昇限度**(absolute ceiling) Z_a が定められる.しかし,この高度では余剰推力(あるいは余剰パワー)が0だから,実際にはこの高度を保って飛ぶことは不可能である.そこで $\omega=0.5\mathrm{m/s}$ となる高度を**実用上昇限度**(service ceiling) Z_s と定め,単に上昇限度といえばこの高度を指す

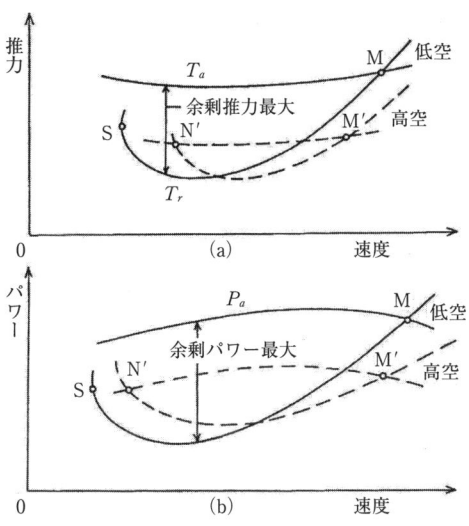

図7.10 低空と高空における余剰推力(a)および余剰パワーの違い(b)

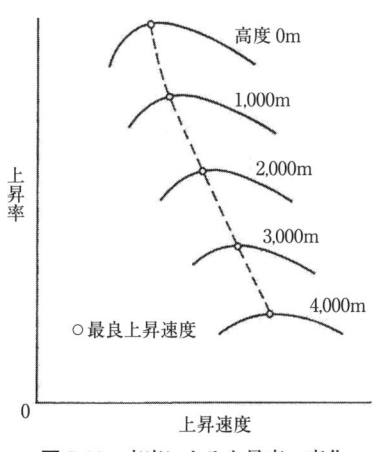

図7.11 高度による上昇率の変化

が,通常の運航においてはこれでもまだ余剰推力(あるいは余剰パワー)が少なすぎるので,$\omega=2.5\mathrm{m/s}$ となる高度を**運用上昇限度**(operational ceiling) Z_{op} として定める.なお,上昇限度は定常上昇飛行で到達できる最高高度であって,後に述べるズーム上昇によるものには適用されない.

次に，ある高度 Z_1 から Z_2 まで上昇するのに要する時間，すなわち上昇時間は

$$t = \int_{Z_1}^{Z_2} \frac{dZ}{\omega} \quad (7.29)$$

で与えられる．図 7.12 からわかるように上昇率は高度に対して直線的に変わると考えてよいから，高度 Z における上昇率 ω は

$$\omega = \omega_1 - \frac{\omega_1 - \omega_2}{Z_2 - Z_1}(Z - Z_1) \quad (7.30)$$

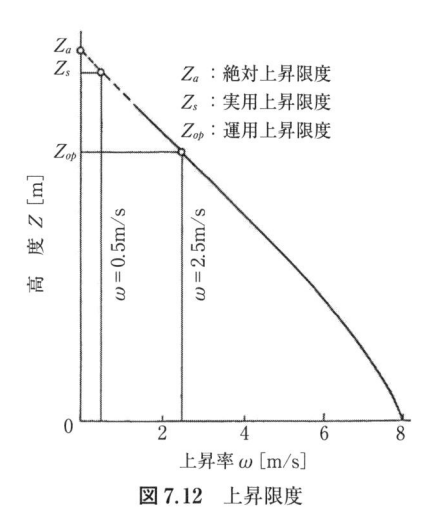

図 7.12 上昇限度

Z_a：絶対上昇限度
Z_s：実用上昇限度
Z_{op}：運用上昇限度

と表すことができる．この関係式を使って上の積分を求めると，その結果は次のようになる．

$$t = 2.3 \frac{Z_2 - Z_1}{\omega_1 - \omega_2} \log \frac{\omega_1}{\omega_2} \quad (7.31)$$

これまで述べてきたのは定常上昇飛行であるが，ジェット戦闘機などでは**ズーム上昇**（zoom up）と呼ばれる方法で上昇することがある．これは，運動のエネルギーを位置のエネルギーに変換して上昇するもので，ちょうど遊園地のジェット・コースターが急勾配を昇って行くのと同じ原理である．すなわち，水平飛行あるいは降下飛行で，できるだけ速度をつけて運動のエネルギーを蓄え，急に上げ舵を引くと飛行機はぐんぐん上昇し，上昇限度以上の高度に達することができる．たとえば，あるジェット戦闘機は定常上昇では，高度 18,000m までしか上昇できないが，高度 10,000m あたりでマッハ 2 まで速度をあげておき，ズーム上昇すると 27,000m という高高度に達することができる．

7.4 滑空性能

グライダーは滑空して飛行するものであるから，滑空性能がよくなければならないのはあたりまえのことであるが，飛行機がエンジンを絞って着陸降下す

るときや，エンジンが故障して不時着する場合も滑空状態にあるので重要である．

飛行機はエンジンの推力（またはパワー）を必要推力（または必要パワー）以下に絞ると，水平飛行を保つことができなくなり，滑空飛行となる．このときの力の釣合いは図7.13から次のようになる．

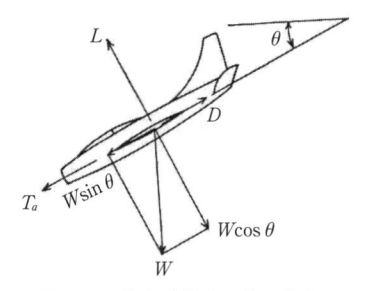

$$L = W\cos\theta \tag{7.32a}$$
$$D - T_a = W\sin\theta \tag{7.32b}$$

図7.13 滑空飛行中の力の釣合い

ここに，θ は**滑空角**（gliding angle）である．グライダーのように $T_a = 0$ の場合は上の2式より

$$\tan\theta = \frac{D}{L} = \frac{C_D}{C_L} = \frac{1}{(C_L - C_D)} \tag{7.33}$$

すなわち，滑空角 θ は全機の揚抗比 C_L/C_D で決まる．**滑空距離**（gliding distance）を最大にするには滑空角を最小にすればよい．ある高度 H からの滑空距離 S は図7.14より

$$S = \frac{H}{\tan\theta} = H \cdot \frac{C_L}{C_D} \tag{7.34}$$

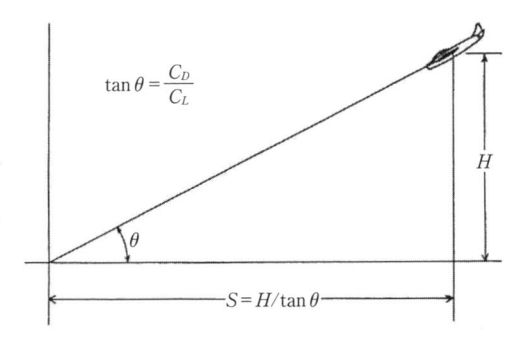

図7.14 滑空角と滑空距離

となるから，揚抗比が最大となるような姿勢で滑空すればよいことがわかる．グライダーでは縦横比 A の大きい主翼が使われるが，これは A を大きくすると大きな揚抗比が得られるからである．

揚抗比を最大にする迎え角を求めるには，図7.15に示すように極曲線図の原点からこの曲線に接線を引き，その接点に対応する迎え角を読むと，それが求める迎え角である．というのは，接線と縦軸とのなす角（ただし，横軸と縦軸の目盛りが同じでなければならない）の正接（tan）をとると，その値は C_D/C_L の最小値，すなわち C_L/C_D の最大値となり，また，その角は滑空角の

最小値 $\theta\min$ に等しいからである．

次に，滑空による滞空時間について考えてみる．滞空時間を最大にするには**降下率** (sinking rate) を最小にして滑空すればよい．ちょっと考えると，最大滑空距離の場合が最大滞空時間となるように思われるが，後でわかるように少し違うのである．降下率は毎秒何 m の割合で降下していくかという値を表すもので，上昇率を与える式 (7.26) において，D が T_a に比べて大きければ，上昇率 ω は負となるので，この式は降下率も示すわけである．しかし，降下率は絶対値で表すのが普通である．そこでいま，式 (7.26) において $T_a=0$ とし，符号を変えると降下率は

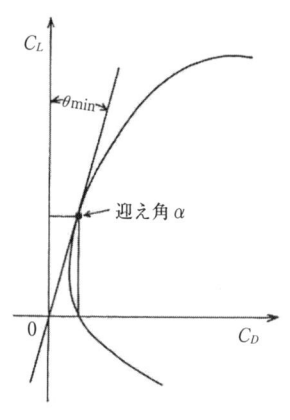

図 7.15 抗比を最大にする迎え角

$$\omega = \frac{D}{W}V = \frac{D}{\sqrt{L^2+D^2}}V = \frac{C_D}{\sqrt{C_L^2+C_D^2}}V \fallingdotseq \frac{C_D}{C_L}V \qquad (7.35)$$

と表すことができる（図 7.13 参照）．また

$$W = \frac{1}{2}\rho V^2 S\sqrt{C_L^2+C_D^2}$$

であるから，滑空速度 V は

$$V = \sqrt{\frac{2W}{\rho S} \cdot \frac{1}{\sqrt{C_L^2+C_D^2}}} \fallingdotseq \sqrt{\frac{2W}{\rho S C_L}} \qquad (7.36)$$

となる．これを式 (7.35) に代入すると降下率は

$$\omega = \sqrt{\frac{2W}{\rho S}} \cdot \frac{C_D}{C_L^{3/2}} \qquad (7.37)$$

と表される．この結果から降下率を最小，すなわち滑空時間を最大にするには $C_L^{3/2}/C_D$ を最大にするような姿勢で滑空すればよいことがわかる．また，この条件は最大滑空距離に対する条件（C_L/C_D を最大にする）とは違うことがわかる．

飛行機が着陸姿勢に入ると速度はできるだけ低く抑えなければならないので，**降下角** (angle of descent) あるいは降下率の増減は揚抗比を加減して行う．現代の輸送機は強力なフラップやスポイラーを装備しているので，これらを十

分に使うと揚抗比を著しく減じることができ，毎秒30mというような大きな降下率で安全に進入降下をすることができる．

7.5 航続性能

　飛行機の航続性といった場合，それは単に**航続距離**（range）の大小を指すばかりではなく，輸送効率の良し悪しを指すことが多い．航続距離というのは飛行機が燃料タンクを一杯にしたときにこの燃料で飛ぶことのできる距離であって，これは長い方がよいに決まっている．しかし，同じ機種であってもペイロードを減らして，その代りに燃料を増せば航続距離は大きくなる．したがって，実用機ではその飛行機の任務を損なわないという条件の下での航続距離でなければならない．輸送機ならば，ある定まったペイロードを搭載し，満載した燃料から予備燃料を差し引いた量の燃料で飛べる距離が航続距離である．さらに，飛行機の性能としては，航続距離の大小だけを示しても意味はない．つまり，ある一定の量の燃料でどれだけ飛べるかということが重要である．たとえば，自動車でも1lのガソリンで何km走れるかということが経済性の上から問題になるが，飛行機の場合も同じであって，1Nの燃料で大気に相対的に何m飛べるかという値を考えて，これを**航続率**（specific range）という．航続率は飛行速度によって変わるので，航続率を最大にする速度が経済速度である．それゆえ，飛行機の巡航速度はこれを基準にして決めるが，この速度では実用的には遅すぎるので，一般にこれより多少大きな速度を巡航速度に選んでいる．以下，航続率，航続係数，航続距離および航続時間の求め方について説明するが，ジェット機とプロペラ機では違うので別々に述べることにする．

7.5.1 ジェット機の場合

　いま，図7.16に示すようにA地点からB地点まで定常水平飛行をする飛行機を考える．飛行速度をV[m/s]とし，飛行機がA地点を出発するときを時間t[s]の原点にとるものとすると，短い時間間

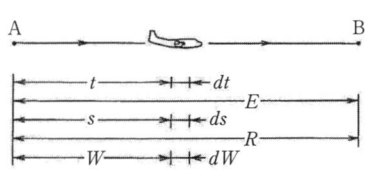

図7.16 時間経過による飛行距離と重量の変化

隔 dt の間に飛ぶ距離 ds[m] は

$$ds = Vdt \tag{7.38}$$

となる．一方，この飛行機の燃料消費率［推力 1N について 1 秒間当たり消費される燃料の重量(N)］を b_j[N/(N·s)]，エンジンの推力を T[N] とすると，dt [s] の間に消費される燃料の量 dQ[N] は

$$dQ = b_j T dt \tag{7.39}$$

と表される．定常水平飛行においては，6.1 節で示したように

$$T = \frac{C_D}{C_L} W \tag{7.40}$$

なる関係があるから，これを式（7.39）に代入すると

$$dQ = b_j \frac{C_D}{C_L} W dt \tag{7.41}$$

式（7.38）と式（7.41）からわかるように，dt の間に ds だけ飛び，その間に dQ だけ燃料を消費しているから，式（7.38）を式（7.41）で辺々割算したものは航続率にほかならない．すなわち，航続率を r_j[m/N] で表すと

$$r_j = \frac{ds}{dQ} = \frac{C_L}{C_D} \cdot \frac{V}{b_j W} \tag{7.42}$$

となる．水平定常飛行では，揚力と重力の釣合い式から，飛行速度 V[m/s] は

$$V = \sqrt{\frac{2W}{\rho S C_L}} \tag{7.43}$$

で与えられる．これを式（7.42）に代入し，標準大気の海面上の空気密度 ρ_0 (= 1.225 kg/m^3) を導入すると，航続率は次のように書くこともできる．

$$r_j = \frac{ds}{dQ} = 1.278 \frac{C_L^{1/2}}{C_D} \cdot \frac{1}{b_j W} \sqrt{\frac{\rho_0}{\rho} \cdot \frac{W}{S}} \tag{7.44}$$

航続率は最初に述べたように飛行機の輸送効率ないしは経済性を表す指数であるが，飛行機に限らず，一般に輸送機関の能力を評価する方法はいろいろ考えられる．たとえば，重量 W[N] の乗物が距離 L[m] を走ったとき，その間に消費された燃料を Q[N] とすると

$$F_r = \frac{WL}{Q} \tag{7.45}$$

は輸送能力を評価する量の一種となり，この値が大きいほど経済性が高い輸送

7.5 航続性能

機関であると言える. いま, 航続率 r にそのときの飛行機の重量 W を掛けたものを f_r[m] とすると, これは式 (7.42) の第 2 辺からわかるように Wds/dQ となり, dQ なる量の燃料を使って重量 W のものを ds の距離だけ輸送しているから, 式 (7.45) と同じ意味を表している. f_r は**航続係数** (range factor) と呼ばれ, 式 (7.42), (7.44) の第 3 辺を使って表すと次のようになる.

$$f_{rj} = r_j W = \frac{C_L V}{C_D b_j} = 1.278 \frac{C_L^{1/2}}{C_D} \cdot \frac{1}{b_j} \sqrt{\frac{\rho_0}{\rho} \cdot \frac{W}{S}} \tag{7.46}$$

以上の結果から, ジェット機の航続率および航続係数は, (i) $C_L^{1/2}/C_D$ が最大となる迎え角で最大となり, (ii) 空気密度比 ρ/ρ_0 の平方根に逆比例するので上空にいくにつれて大きくなる. さらに, (iii) ジェット・エンジンの燃料消費率 b_j は高空ほど小さくなるので, (ii) の効果と相乗して高度が増すにつれて, 急激に大きくなっていく. 図 7.17 はイギリスの BAC 111 ジェット輸送機の航続率 ($W = 355.7$kN における) を示したもの

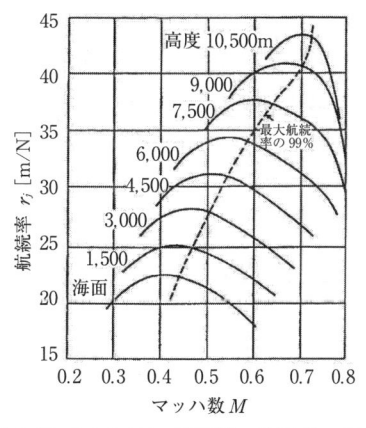

図 7.17 BAC 111 輸送機の航続率の高度およびマッハ数による変化

である. これからわかるように飛行高度の効果は非常に大きく, 高度 10,000m を飛ぶときと, 数百 m の低空を飛ぶのとでは, 航続率に約 2 倍の違いが生じる. つまり, 高度 10,000m の場合は, 同じ量の燃料で高度数百 m の場合の約 2 倍の距離を飛ぶことができるということである. また, この図から航続率は飛行速度によって変化し, 飛行高度が一定ならば, あるマッハ数 (したがって, その高度における音速を掛けて得られる速度) で最大になるから, この速度で飛べば最も経済的であることがわかる. 一般に, 航続率または航続係数を最大にする速度は, ほぼ $C_L^{1/2}/C_D$ を最大にする迎え角に対応する速度であるが, 巡航速度としては低すぎるので, 航続率や航続係数を多少犠牲にして, これより高い速度を巡航速度に選んでいる. 図 7.17 の破線は最大航続率の 99% を与える速度を示すものであるが, これより高い速度を巡航速度にすると航続率の低下は次第に著しくなる.

しかし，こうした傾向は亜音速機に対して言えることで，超音速機ではまた事情が変わってくる．すなわち，図7.18に示すように揚抗比 C_L/C_D はマッハ1を超えるあたりで急激に低下するので，式(7.42)からわかるように航続率も急減するが，簡単のために燃料消費率 b_j の変化を無視すると，航続率は揚抗比 C_L/C_D のほかに速度 V にも比例するから，マッハ数がさらに増加すると，航続率はみるみる回復してマッハ2程度で亜音速域におけ

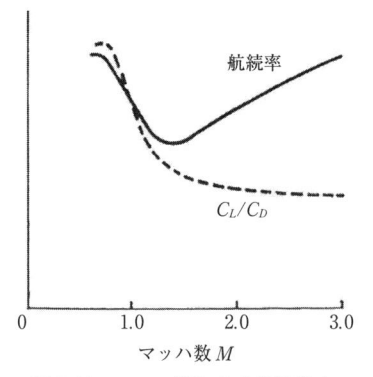

図7.18 マッハ数による揚抗比と航続率の変化

ると同じくらいの値に達する．現在の亜音速ジェット輸送機は巡航速度がマッハ0.8程度であるが，超音速輸送機では一足飛びに2.2〜2.5程度にしなければならない理由はここにある．経済性をほとんど考えないですむ軍用機にはマッハ1.5などというのがあるが，航続率を重視する民間輸送機ではこんな巡航速度は採用できない．

次に，ジェット機の航続距離 $R_j[\mathrm{m}]$ を求めてみよう．時間の経過とともに燃料は消費されていくから飛行機の重量は減少していく．図7.16で時刻 t から $t+dt$ までの間の機体重量の変化は $dW(<0)$ であり，この間に消費した燃料を $dQ(>0)$ とすると

$$dQ = -dW \tag{7.47}$$

であるから，これを式 (7.42)，(7.44) に代入すると

$$ds = -\frac{C_L V}{C_D b_j} \cdot \frac{dW}{W} = -1.278 \frac{C_L^{1/2}}{C_D} \cdot \frac{1}{b_j} \sqrt{\frac{\rho_0}{\rho} \cdot \frac{1}{SW}} dW \tag{7.48}$$

が得られる．したがって，図7.16でA地点での飛行機の重量を W_1，B地点でのそれを W_2 とすると，その飛行距離 $R_j[\mathrm{m}]$ は次式で求められる．

$$R_j = -\int_{W_1}^{W_2} \frac{C_L V}{C_D b_j} \cdot \frac{dW}{W} = -1.278 \int_{W_1}^{W_2} \frac{C_L^{1/2}}{C_D b_j} \sqrt{\frac{\rho_0}{\rho} \cdot \frac{1}{SW}} dw \tag{7.49}$$

ここに，$C_L V/(C_D b_j)$ は航続係数であることに注意されたい．いま，航続率一定で飛ぶ場合と一定の高度を $C_L^{1/2}/(C_D b_j)$ 一定で飛ぶ場合を考えると，式(7.49)は簡単に積分できて，その結果はそれぞれ次のようになる．

7.5 航続性能

$$R_j = 2.3 \frac{C_L V}{C_D b_j} \log \frac{W_1}{W_2} * \tag{7.50}$$

$$R_j = 2.556 \frac{C_L^{1/2}}{C_D b_j} \sqrt{\frac{\rho_0 W_1}{\rho S}} \cdot \left(1 - \sqrt{\frac{W_2}{W_1}}\right) \tag{7.51}$$

航続時間 E_j[s] は，式 (7.38) より

$$dt = \frac{ds}{V}$$

であるから，これに式 (7.48) を入れて W_1 から W_2 まで積分することによって求められる．

$$E_j = -\int_{W_1}^{W_2} \frac{C_L}{C_D b_j} \cdot \frac{dW}{W} = -1.278 \int_{W_1}^{W_2} \frac{C_L^{1/2}}{C_D} \cdot \frac{1}{b_j V} \cdot \sqrt{\frac{\rho_0}{\rho} \cdot \frac{1}{SW}} dW \tag{7.52}$$

式 (7.50)，(7.51) を得たのと同様に W 以外を一定として，この積分を実行すると次のようになる．

$$E_j = 2.3 \frac{C_L}{C_D b_j} \log \frac{W_1}{W_2} \tag{7.53}$$

$$E_j = 2.556 \frac{C_L^{1/2}}{C_D b_j V} \sqrt{\frac{\rho_0 W_1}{\rho S}} \cdot \left(1 - \sqrt{\frac{W_2}{W_1}}\right) \tag{7.54}$$

7.5.2 プロペラ機の場合

プロペラ機では推力の代わりにパワーを使って表す点がジェット機の場合と異なるだけで，考え方はまったく同じであるから，簡潔に記すことにする．

燃料消費率［1W について 1 秒間当たりに消費される燃料の重量 (N)］を b_p [N/(W·s)]，エンジンのパワーを P_s[W] とすると，時間 dt[s] の間に消費される燃料 dQ[N] は

$$dQ = b_p P_s dt \tag{7.55}$$

水平定常飛行をしているときは，エンジンの軸パワー P_s はプロペラの吸収パワー P_p に等しく，また利用パワー P_a と必要パワー P_r も等しい．すなわち

$$P_s = P_p, \quad P_a = P_r$$

---

* $\ln(W_1/W_2) = 2.3 \log(W_1/W_2)$

また、7.2節で示したように $P_p = P_a/\eta_p$ (η_p はプロペラ効率), $P_r = DV$ であるから

$$P_s = \frac{DV}{\eta_p} = \frac{WV}{\eta_p} \cdot \frac{C_D}{C_L} \tag{7.56}$$

これを式 (7.55) に代入すると

$$dQ = \frac{WVb_p}{\eta_p} \cdot \frac{C_D}{C_L} dt \tag{7.57}$$

式 (7.38) との比をつくると、航続率は次のように得られる.

$$r_p = \frac{ds}{dQ} = \frac{\eta_p}{b_p} \cdot \frac{C_L}{C_D} \cdot \frac{1}{W} \tag{7.58}$$

したがって、航続係数は

$$f_{rp} = \frac{\eta_p}{b_p} \cdot \frac{C_L}{C_D} \tag{7.59}$$

航続距離は

$$R_p = -\int_{W_1}^{W_2} \frac{\eta_p}{b_p} \cdot \frac{C_L}{C_D} \cdot \frac{dW}{W} \tag{7.60}$$

のように表される. 飛行中に $\eta_p C_L/(b_p C_D)$ が変化しないと仮定して積分すると

$$R_p = 2.3 \frac{\eta_p C_L}{b_p C_D} \log \frac{W_1}{W_2} \tag{7.61}$$

この式は**ブレゲーの式**（Breguet range equation) として知られている. ここで注意しなければならないことは、ジェット機の場合と違って、r_p や f_{rp}, R_p などの式の中に空気密度の項 ρ_0/ρ が入ってこないので、飛行高度の影響はあまり大きくはない. ただ、レシプロ・エンジンは高度が増すほど燃料消費率 b_p が増加するので、レシプロ・エンジンを用いているプロペラ機は、低空を飛んだ方が経済的である. また、一定の高度を飛ぶときは、速度を変えても η_p/b_p の値はあまり変化しないので揚抗比 C_L/C_D を最大にする速度で飛んだ方が経済的である. 今日の飛行機では C_L/C_D を最大にする揚力係数は $C_L = 0.5 \sim 0.7$ であるが、ジェット機の場合もそうであったように、このような大きな揚力係数で飛ぶと、速度が低すぎて実用上都合が悪いので、経済性を犠牲にして、$C_L = 0.3 \sim 0.5$ 程度に対応する速度で巡航する.

航続率を最大にする揚力係数が、ジェット機の場合、$C_L^{1/2}/C_D$ を最大にする

揚力係数であるのに対し，プロペラ機の場合は C_L/C_D を最大にする揚力係数であることは興味深い．図 7.19 は $C_L^{1/2}/C_D$ と C_L/C_D が C_L によって変化する様子を示したものであるが，この図から C_L/C_D を最大にする C_L は $C_L^{1/2}/C_D$ を最大にする揚力係数より大きいことがわかる．このことは，数式上からも次のようにして証明することができる．いま，全機の抗力係数が

$$C_D = C_{Dp\min} + \frac{C_L^2}{\pi e A} \tag{7.62}$$

で表されるとすると，C_L/C_D を最大にする揚力係数 C_{Lp} は

$$C_{Lp} = \sqrt{\pi e A C_{Dp\min}} \tag{7.63}$$

一方，$C_L^{1/2}/C_D$ を最大にする揚力係数 C_{Lj} は

$$C_{Lj} = \sqrt{\frac{1}{3}\pi e A C_{Dp\min}} \tag{7.64}$$

であるので

$$C_{Lj} = \frac{C_{Lp}}{\sqrt{3}} \tag{7.65}$$

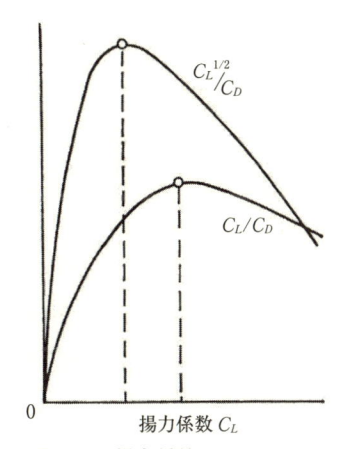

図 7.19 揚力係数による C_L/C_D, $C_L^{1/2}/C_D$ の変化

したがって，同じ飛行機をジェット・エンジンで飛ばす場合と，プロペラ推進で飛ばす場合を考えたとき，それぞれ経済速度 V_j，V_p で飛ぶならば

$$\frac{1}{2} C_{Lj} \rho V_j^2 S = \frac{1}{2} C_{Lp} \rho V_p^2 S \tag{7.66}$$

が成り立つから，V_j と V_p の間に

$$V_j = \sqrt{\frac{C_{Lp}}{C_{Lj}}} \cdot V_p = \sqrt[4]{3}\, V_p = 1.316 V_p \tag{7.67}$$

なる関係がある．つまり，ジェット機は経済速度がプロペラ機より約 30% 大きいので，経済速度が巡航速度に近づくために有利である．

最後に，プロペラ機の航続時間 E_p は

$$E_p = 1.57 \frac{\eta_p C_L^{3/2}}{b_p C_D} \sqrt{\frac{\rho}{\rho_0} \frac{S}{W_1}} \left(\sqrt{\frac{W_1}{W_2}} - 1 \right) \tag{7.68}$$

と表すことができることを付記しておく．

7.6 離着陸性能

飛行機の大型化や高速化が進むにつれて離着陸に必要な面積はますます大きくなっていく．そこで，離着陸の距離を短くする工夫がなされているわけであるが，いずれにしても離着陸に必要な距離というのは，飛行機を使用する場合や飛行機を建設する場合の基礎データとなるものであるから極めて重要である．

離着陸性能を計算するには，問題の本質上どうしても推力を用いなければならないので，プロペラ機の場合は何らかの方法でパワー推力を求めて，それを使わなければならない．その代わり，計算法はジェット機の場合とまったく同じである．

7.6.1 離陸距離

滑走路の一端に止まっていた飛行機は，エンジンを全出力にすると滑走を始め，ぐんぐん加速していく．滑走中に飛行機に働く力は図 7.20 に示すようにエンジンの推力 T_a，空気抗力 D，車輪と地面の摩擦抗力 F（以上，水平方向），重力 W，揚力 L，地面反力 R（以上，垂直方向）である．これらの最後の三つの力の間には次のような関係がある．すなわち，滑走中はまだ揚力が飛行機の重さ（重力）を支えられる大きさまで達していないので，飛行機にはその不足分の力（重力 − 揚力）が地面反力として上向きに働く．車輪と地面の間の摩擦抗力 F はこの地面反力 $R (= W - L)$ に比例するから，摩擦係数を μ とすると，$F = \mu(W - L)$ となる．したがって，離陸滑走中に飛行機を加速させる正味の力（加速力）は $T_a - D - \mu(W - L)$ ということになる．なお，μ の値は滑走路面の状態により表 7.1 に示す値が用いられる．

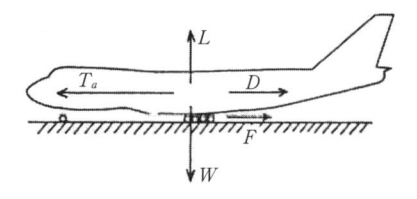

図 7.20 地上滑走中に働く力

7.6 離着陸性能

表7.1 滑走路の摩擦係数(μ：離陸滑走中, μ'：着陸滑走中)

滑走路 \ 摩擦係数	μ	μ'
コンクリート	0.02〜0.05	0.4〜0.6
硬い芝生	0.04〜0.05	0.4
雪や氷で覆われたとき	0.02	0.07〜0.10

ニュートンの運動の法則によれば，質量 m の物体に力 f が作用すると，力の方向に加速度 α が生じ，その大きさは

$$\alpha = \frac{f}{m} \tag{7.69}$$

となる．いまの場合

$$f = T_a - D - \mu(W - L) \tag{7.70}$$

また，質量 m は重量 W を重力加速度 g で割ったもの

$$m = \frac{W}{g} \tag{7.71}$$

であるから，加速度 α は次のようになる．

$$\alpha = \frac{T_a - D - \mu(W - L)}{W} g \tag{7.72}$$

滑走を始めたときは，速度が小さいので抗力 D も揚力 L も非常に小さく，したがって加速力は $T_a - \mu W$ と考えてよい．速度が増すにつれて D や L は速度の2乗に比例してどんどん大きくなっていくので，摩擦抗力は次第に減じ，揚力が重量に等しくなったところで0となり，車輪が地面を離れる．このときの加速力は $T_a - D$ である．図7.21は滑走速度による，推力，空気抗力，地面摩擦抗力および加速力の変化を示したものであるが，この図から推力は静止状態（滑走開始時）が最大で，速度が増してくると，減少することがわかる．飛

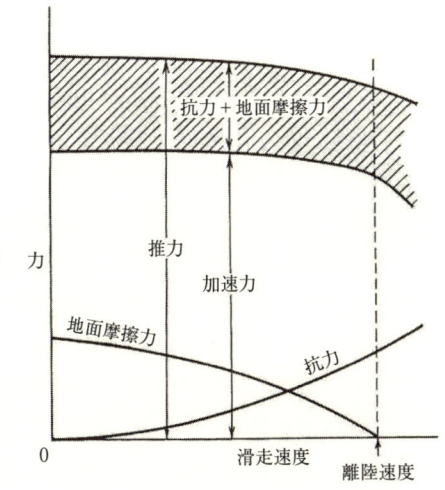

図7.21 離陸滑走中に働く力の変化

行機の速度が最小速度（失速速度）V_s（p.246の脚注を参照）に達したら，上げ舵を引いて迎え角を大きくすれば，一応離陸するけれども，この速度は失速速度であるから離陸しても危険である．そこで，普通は，安全を見込んで**離陸速度**（take-off speed）を $1.15〜1.2V_s$ に定め，この速度に達したら上げ舵を引くように定めている．

滑走を始めてから車輪が地面を離れる距離を**地上滑走距離**（ground-run-distance）というが，これは次のようにして求めることができる．滑走開始の瞬間を時間の原点にとり，時刻 t における速度を V, 加速度を α とすると，短い時間間隔 dt の間に滑走する距離 ds は

$$ds = V dt \tag{7.73}$$

また，dt の間に生じる速度の増加 dV は

$$dV = \alpha\, dt \tag{7.74}$$

となる．式（7.73）を式（7.74）で辺々割算して dt を消去すると

$$ds = \frac{V}{\alpha} dV \tag{7.75}$$

が得られる．ゆえに，離陸速度を V_T で表すと，地上滑走距離は

$$S_g = \int_0^{V_T} \frac{V}{\alpha} dV \tag{7.76}$$

で計算される．この式で α は理論的には式（7.72）のように表されるから，こかを代入して積分を行えばよいわけであるが，実際には速度と加速度の関係（$\alpha 〜 V$ 曲線）は一般に数式の形では与えられないので，図式積分によって求めることになる．

普通の飛行機では車輪が地面を離れてからといって，早急に上空に舞い上がれるわけではない．地上すれすれの飛行から，次第に高度を増すのであるから，その進路上に樹木や建物などの障害物があってはならない．また，滑走中にエンジンが故障して，途中で離陸をあきらめる場合などを考えると滑走路はかなり長めにしておかなければならない．

そこで，図 7.22 のように地上滑走距離のほかに**離陸距離**（take-off distance）および**離陸滑走路長**（take-off field distance）というものを定めている．まず，離陸距離とは，滑走開始から車輪が地面を離れて高度 15m（双発以上の輸送機では 10.5m）に達するまでの地上水平距離をいう．したがって，離陸距離

7.6 離着陸性能

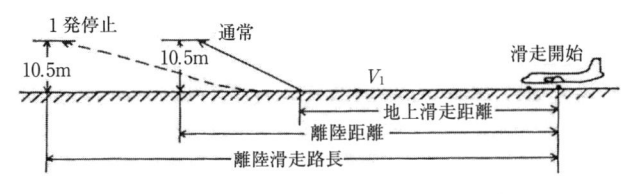

図7.22 離陸距離・離陸滑走路長の決め方

S_T は前述の S_g と，ここでは計算方法を省略するが，車輪が地面を離れて高度15m（あるいは10.5m）まで上昇するに要する水平距離 S_a の和である．離陸距離のほかに，双発以上の輸送機には離陸滑走路長というのが定められている．これは滑走中，速度 V_1 になったときにエンジンの一つが故障して止まった場合，他のエンジンでそのまま滑走を続けて離陸し，高度10.5mに達するまでの水平距離をいう．ここに V_1 は**臨界点速度**（critical engine failure speed）と呼ばれ，その決め方はいろいろあるが，普通は，V_1 の速度でエンジンが止まったら，離陸を断念してブレーキをかけ，飛行機が停止するまでの滑走距離が上述の離陸を強行して10.5mの高度に達する距離に等しくなるような速度 V_1 として定められる．この場合の離陸滑走路長を特に**釣合い離陸滑走路長**（balanced field length）という．

離陸距離を短くするには，（i）加速力を大きくすること，（ii）離陸速度を低くすること，である．加速力を大きくするには，強力なエンジンをつければよいが，離陸のためにだけ大きなエンジンをつけることは不合理である．そこで，軍用のジェット機ではアフタバーナ付きのエンジンを用いたり，ブースター・ロケットを用いたりするが，民間機ではあまり試みられていない．プロペラ機ではプロペラ直径を多少大きくすることで巡航時の効率をあまり損なわずに離陸時の推力を増すことができる．一方，離陸速度を下げるためには翼面荷重を減らすことであるが，これをあまり小さくすると，前節で述べた航続率あるいは航続係数を低下させ，構造重量を増すことになるので限度がある．

7.6.2 着 陸 距 離

着陸降下するときはエンジンの出力を絞って，推力を抗力より小さくすればよい．推力を0と仮定すれば降下率 ω は7.4節の式（7.37）で与えられる．

$$\omega = \sqrt{\frac{2W}{\rho S}} \cdot \frac{C_D}{C_L^{3/2}}$$

この点についてはそこで述べたので参照願いたい．着陸距離は高度15mより進入し，接地して停止するまでの距離を言う（図7.23）．このほか，民間輸送機では着陸距離の1.67倍を着陸滑走路長として定めている．接地するときの速度を**着陸速度**といい，V_Lで表す．V_Lは失速速度V_sまで下げられるはずであるが，離陸のときと同様に，安全をはかって$1.15 \sim 1.2 V_s$とする．また，降下率も進入時のままで接地すると衝撃が大きくなるので，昇降舵を引いて機体を起こし，水平方向の速度だけで接地するようにする．

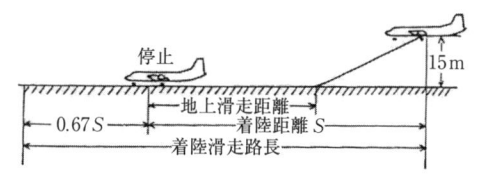

図 7.23 着陸距離・着陸滑走路長の決め方

着陸滑走中の加速度は離陸の場合の式（7.72）と同じであるが，推力T_aがほとんど0であるから，加速度αは負となる．$T_a=0$とすると，式（7.72）は

$$\alpha = -\frac{D + \mu'(W-L)}{W} g \qquad (7.77)$$

μ'は，ブレーキ使用のときは表7.1による．地上滑走距離も式（7.76）で積分の上限を0，下限をV_Lに変えればよい．ただ，離陸のときは速度が大きくなるのでdV_iは正であったが，着陸のときは速度が小さくなるのでdV_iは負である．負のαと負のdV_iの積は正になるから，滑走距離は正の値として計算される．

着陸距離を短くするには，（ⅰ）減速力を大きくすること，（ⅱ）着陸速度を低くすること，である．減速力としては普通，車輪にブレーキをかけて摩擦力を増す方法がとられるが，さらに減速力を強力なものとするためには，プロペラ機ではプロペラのピッチを逆にしたり，ジェット機では排気ノズルに設けた装置で排気の方向に逆にしたりして，逆推力を与えることが最も効果的である．軍用機ではドラッグ・シュート（着陸滑走中に開いて，生ずる空気抗力をブレーキとするパラシュート）が使われることもある．

また，着陸速度を下げるには翼面荷重を小さくするのがよいが，離陸速度におけると同じ理由で限度がある．そこで，最大揚力係数をできるだけ大きくすることによって速度を下げる方法がとられている．すなわち，現代の飛行機には実にさまざまな高揚力装置が考案され，1機で数種のものを同時に装備して

いるものもある．

演習問題

1. 翼幅34.3m，翼面積147m^2，総重量412kNの飛行機が標準大気の海面上6,000mを800km/hで水平定常飛行する場合の揚抗比および必要推力は何程か．ただし，この飛行機の最小抗力係数は0.015，飛行機効率は0.80である．　　（10.4，39.5kN）
2. 翼幅15m，翼面積15m^2，総重量4.3kNの飛行機がある．最大揚力係数がCLmax=1.50であるとすると，標準大気の海面上での失速速度は何程か．　　（17.7m/s）
3. 翼幅19.4m，翼面積18.4m^2，重量333Nの人力飛行機がある．最小抗力係数を0.020，飛行機効率を0.9とすると，海面上を8m/sで水平に飛ぶ場合の必要パワーは何程か．操縦者の重量は588Nとせよ．　　（279W）
4. 総重量26.5kNの飛行機が海面上を速度120km/h，揚抗比10，推力8kNで上昇している．上昇率および揚力を求めよ．　　（6.8m/s，25.9kN）
5. $C_D = C_{Dp\min} + \dfrac{C_L^2}{\pi eA}$ が成り立つとき，C_L/C_D および $C_L^{1/2}/C_D$ を最大にする C_L はそれぞれ $\sqrt{\pi eAC_{Dp\min}}$，$\sqrt{1/3\pi eAC_{Dp\min}}$ となることを示せ．　　（略）
6. 翼面積18.6m^2，縦横比6，総重量13.2kN（うち燃料0.7kN）の飛行機がある．燃料消費率は2.5N/(kW·h)，プロペラ効率は80％でともに一定であるとする．飛行機効率を0.80，最小抗力係数を0.023として，最大航続距離を求めよ．　　（806km）

第8章

超音速飛行

8.1 擾乱の伝播

　空気中を物体が速度Vで運動しているとき，aを音速とすれば，Vとaの比が**マッハ数**である．すなわち

$$M = \frac{V}{a} \tag{8.1}$$

マッハ数という名称は，超音速流の研究の先覚者であるオーストリアの物理学者エルンスト・マッハ（1838〜1916）に因んでつけられたものである．ところで，飛行機がマッハ数Mで飛んでいるということは，マッハ数Mの空気の流れの中に飛行機が置かれているということと同じであるから，飛行機にあたる流れ —— 主流（あるいは自由流）のマッハ数がMであるといってもよい．空気の流れの中に物体が置かれている場合，そのまわりの流れの状態に及ぼす圧縮性の影響の大きさは，第2章2.3節で述べたように主流のマッハ数Mの大きさによって変わり，Mが1に比較して非常に小さいときには圧縮性の影響は無視できるが，1に近づくにつれて大きくなり，1を超えると流れの状態は亜音速の場合とまったく変わってしまう．

　いま，静止した空気中の一点Pに生じた弱い擾乱（変動）を考えると，これは点Pを中心として音速aで球面波となって広がっていく．したがって，時刻t, $2t$, $3t$, ……に擾乱は中心がPで，半径がat, $2at$, $3at$, ……の同心球面上に到達する．しかし，もし空気が左から右へ速度Vで流れているならば，時刻ntに擾乱はPから下流に距離Vnt（$n = 1, 2, 3, ……$）だけ離れた中心

にもつ半径 ant の球面上にくる．したがって，時間間隔 t で次々に発生する球面波は，V が a より小さい（すなわち，$M<1$）ならば，図 8.1 (a) に示すように，P の上流側で間隔が詰まり，下流側では間隔がひらく．そし

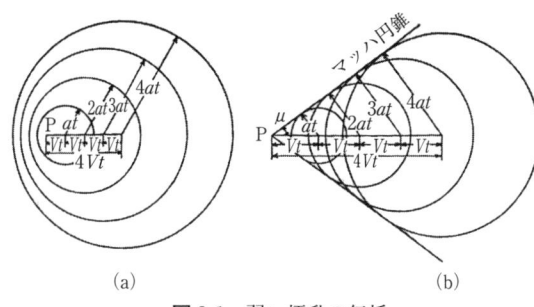

図 8.1　弱い擾乱の伝播

て，擾乱は最終的には空間の指定されたいかなる点にも到達する．しかし，V が a より大きい（$M>1$）ときを考えると，擾乱は図 8.1 (b) に示すように P を頂点とし，V の方向を軸とする半頂角 μ の円錐の外側には達することはできない．この円錐を**マッハ円錐**（Mach cone），半頂角 μ を**マッハ角**（Mach angle）と呼ぶ．図から μ と M の間には次の関係があることがわかる．

$$\mu = \sin^{-1}\frac{a}{V} = \sin^{-1}\frac{1}{M} \tag{8.2}$$

ここでは擾乱源が静止していて，空気が速度 V で流れている場合を考えたが，空気が止まっていて，擾乱源が速度 V で右から左へ運動する場合も同じようになる．

これまでの説明では擾乱は非常に弱いと仮定したが，現実の飛行機やロケットは厚さや太さが有限であるため空気中を飛ぶ場合の擾乱は大きく，円錐面では集積するために一層強くなり，かつ空気は押しのけられて減速され，温度が上がるので擾乱の伝播速度は音速より大きくなる．その結果，擾乱は上述のマッハ円錐よりも，上流側に集積し，図 8.2 のように主流に対する傾きの大きい速度や圧力の不連続面を生ずる．この不連続面を**衝撃波***（shock

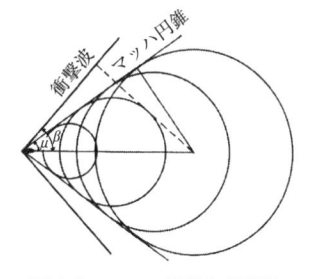

図 8.2　マッハ円錐と衝撃波

---

*衝撃波は実際には不連続面ではなく，非常に薄いけれども厚さがあり，その中で圧力，密度，温度が連続的に急増し，速度は急減している．その厚さは $10^{-6} \sim 10^{-8}$ mm という薄いものなので，不連続面と考えてよい．

wave），衝撃波が主流の方向となす角 β を**衝撃波角**（shock angle）という．衝撃波を通過した空気は圧力，密度および温度が不連続的に増加する．このため，物体が空気中を超音速で運動する場合，物体を推進するために必要なエネルギーの大部分は衝撃波の発生に消費される．衝撃波を発生するために生ずる抗力を**造波抗力**（wave drag）という．亜音速において生ずる抗力は粘性によるもののみであるが，超音速では粘性による抗力のほかに造波抗力が加わり造波抗力の占める割合は非常に大きくなる（図 2.2 参照）．

物体にあたる空気速度を 0 の状態から次第に大きくしていく場合を考える．つまり，主流（自由流）のマッハ数 M_1 を大きくしていくわけであるが，それが亜音速（$M_1 < 1$）であっても，物体の膨らみの部分では流れが加速されて速くなるから，ついにその表面のどこかで流速が音速に等しくなるところができる（図 8.3）．このときの主流のマッハ数が**臨界マッハ数**（critical Mach number）M_{cr} である．また，物体まわり

図 8.3 臨界マッハ数 M_{cr}

の流速は一般に主流の速度と異なるのみならず，音速も主流の値と異なる．そこで，物体まわりのある点での流速をその点の音速で割った比をその点の**局所マッハ数**（local Mach number）という．上の例では主流のマッハ数が臨界マッハ数になったとき，物体の表面上に局所マッハ数 1 のところができたということを意味する．主流のマッハ数を臨界マッハ数以上に上げると物体上に超音速の領域ができ，この超音速流が再び亜音速流に減速されるところに衝撃波が発生する[*]．このときの流れ場は亜音速の部分と超音速の部分が共存しており，このような状態を**遷音速**と呼ぶ．さらに，主流のマッハ数が高くなると，物体面の衝撃波は物体の後端まで後退し，物体の先端は別の衝撃波が近づいてくる．図 8.4 は主流のマッハ数の大きさによって，レンズ翼まわりの流れのパターンがどのように変化するかを示したものである．

8.2 超音速流の性質と衝撃波の成因

図 8.5 のように空気（一般には任意の気体）の流れの中に 1 本の流管を考え

---

[*] p.126 参照.

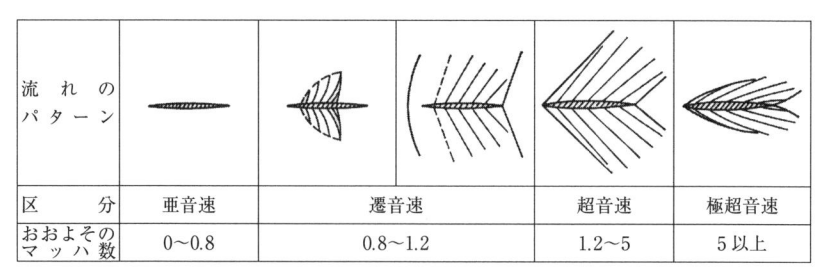

流れの パターン	—	※	‹|:	‹|‹	‹‹
区　分	亜音速	遷音速		超音速	極超音速
おおよその マッハ数	0〜0.8	0.8〜1.2		1.2〜5	5以上

図 8.4　マッハ数による流れ場の変化

る．流管の流れはそれが亜音速流か超音速流かによって二つの異なった現象が起こる．亜音速の場合には非圧縮性流体の場合と同様に管の断面積が狭くなると速度が増し，広くなると速度は減じる．しかし，超音速流ではまったく逆のことが起

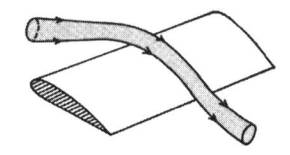

図 8.5　翼を越える流管

こる．すなわち，管の断面積が狭くなると速度が減じて圧縮され，広くなると速度は増して膨張する．図 8.6 は亜音速流と超音速流のこの相違を簡単にまとめたものであるが，亜音速機と超音速機の設計上の違いは主としてこの流れの基本的な性質の相違にある．

図 8.7(a) は凸壁を曲がる超音速流を示すものであるが，上述の流管の流れに関する法則を適用すると，凸な曲がりは超音速流の流速を加速させるから，マッハ数は増し，圧力は減少する．壁面は連続的に滑らかに曲がっているので

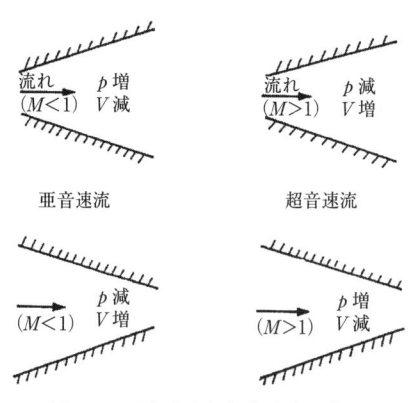

図 8.6　亜音速流と超音速流の違い

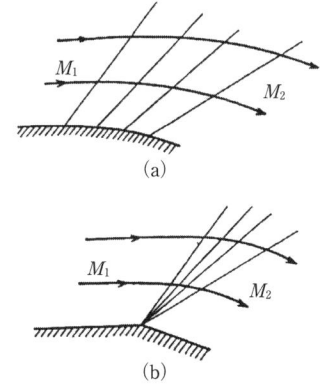

図 8.7　凸壁を曲がる超音速流

無限小の圧力の低下を伴う扇状のマッハ線群を通して流れは膨張していく．次に，図8.7(b)のように角のするどい凸壁をまわる流れは図8.7(a)でマッハ線が出る壁面上の点が一つの角に集中した極限的な流れであると考えられる．この場合，マッハ線群は完全な扇形をなし，**膨張波扇**（expansion fan）と呼ばれる．前者の場合も含めて，このような膨張を**プラントル－マイヤー膨張**（Prandtl-Meyer expansion）という．

流れは角をまわって膨張すると，その速度を増し，圧力は減ずる．それゆえ膨張は順圧力勾配で起こる．しかし，亜音速流であると逆圧力勾配ができる．この逆圧力勾配はとがった角をまわる亜音速流で境界層の剥離を引き起こす．それゆえ，亜音速機では抗力の増加を避けるため，この種の角をつけない．これに反して境界層の剥離は順圧力勾配では起こりにくくなる．その結果，超音速機においては，このような角はあまり問題とならないが，超音速機もその飛行中に亜音速で飛ぶ必要があるから，一般にはとがった角は避ける．

次に，図8.8のような凹壁を曲がる超音速流について考えてみよう．この場合，凹な曲がりは超音速流の速度を減ずることは明らかである．この曲がる角度——偏向角θが大きければ大きいほど減速も大きい．そこで，この減速のために流速が亜音速にまで減速するか，あるいは曲がりを通過した後も超音速にとどまるかに従って，二つの異なる流れのパターンが生ずる．いずれのパターンができるかは主流のマッハ数M_1と流れの偏向角θの大きさによって決まる．

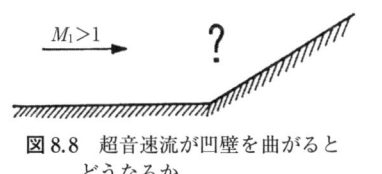

図8.8 超音速流が凹壁を曲がるとどうなるか

曲がりが流速を亜音速にまで減速する場合は，曲がりによってつくられる圧力の擾乱はその前方に伝播することができる．実際，曲がりによる圧力の伝播速度は主流の音速よりも大きい．というのは，流速の減少は圧力を増加し，それがさらに温度の増加をもたらす．音速は絶対温度の平方根に比例するから，結局，音速の増加となる．この局所音速で上流に伝播する圧縮波（圧力擾乱）はただちに，それ自身の前進速度が接近してくる主流の超音速の速度に等しく（向きは反対）なる位置まで前進する．すなわち，この位置で圧縮波の曲壁に相対的な速度は0になる．こうして，主流の速度と圧縮波の伝播速度が釣り合うこの位置に圧縮波の堆積が起こり，強い圧縮波，すなわち衝撃波が形成され

る．図8.9はこのようにしてできた衝撃波を示したものであるが，壁面近くでは波面が流れに垂直であるので，この部分は**垂直衝撃波**（normal shock wave）と呼ばれる．

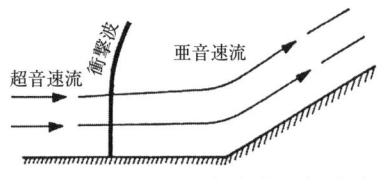

図8.9 凹壁を曲がる超音速流（亜音速にまで減速される場合）

主流のマッハ数 M_1 が曲壁の偏向角 θ に対して十分大きい場合，流れは偏向後も超音速となる．この場合は先の凸壁による膨張と同様に，図8.10(a)に示すごとく無数に多くのマッハ波を通して速度は徐々に減速され，したがって圧力も徐々に増加していく．しかし，圧縮波はその性質上，重なり合うと強さを増していき，音速より速い速度で伝播する衝撃波となる［図8.10(b)］．図8.10(c)のようにとがった凹角をもつ壁面を曲がる超音速流は図8.10(a)のマッハ波が出ている曲壁上のすべての点が一つの角に集まったときの極限であると考えることができる．こうして形成された衝撃波を**斜め衝撃波**（oblique shock wave）といい，その傾き──衝撃波角 β は図8.2と同様に主流のマッハ角より大きい．

図8.10(c)の場合，主流のマッハ数 M_1 を一定に保っておいて，偏向角 θ を徐々に大きくする．θ がある値 θ_m を超えると図8.10(c)の流れのパターンは成り立たなくなり，衝撃波は凹壁の角を離れ，衝撃波を通過した後の流速が亜音速に減ずる図8.9の場合になる．θ_m は主流のマッハ数 M_1 の関数で，M_1 が大きいほど θ_m も大きくなる．

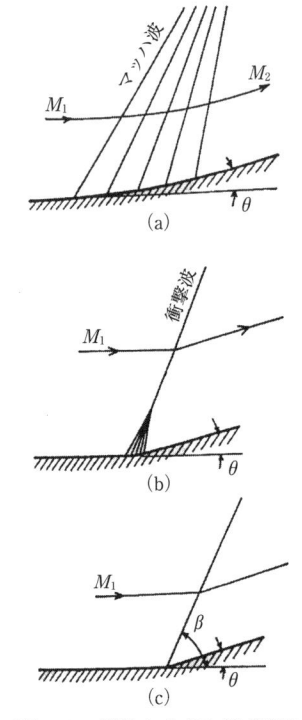

図8.10 凹壁を曲がる超音速流（超音速にとどまる場合）

8.3 音波と垂直衝撃波

気体の中に生じた圧力の変動はそれが微弱であれば音速で，強ければ衝撃波

8.3 音波と垂直衝撃波

として音速より速い速度で伝播していく．図 8.11 (a) のように断面積が一定でまっすぐな管の中を右から左へ伝播していく音波または衝撃波を考える．波面の速度を v とし，波面が進んでいく前方の気体は静止していて，その圧力，密度，温度は一様で，それぞれ p, ρ, T であるとする．波面が通過すると，その直後でこれらの量は変化して $\hat{p}$, $\hat{\rho}$, $\hat{T}$ になる．波の強さは一般に圧力の変化 $\hat{p}-p$ を p で割った無次元量で表す．

いま，波面と同じ速度で動く観測者から見た場合を考えると，図 8.11 (b) のように波面は静止していて，気体が速度 v で左から右へ波面を通過して流れていくことになる．波面を通過したあと，速度は $\hat{v}$ になるものとする．単位時間に波面を通過して流れる気体の質量は，管の断面積を A とすると，連続の式より

$$\rho v A = \hat{\rho}\hat{v}A \tag{8.3}$$

である．次に，この質量に運動量の法則を適用する．すなわち，図 8.12 (a) に示すように，ある瞬間に，これから単位時間の間に波面を通過する気体を考えると，その運動量は $(\rho vA)v$ で，波面を通過したのちには図 8.12 (b) からわかるように $(\hat{\rho}\hat{v}A)\hat{v}$ となるから，単位時間に生ずる運動量の変化は

$$(\hat{\rho}\hat{v}A)\hat{v} - (\rho vA)v$$

である．この単位時間内に考えている気体部分に働く力は，左の断面では右へ向かって pA，右の断面では左へ向かって $\hat{p}A$ であるから，$pA - \hat{p}A$ が上の運動量変化に等しくなる（管壁との摩擦はないものとする）．

$$pA - \hat{p}A = (\hat{\rho}\hat{v}A)\hat{v} - (\rho vA)v$$

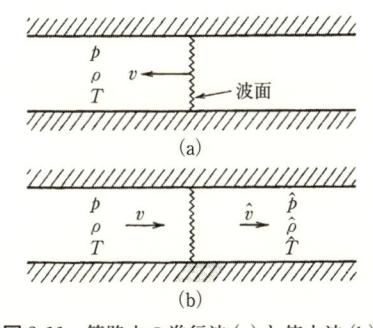

図 8.11 管路中の進行波 (a) と停止波 (b)

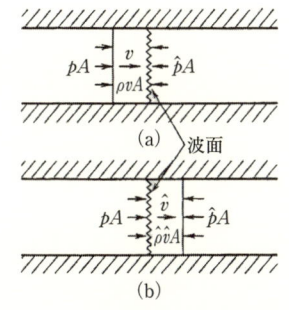

図 8.12 波面を単位時間に通過する気体に運動量の法則を適用する

両辺を A で割って整理すると

$$p + \rho v^2 = \hat{p} + \hat{\rho}\hat{v}^2 \tag{8.4}$$

が得られる．これを**運動量の式**（momentum equation）という．波面の速度 v を求めるためには，このほかにエネルギーの式（ベルヌーイの定理）を用いなければならない．これは，気体を完全気体であると仮定すれば，第2章の式 (2.52) より

$$\frac{1}{2}v^2 + \frac{\gamma}{\gamma-1}\frac{p}{\rho} = \frac{1}{2}\hat{v}^2 + \frac{\gamma}{\gamma-1}\frac{\hat{p}}{\hat{\rho}} \tag{8.5}$$

となる．ここに γ は比熱比である．

8.3.1 音波の場合*

気体が波面を通過したのち，速度，圧力および密度が，それぞれ微小量 dv, dp, $d\rho$ だけ変化したとすれば

$$\hat{v} = v + dv, \quad \hat{p} = p + dp, \quad \hat{\rho} = \rho + d\rho \tag{8.6}$$

と書くことができる．これらを式 (8.3)，(8.4)，(8.5) に代入すると

$$\rho v = (\rho + d\rho)(v + dv) \tag{8.7}$$

$$p - (p + dp) = (\rho + d\rho)(v + dv)^2 - \rho v^2 \tag{8.8}$$

$$\frac{1}{2}v^2 + \frac{\gamma}{\gamma-1}\frac{p}{\rho} = \frac{1}{2}(v+dv)^2 + \frac{\gamma}{\gamma-1}\frac{(p+dp)}{(\rho+d\rho)} \tag{8.9}$$

となる．dv, dp, $d\rho$, dT など微小量どうしの積は極めて小さくなるので省略することにすれば，これらの式は次のように簡単なものとなる．

$$dv = -\frac{v}{\rho}d\rho \tag{8.10}$$

$$dp = -v^2 d\rho - 2\rho v\, dv \tag{8.11}$$

$$v\, dv = -\frac{\gamma}{\gamma-1}\frac{\rho\, dp - p\, d\rho}{\rho^2} \tag{8.12}$$

式 (8.11) に式 (8.10) を用いて $d\rho$ を消去すると

---

*音波はここで考えているような単一の弱い不連続変化ではなく，一般に速度，圧力，密度は連続的に変化している．しかし，右図のように無数の弱い不連続変化の重ね合わせから成るものと考えれば，ここで得られた結果は任意の波形に対して成り立つ．

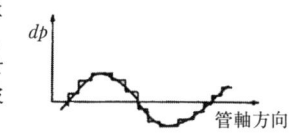

8.3 音波と垂直衝撃波

$$dp = -\rho v\, dv \tag{8.13}$$

さらに，この式と式(8.12)から v を消去すると

$$\frac{dp}{d\rho} = \gamma \frac{p}{\rho} \tag{8.14}$$

が得られる．これは等エントロピー変化の式と同じである．なぜならば，式(8.14)を

$$\frac{dp}{p} = \gamma \frac{d\rho}{\rho}$$

と書き直して，(p, ρ) から $(\hat{p}, \hat{\rho})$ まで積分してみると

$$\int_{p}^{\hat{p}} \frac{dp}{p} = \gamma \int_{\rho}^{\hat{\rho}} \frac{d\rho}{\rho}$$

$$\ln \frac{\hat{p}}{p} = \gamma \ln \frac{\hat{\rho}}{\rho}$$

すなわち

$$\frac{\hat{p}}{p} = \left(\frac{\hat{\rho}}{\rho}\right)^{\gamma} \tag{8.15}$$

となる．これは第2章に示した等エントロピー変化の式(2.8a)とまったく同じ関係式である．それゆえ，音波の波面を通しての気体の状態変化は等エントロピー変化であることがわかる．

次に，式(8.11)に式(8.10)を用いて dv を消去すると

$$v^2 = \left(\frac{dp}{d\rho}\right)_s$$

を得る．添字 s は状態変化が等エントロピー的であることを示す．ここで観測者の立場をもとに戻して，波面の前方の気体が静止していて，波面が動くように見れば，波面の速度 v，すなわち音速は上式により $\sqrt{(dp/d\rho)_s}$ で与えられることになる．音速はこれまで a という記号で表していたので，これで置き換えることにすれば

$$a = \sqrt{\left(\frac{dp}{d\rho}\right)_s} \tag{8.16}$$

と書くことができ，式(8.14)の $dp/d\rho$ は等エントロピー変化の場合であるから，結局

$$a = \sqrt{\gamma \frac{p}{\rho}} \tag{8.17}$$

となる．さらに，気体の温度を絶対温度で T とすると

$$\frac{p}{\rho} = RT \tag{8.18}$$

なる状態方程式が成り立つから，式 (8.17) は

$$a = \sqrt{\gamma RT} \tag{8.19}$$

と表すことができる．ここに，R は気体定数，γ は比熱比で，空気の場合 $R = 287 \mathrm{J/(kg \cdot K)}$, $\gamma = 1.40$ である．

　圧力の微小な変動が音速という有限な大きさの速度で伝わるのは空気に圧縮性があるためで，仮に圧縮性がないとしたらこのような変動は無限大の速度で伝わる．これは音速が無限大になるということである．このことは空気よりも圧縮しにくい水を考えてみると，水中の音速は空気中の約 3 倍になることからも理解できる．

8.3.2　衝撃波の場合

　音波の場合，速度，圧力，密度の変化が微小であるとして式 (8.6) のように置き，微小量の 2 次以上の項を省略する近似で音の速度を求めた．衝撃波の場合は変化が大きく，このような近似は成り立たない．だが，幸いなことに波面前の量 v, p, ρ を既知とすると式 (8.3), (8.4), (8.5) を厳密に解いて波面後の量 $\hat{v}$, $\hat{p}$, $\hat{\rho}$ を求めることができ，この解より衝撃波の速度を求めることができる．以下にこれを示そう．

　まず，式 (8.4) を用いて式 (8.5) の $\hat{p}$ を消去し，さらに式 (8.3) により $\hat{\rho}$ を消去する．

$$\begin{aligned}
\frac{1}{2}v^2 + \frac{\gamma}{\gamma-1}\frac{p}{\rho} &= \frac{1}{2}\hat{v}^2 + \frac{\gamma}{\gamma-1}\frac{1}{\hat{\rho}}(\rho v^2 - \hat{\rho}\hat{v}^2 + p) \\
&= \frac{1}{2}\hat{v}^2 + \frac{\gamma}{\gamma-1}\left(v\hat{v} - \hat{v}^2 + \frac{\hat{v}}{\rho v}p\right) \\
&= -\frac{\gamma+1}{2(\gamma-1)}v^2 + \frac{\gamma}{\gamma-1}\left(v + \frac{p}{\rho v}\right)\hat{v}
\end{aligned}$$

これは未知量 $\hat{v}$ に関する 2 次方程式で，書き直すと次のようになる．

8.3 音波と垂直衝撃波

$$\hat{v}^2 - \frac{2\gamma}{\gamma+1}\left(v + \frac{p}{\rho v}\right)\hat{v} + \frac{\gamma-1}{\gamma+1}v^2 + \frac{2\gamma}{\gamma+1}\frac{p}{\rho} = 0 \tag{8.20}$$

これを解くと

$$\hat{v} = \frac{1}{\gamma+1}v\left[\gamma + \frac{\gamma p}{\rho v^2} \pm \left(1 - \frac{\gamma p}{\rho v^2}\right)\right]$$

$$= \frac{1}{\gamma+1}v\left[\gamma + \frac{1}{M^2} \pm \left(1 - \frac{1}{M^2}\right)\right] \tag{8.21}$$

ここに,音速 $a = \gamma p/\rho$,波面前方の流れのマッハ数 $M = v/a$ を用いた.この式の複号のうち $-$ の符号をとると

$$\frac{\hat{v}}{v} = \frac{\rho}{\hat{\rho}} = 1 - \frac{2}{\gamma+1}\left(1 - \frac{1}{M^2}\right) \tag{8.22}$$

が得られる.$+$ の符号をとると $\hat{v} = v$ となって衝撃のない解となる*.また,式 (8.3),(8.4),(8.22) とから

$$\frac{\hat{p}}{p} = 1 + \frac{2\gamma}{\gamma+1}(M^2 - 1) \tag{8.23}$$

が得られる.これらの結果から $M \neq 1$ である限り,衝撃波の前後で速度,圧力,密度,したがって温度が不連続的に変化することがわかったが,実は $\hat{v} < v$,$\hat{p} > p$,$\hat{\rho} > \rho$ の場合のみが可能であることを示すことができる.つまり,衝撃波は圧縮波であって,圧力の不連続的膨張はあり得ない.したがって式 (8.23) からわかるように,衝撃波は $M > 1$ でなければ生じない.

式 (8.22),(8.23) と完全気体の状態方程式を用いると,衝撃波前後の温度比 $\hat{T}/T$ が求まる.

$$\frac{\hat{T}}{T} = \frac{\hat{p}}{p}\cdot\frac{\rho}{\hat{\rho}} = \frac{[2\gamma M^2 - (\gamma-1)][2 + (\gamma-1)M^2]}{(\gamma+1)^2 M^2} \tag{8.24}$$

衝撃波後のマッハ数 $\hat{M}$ は,連続の式 (8.3) より $\hat{v}^2 = \rho^2 v^2/\hat{\rho}^2$ であるから

$$\hat{M}^2 = \frac{\hat{v}^2}{\hat{a}^2} = \frac{\rho^2 v^2}{\hat{\rho}^2}\cdot\frac{\hat{\rho}}{\gamma\hat{p}} = \frac{M^2}{(\hat{\rho}/\rho)(\hat{p}/p)}$$

これに式 (8.22),(8.23) を代入すると

---

*この解は管路に沿って至るところ一定の速度で流れる場合を与えるから,むしろ常識的な解であって,$\hat{v} \neq v$ なる解があるということの方が驚くべきことである.

$$\hat{M}^2 = \frac{\gamma+1+(\gamma-1)(M^2-1)}{\gamma+1+2\gamma(M^2-1)} \tag{8.25}$$

となる.

静止気体中を進む衝撃波を**進行衝撃波**(progressive shock wave)といい,流れの中に静止している衝撃波を**静止衝撃波**(stationary shock wave)という.式(8.23)において$M=v/a$であり,vは進行衝撃波に対しては衝撃波の速度を与えるから,これをa_wで表すと

$$a_w = a\sqrt{1+\frac{\gamma+1}{2\gamma}\cdot\frac{\hat{p}-p}{p}} \tag{8.26}$$

となる.$(\hat{p}-p)/p$は衝撃波の強さを表し,衝撃波は音波より速い速度で伝播することがわかる.$\hat{p}\to p$のとき$a_w\to a$となるから,音波は無限に弱い圧力変動の波であるということができる.また,衝撃波の通過した後,これを追うような気体の流れが生じて,その速度は式(8.22)より

$$\Delta v = v - \hat{v} = \frac{2}{\gamma+1}\left(1-\frac{1}{M^2}\right)v \tag{8.27}$$

である.音波では$M=1$であるから$\Delta v=0$となる.

8.4 斜め衝撃波

前節で観測者の立場を変えることにより,進行衝撃波にも静止衝撃波にもなり得たのと同様,垂直衝撃波に関して観測者の立場を変えることにより斜め衝撃波を得ることができる.すなわち,図8.13のように垂直衝撃波の波面に平行に速度$-w$で動く観測者から波面前後の流れを観測すると,流速v,$\hat{v}$に速度wが合成されて,波面に速度q,角度βで流入し,波面から速度$\hat{q}$,角度$\beta-\theta$で流出するように観測される.βを**衝撃波角**(shock angle)といい

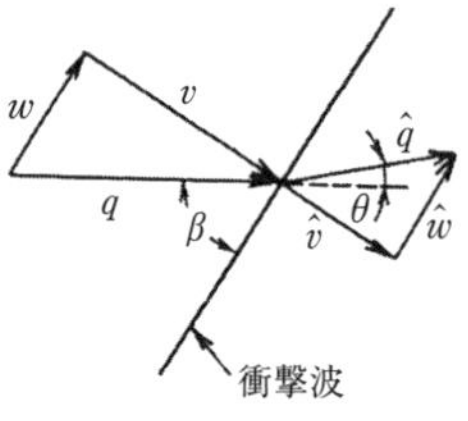

$$\tan\beta = \frac{v}{w} \tag{8.28}$$

図 8.13 斜め衝撃波

なる関係がある.$\hat{q}$の方向はqの方向から角θだけ偏向する.θを**偏向角**(dflection angle)といい,この角に関しては

8.4 斜め衝撃波

$$\tan(\beta - \theta) = \frac{\hat{v}}{w} \tag{8.29}$$

なる関係がある.

衝撃波面に平行な速度成分 w は,明らかに衝撃波の前後の圧力,密度の変化には関係しない.波面に垂直な成分 v, $\hat{v}$ については前節の垂直衝撃波の関係式が成り立つ.すなわち

$$v = q\sin\beta, \quad \hat{v} = \hat{q}\sin(\beta - \theta) \tag{8.30}$$

であるから,$v/a = M\sin\beta$, $\hat{v}/a = \hat{M}\sin(\beta - \theta)$ であることを考慮すれば,垂直衝撃波関係式において

$$M \to M\sin\beta, \quad \hat{M} \to \hat{M}\sin(\beta - \theta)$$

なる置き換えをすることによって,斜め衝撃波の関係式が得られる.たとえば,式 (8.22),(8.23) から

$$\frac{\rho}{\hat{\rho}} = 1 - \frac{2}{\gamma+1}\left(1 - \frac{1}{M^2\sin^2\beta}\right) = \frac{(\gamma-1)M^2\sin^2\beta + 2}{(\gamma+1)M^2\sin^2\beta} \tag{8.31}$$

$$\frac{\hat{p}}{p} = 1 + \frac{2\gamma}{\gamma+1}(M^2\sin^2\beta - 1) \tag{8.32}$$

また,式 (8.25) から

$$\hat{M}^2\sin^2(\beta - \theta) = \frac{1 + [(\gamma-1)/2]M^2\sin^2\beta}{\gamma M^2\sin^2\beta - (\gamma-1)/2} \tag{8.33}$$

が得られる.これらの式は衝撃波前のマッハ数 M,密度 ρ,圧力 p を与えて衝撃波後のそれらの値 $\hat{M}$, $\hat{\rho}$, $\hat{p}$ を求めるのに用いることができる.それには β の値が必要となる.実は,β は M と θ を与えると次に示すようにして求めることができる.結局,θ および M, ρ, p を与えると $\hat{M}$, $\hat{\rho}$, $\hat{p}$ が求まるということになる.

衝撃波角 β と偏向角 θ の関係は式 (8.28),(8.29) および式 (8.3) より次のようにして得られる.

$$\frac{\tan\beta}{\tan(\beta - \theta)} = \frac{v}{\hat{v}} = \frac{\hat{\rho}}{\rho} \tag{8.34}$$

三角関数の公式によって左辺を書き換えることにより

$$\tan\theta = \frac{\hat{\rho}/\rho - 1}{\hat{\rho}/\rho + \tan^2\beta} \cdot \tan\beta \tag{8.35}$$

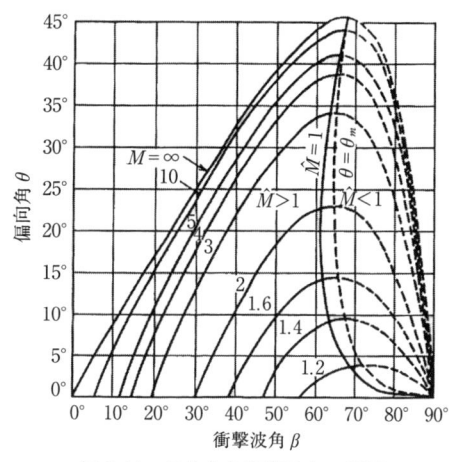

図8.14 偏向角と衝撃波角の関係

式(8.31)を代入すると

$$\tan\theta = \frac{M^2\cos^2\beta - \cot^2\beta}{1+\frac{1}{2}M^2(\gamma+\cos 2\beta)}\cdot\tan\beta \tag{8.36}$$

となる．$\gamma=1.4$の場合，この式で与えられるθとβの関係をMをパラメータとして線図に表すと図8.14のようになる．Mの各値に対してそれぞれθの最大値θ_mが存在することがわかる．θは凹壁を曲がる流れの場合 [図8.10 (c)] は壁面の偏向角に等しく，迎え角ゼロのくさびの場合 [図8.15(a)] はその半頂角に等しい．この二つの流れについて，θがθ_mより大きい場合，式(8.36)によるβの解は存在しない．この場合，実験および理論によると，壁面を曲がる流れでは，衝撃波は角から出ないで，図8.9に示したように前方の少し離れた位置に垂直衝撃波状にできる．くさびの場合も先端から離れた，いわゆる**離脱衝撃波** (detatched shock wave) となる [図8.15(b)]．飛行機の翼の前縁が丸い場合，超音速飛行時には離脱衝撃波ができる．離脱衝撃波が生じると造波抗力が非常に大きくなるので，超音速機の翼型には第3章の図3.6(c)，(d) のような前縁の鋭くとがった薄い翼型が用いられ，

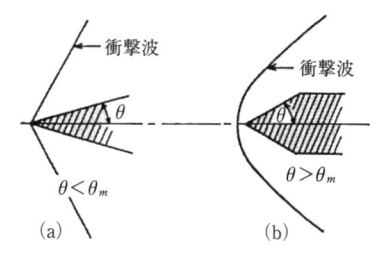

図8.15 くさびの先端にできる衝撃波

また，胴体の先端などもとがったものにする．

図8.16は亜音速と超音速におけるレンズ翼の風圧分布（完全流体における）を示したものであるが，亜音速では風圧分布が前後で対称であるため抗力は生じないが，超音速では非対称となるため抗力が生じる．

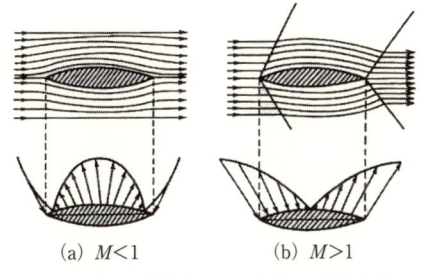

(a) $M<1$　　(b) $M>1$

図 8.16 レンズ翼まわりの流れと風圧分布

8.5　超音速機の翼型と翼平面形

飛行機の速度が臨界マッハ数を超えて大きくなると，主翼の上面に超音速の領域が形成されて，それが亜音速の減速されるところで翼表面に垂直な衝撃波が発生する．同様な現象は，多少の時間的前後はあるが，主翼の下面や胴体などにも現われる．衝撃波の発生は抗力の急増を伴い，飛行速度の向上をはばむばかりではなく，主翼に衝撃失速を起こさせるので，安定した飛行の妨げともなる．こうした高速飛行の障害を称して「音の壁」と呼んだが，臨界マッハ数の高い翼型の研究，後退翼や面積法則の発見でこの壁は破られた．これらについては第3章，第4章で詳しく述べたので，ここでは超音速翼の特性について説明することにする．

亜音速機の翼には普通，15～25％程度の翼厚が用いられ，最大翼厚は前縁から25～30％の位置にあり，ほとんどの場合，カンバーがつけられている．これらの幾何学的な数値はすべて翼の上面において，できるだけ大きな速度が得られるように定められたものである．言い換えれば，飛行速度が低くても大きな揚力係数が得られるような値が選ばれている．しかし，このような翼型は臨界マッハ数が低いので，少し速度が高くなると翼上面の最大速度が音速に達してしまう．つまり，低速時の長所が高速時には逆に短所となる．たとえば，カンバーのある翼厚25％の翼に適当な迎え角をつけた場合，その臨界マッハ数は0.3という非常に低い値になる．臨界マッハ数の低い翼では上面の衝撃波の発生も早い．そして，衝撃波の発生が早ければ早いほど，それ以上の速度増加に対して衝撃波はそれだけ強くなる．さらに，翼厚が厚ければ厚いほど，ま

た，カンバーが大きければ大きいほど，衝撃波が後縁に移るのが遅くなり，結局，遷音速領域が主流マッハ数の広い範囲を覆うことになる．

揚力は揚力係数と飛行速度の2乗の積に比例するから高速においては大きな揚力係数を必要としない．そこで高速の翼型では低速での特性を犠牲にして，翼厚とカンバーを小さくし，最大翼厚を前縁から50％程度のところまで後退させる．特に遷音速領域を速やかに通過させるためには，翼厚は10％以下にする必要がある．超音速では前節で述べたように，造波抗力を減らすために前縁を鋭くとがらせた翼型とし，翼厚も5％以下とする．

高速薄翼の長所と短所をあげると次のようになる．

長 所
(i) 衝撃の発生を遅らせることができる．
(ii) 衝撃波の発生が遅れるので，たとえ速度が増して衝撃波が発生したとしても，同じマッハ数において厚い翼に発生するものより弱い．
(iii) 薄い翼面上の衝撃波は速やかに後方に移動するから，境界層の剝離を引き起こさないうちに後縁に達してしまう．
(iv) 遷音速領域に対応する主流マッハ数の範囲がかなり狭められる．

短 所
(i) 翼の構造強度上，剛性が不足するので空力弾性的に不利になる．特に後退翼の場合は極めて苦しい．
(ii) 最大揚力係数はすべての速度範囲にわたり減少するので，これは必然的に亜音速性能の低下を意味する．特に離着陸速度を高めるので問題である．
(iii) 亜音速用の翼型では失速は後縁から始まり，徐々に前縁に向かって広がっていくので，揚力の低下は緩慢である．これに対して，薄翼では，特に前縁がとがっている場合，失速は前縁で突如として起こり，ほとんど完全に揚力を失う．

次に，高速機の翼の平面形について考えてみよう．翼の臨界マッハ数を翼の平面形の上から高める方法として，最初に考えられたのが翼に後退角をつけることであった．これは翼の特性が前縁に直角な流れのマッハ数で決まるため，後退角をつけて前縁に直角なマッハ数成分を減じようとするものである．第3章の3.14節で述べたように，飛行マッハ数あるいは相対風のマッハ数を M,

前縁後退角をΛ，$\sigma = 90° - \Lambda$とすると，前縁に直角な流れのマッハ数M_nは

$$M_n = M\cos\Lambda = M\sin\sigma \tag{8.37}$$

と表される．M_nをこの翼に使われている翼型の抗力発散マッハ数より小さくするようにすれば，翼は衝撃失速を起こすことはない．上式から，Mが大きくなるほどσを小さくしなければならないことがわかる．図8.17は翼中央の前縁を頂点としてマッハ円錐（破線）を書いたものであるが，図8.17(a)からわか

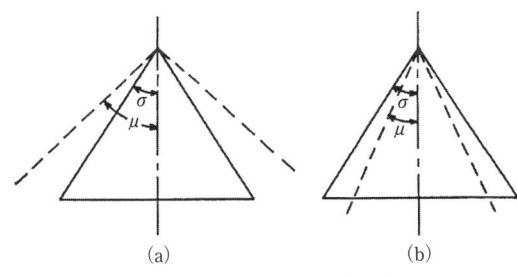

図8.17　亜音速前縁と超音速前縁

るようにσがマッハ角μより小さいときは，前縁に直角な速度成分は音速よりも小さい．この場合，翼の前縁は**亜音速前縁**（subsonic leading edge）と呼ばれ，少なくとも前縁の丸い翼型を用いても，離脱衝撃波を生じるようなことはないから，造波抗力の低減は著しい．マッハ数が$\sqrt{2}$程度の大きさまでならばマッハ角もあまり小さくない（$M=\sqrt{2}$で$\mu=45°$）ので角度σもそんなに小さくないが，マッハ数が2よりも大きくなるとσは相当小さくなる（$M=2$で$\mu=30°$）ので，後退翼にすることは構造的にも無理で，必然的にデルタ翼やオージー翼を採用することになる．次に，σが図8.17(b)のようにμより大きい場合は明らかに前縁に直角な速度成分は超音速になるから，翼型は前縁の鋭くとがった超音速翼型を用いないと，造波抗力が大きくなりすぎて実用にならなくなる．この場合の前縁は**超音速前縁**（supersonic leading edge）と呼ばれる．

　マッハ数が大きくなるほど後退翼やデルタ翼の平面形は縦方向に細長くなるので，縦横比は大変小さなものとなる．このような翼は揚力曲線（$C_L \sim \alpha$曲線）の傾斜が小さくなるので，低速時の空力性能が低下する．すなわち，小さな迎え角では揚力係数が小さすぎる．迎え角を大きくすると誘導抗力が増す．特に離着陸時に大きな迎え角をとることは，パイロットの前方視界を悪くし，また，足の長い着陸装置を使わなければならないことになる．かといって翼面積を増して揚力を補おうとすると，抗力や重量の増加につながってしまう．このほか，後退翼では後退角を大きくすると翼端失速が起こりやすくなるというマ

イナス面もある．そこで，縦横比をあまり小さくしないで超音速前縁を許すなら，いっそのこと後退翼やデルタ翼をやめて適当な大きさの縦横比の直線テーパー翼を用いたらどうかという考えが出てくる．その根拠は図8.18に示すように，遷音速における抗力係数は直線テーパー翼より後退翼やデルタ翼の方が小さいが，完全に超音速になると直線テーパー翼の方が小さくなるという点にある．また，構造的にも直線テーパー翼の方が軽くつくれるという利点もある．直線テーパー翼のこのような特徴を生かして設計し，成功したのがアメリカのジェット戦闘機F-104である．なお，低速から高速まで翼の性能を低下させないためには現在のところ図8.19に示すような可変後退翼を用いる以外に方法はないようである．

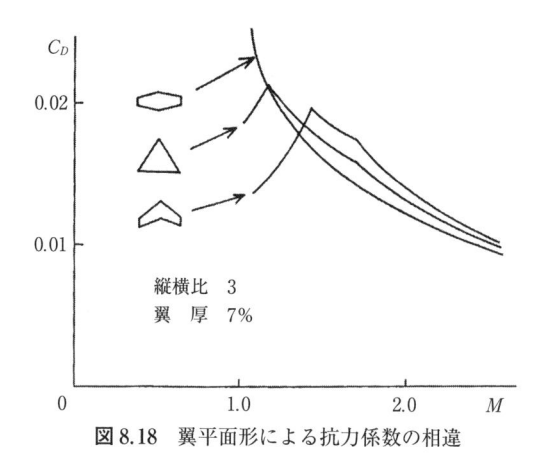

図8.18　翼平面形による抗力係数の相違

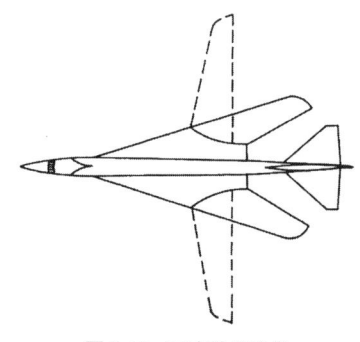

図8.19　可変後退翼機

8.6　空力加熱

　空気の流れの中に先端の丸い物体を置くと，流れが物体面に直角にあたる最先端のところでは，流速が0になる．すなわち，よどみ点である．よどみ点は流れの中で最も圧力が高い点であると同時に，最も温度の高い点でもある．流速が亜音速の場合には**よどみ点温度**（stagnation temperature）もあまり問題にならないが，超音速でマッハ数が大きくなると，非常に大きな温度上昇を生じ，その温度はアルミニウム合金の使用を不可能にする場合もある．この空気

8.6 空力加熱

力学的な加熱を**空力加熱**（aerodynamic heating）と呼んでいる．よどみ点温度 T_0 は大気の温度を T，飛行マッハ数を M とすると

$$T_0 = T(1 + 0.2M^2) \tag{8.38}$$

により計算される．この式は第 2 章の式 (2.37) から簡単に導くことができる．すなわち，大気中の音速を a，よどみ点の音速を a_0 とすると，式 (8.17) より

$$a^2 = \gamma p/\rho, \quad a_0^2 = \gamma p_0/\rho_0$$

であるから（p, ρ は大気の圧力と密度，p_0, ρ_0 はよどみ点の圧力と密度である），式 (2.37) は

$$\frac{1}{2}V^2 + \frac{a^2}{\gamma - 1} = \frac{a_0^2}{\gamma - 1} \tag{8.39}$$

と書くことができる．両辺を $a^2/(\gamma - 1)$ で割ると

$$\frac{a_0^2}{a^2} = 1 + \frac{\gamma - 1}{2}\left(\frac{V}{a}\right)^2$$

となる．ところが，式 (8.19) より

$$a^2 = \gamma RT, \quad a_0^2 = \gamma RT_0$$

と表すこともできるから，この式は

$$\frac{T_0}{T} = 1 + \frac{\gamma - 1}{2} M^2 \tag{8.40}$$

となる．空気の場合，$\gamma = 1.4$ であるから，M^2 の係数は 0.2 となって式 (8.38) が得られる．

　流れている空気は運動のエネルギーをもっているから，よどみ点で流れがせき止められると，運動のエネルギーは熱のエネルギーに変換される．もっとも，静止した空気中を飛行機が飛ぶ場合，変換される運動のエネルギーは飛行機自身の運動エネルギーの一部であるが，飛行機からすれば，空気が飛行機と同じ速度で反対方向に流れているのと同じであるから，よどみ点温度は飛行マッハ数 M を用いて式 (8.38) から計算できるわけである．この式は運動のエネルギーがすべて熱に変換されたと仮定した場合であるが，実際にはその付近の空気に熱伝達され，幾分加熱が緩和される．また，先端以外の機体表面でも粘性のために流速が 0 になっているので運動エネルギーが熱に変換されるが，よどみ点ほど高温にはならない．

　いま，標準大気中，高度 10,000m をマッハ 3 で飛行している場合を考える

と，この高度での大気温度は $T=223.15K$ であるから，よどみ点温度は式 (8.38) により $T_0=624.82K$ となる．すなわち，351.67℃ という非常に高い温度となる．図 8.20 はコンコルドが巡航マッハ数 2.2 で成層圏 [$T=216.65K$ (= $-56.5℃$)] を飛んでいるときの機体表面の温度分布を示したものである．ま

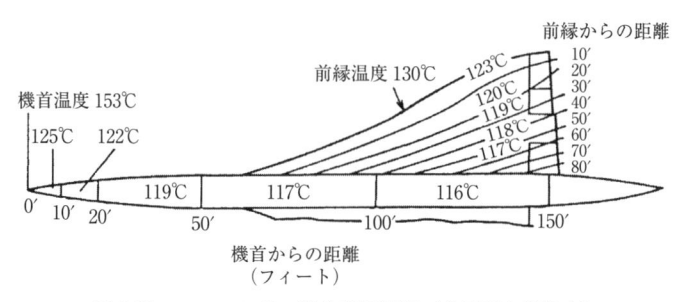

図 8.20 コンコルドの機体表面温度（成層圏を巡航中）

た，図 8.21 はマッハ数によるよどみ点温度の上昇の実測を示したものであるが，マッハ 1.5 を超えると，温度は重要な位置を占めてくることがわかる．マッハ 2 では水の沸点より高くなり，マッハ 3 では 300℃ に達し，これは鉛の融点に近い．マッハ数が 2.2 以上の速度になると機体の構造設計に大きな影響を及ぼすようになる．すなわち，よどみ点温度が飛行機の通常の構造材料で

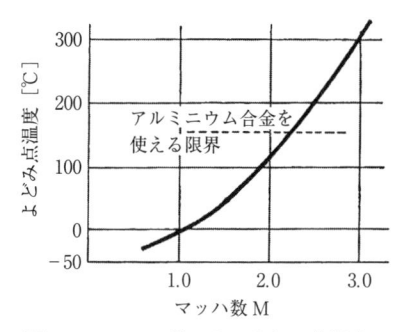

図 8.21 マッハ数によるよどみ点温度の増加（高度 10,000m）

ある，アルミニウム合金の使用温度限界 155℃ を超えてしまう．それゆえ，巡航速度がマッハ 2.2 を大幅に超える場合にはステンレス鋼やチタニウム合金のような耐熱性のある材料を用いる必要がでてくる．だが，これらの材料は一般にアルミニウム合金より重く，加工しにくく，値段が高いので簡単には使えない．

空力加熱の問題はこのほか，燃料のベーパーロック（燃料が沸騰してエンジンへ燃料が送られなくなる現象），電気系統の絶縁材の劣化などさまざまな技術上の問題を生じ，温度が高くなればなるほど問題は大きくなる．しかし，現

在では克服できないような問題はほとんどなく，設計者にとって限界があるとすれば，それは値段だけであると言ってよい．

8.7 極超音速飛行

マッハ数5以上の超音速を普通，**極超音速**（hypersonic speed）と呼ぶ．しかし，5という数値よりもむしろ，次に述べるように，超音速でもマッハ数の低い流れには見られなかったような特徴を帯びるようになったとき，極超音速と呼ぶのが本当である．すなわち，主流のマッハ数が2, 3, 4, ……と大きくなると，衝撃波の傾きはだんだん小さくなって物体の表面に接近してくる．こうなると，擾乱の横方向への伝播は極めて制限され，マッハ数が10とか20というように非常に大きくなった場合には，図8.22のように境界層のすぐ外側に衝撃波がくるようになる．境界層の外に衝撃波が付着したようになったとき，この層を**衝撃波層**（shock layer）といい，衝撃波層内の温度は非常に高くなる．極超音速流ではこのように流れ場の性質が大きく変わってしまうので，これを取り扱う理論も違ってくる．

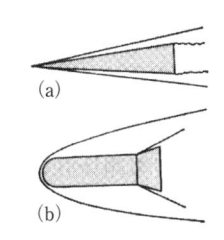

図8.22 極超音速流中に置かれた鋭い物体と鈍い物体（マッハ数約20）

極超音速飛行で問題になるのは，やはり空力加熱であろう．たとえば高度35,000mをマッハ8で飛行すると，機体の表面温度は650℃以上になる．したがって，機体の材料には鋼やチタニウム合金よりもさらに耐熱性のあるモリブデンやベベリウムといった金属を用いたり，機体の表面から気体や液体を流して冷却したりしなければならない．航空機に通常用いられている金属では溶解してすり減っていく．この現象を**アブレーション**（ablation）というが，溶解するときは熱を吸収するから，その効果を利用して飛行体の温度上昇を防ぐ方法もある．また，飛行体のまわりの空気は高温のために化学変化を起こして空気の分子が解離したり，原子が電離したりして，比熱比も変化する．宇宙船の大気圏への再突入では，電離してできた空気のプラズマがその周囲を包むので地上との無線連絡ができなくなったりする．

図8.23はマッハ数によって飛行体の形状がどのように変わるかを示したも

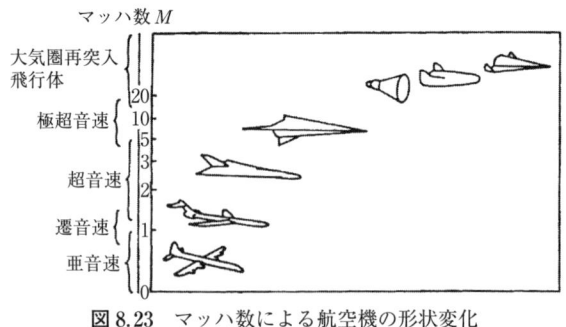

図 8.23 マッハ数による航空機の形状変化

のであるが，この図にもあるように極超音速で飛行する物体には二つの種類がある．一つは宇宙船や人工衛星のように地上に回収する，いわゆる再突入物体で，形状は先端がずんぐりしたもの（鈍頭物体）が用いられる．これは抗力係数を大きくして減速をはかるためである．もう一つは極超音速飛行機で，こちらは逆にできるだけ抗力係数を小さくしなければならないから先端のとがった薄い翼，細い胴体を用いる必要がある．

演 習 問 題

1. 20℃の静止した空気中を微小な物体が一定の速度で直線飛行をしている．この物体が生ずるマッハ円錐の半頂角（マッハ角）が30°であるとき，物体の速度は何程か．
 (686.5m/s)

2. 亜音速機には図8.27(a)のような流線形の翼型が用いられるが，超音速機に用いられる翼型の中には図(b)のように翼の表面に角があるダイヤモンド翼型がある．なぜ，(a)の翼型は超音速機に用いられないのか．また，なぜ，(b)の翼型は亜音速機に用いられないのか．理由を述べよ．
 （略）

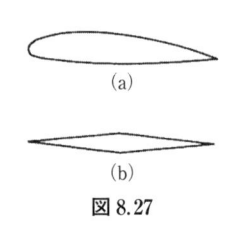

 図 8.27

3. 飛行機が1,000km/hの速度で，(i) 1,000m，(ii) 10,000mの高度を飛んでいる．機体の先端に生ずる温度は何程か．また，2,000km/hで飛んでいるときはどうか．ただし，大気温度は地上で15℃，100m昇るに従って0.65℃の割合で減ずるものとする．
 ((i) 320.1K, 435.3K, (ii) 261.6K, 376.8K)

4. 飛行中のある瞬間におけるロケットの全質量を M，速度を V とする．
   (i) ロケットは微小時間 dt の間に $-dM$ のガスを噴射して dV だけ速度が増す．ロケットに対するガスの噴出速度 V_j は一定で，重力および空気抗力は考えないものとすると

   $$dV = -V_j \frac{dM}{M}$$

   が成り立つ．この式を導け． (略)

   (ii) M_0 をロケットの最初の質量（すなわち，$V=0$ における質量）とすると，上式の積分は

   $$V = V_j \ln \frac{M_0}{M}$$

   となる．最初の質量が100N（うち30Nが燃料と酸化剤）で，毎秒3Nの割合で噴射し，噴出速度が4,000m/sであるとすれば，発射後8秒のロケットの速度は何程となるか． (1,098m/s)

5. 図8.24の凹壁を曲がる流れにおいて，$q=1,200$m/s，$p=100$kPa，$T=288$K のとき衝撃波後の $\hat{p}$，$\hat{T}$ を求めよ．ただし，$\beta=30°$，$\gamma=1.4$，$R=287$J/(kg·K) とする． (347kPa，433K)

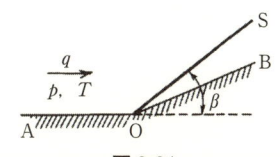

図 8.24

参 考 図 書

1. John J. Bertin, Michael L. Smith : Aerodynamics for Engineers. (Second Edition) Prentice Hall, 1989
2. Bernard Etkin : Dynamics of Flight, Stability and Control. John Wiley & Sons, 1959
3. 加藤寛一郎・大屋昭男・柄沢研治『航空機力学入門』東京大学出版会、1982

索　引

ア　行

IAS	38
ISA	71
ICAO	71
亜音速	12
亜音速前縁	289
亜音速流	276
アスペクト比	77
アッケレートの理論	127
圧縮性	21
圧縮性の影響	122
圧縮性流体	33
圧縮率	22
圧力係数	45
圧力勾配	47
圧力抗力	56
圧力中心	80
圧力中心係数	81
圧力分布	44
後曳き渦	132
アブレーション	293
安定軸系	230
位置誤差	38
ウイングレット	167
渦	38
渦糸	41
渦管	41
渦格子法	149
渦線	41
運動方程式	227
運用上昇限度	255

STOL	3
HTA	1
LTA	1
エレボン	225
エンタルピー	17, 21
エンテ型	205
エントロピー	17
オイラーの運動方程式	231
オージー翼	76, 165
オートジャイロ	5
音の壁	129, 287
音速	21
音波	278

カ　行

外圏	69
回転翼	4
重ね合わせの原理	50
風軸系	230
片揺れ	196
片揺れ角	206
下反角	80
滑空角	257
滑空距離	257
滑空性能	256
可変後退翼	290
可変ピッチ–プロペラ	251
カルマン–チェンの法則	125
カルマン–トレフツ翼	104
カルマン–トレフツの翼型	100
干渉抗力	176
慣性乗積	228
慣性モーメント	228

完全気体 ……………………………… 17
完全流体 ……………………………… 13
カンバー ……………………………… 79
カンバー・ライン …………………… 79

気温減率 ……………………………… 69
幾何平均翼弦 ………………………… 76
気球 …………………………………… 4
機体軸系 ……………………………… 230
気体定数 ……………………………… 17
岐点 …………………………………… 16
岐点圧 ………………………………… 32
境界層 ………………… 14, 16, 26, 114, 115
境界層制御 …………………………… 170
境界層板 ……………………………… 160
極曲線 ………………………………… 86
局所負荷係数 ………………………… 94
極超音速 ………………………… 12, 293
きりもみ ……………………………… 216
機力操縦 ……………………………… 221

空気合力 …………………… 54, 80, 81
空力加熱 …………………… 16, 290, 291
空力干渉 ……………………………… 176
空力中心 ……………………………… 83
空力特性の推定 ……………………… 179
空力平均翼弦 ……………………… 76, 77
クエットの流れ …………………… 25, 41
クッタ−ジューコフスキーの
　定理 …………………… 42, 48, 54
グライダー …………………………… 4

軽航空機 ……………………………… 1
形状抗力 …………… 13, 14, 56, 114, 146

降下角 ………………………………… 258
降下率 ………………………………… 258
航空機 ………………………………… 1
校正対気速度 ………………………… 38

航続距離 ……………………………… 259
航続係数 ……………………………… 259
航続時間 ……………………………… 259
航続性能 ……………………………… 259
航続率 ………………………………… 259
後退角 …………………………… 78, 160
後退角の効果 ………………………… 160
後退翼 ……………… 76, 155, 158, 160, 163
後流 …………………………………… 15
後流渦 ………………………………… 132
抗力 …………………………………… 55
抗力曲線 …………………………… 85, 86
抗力係数 …………………………… 13, 55
抗力発散マッハ数 …………… 126, 161
国際標準大気 ……………………… 27, 71
国際民間航空機関 …………………… 71
極超音速風洞 ………………………… 66
固定ピッチ・プロペラ ……………… 251
固定翼 ………………………………… 4

サ　行

最小抗力係数 …………………… 86, 118
最小有害抗力係数 …………… 177, 244
最大揚力係数 ………………………… 86
最良上昇速度 ………………………… 254
先細比 ………………………………… 77
サザーランドの公式 ………………… 27
差動補助翼 …………………………… 224
3次元翼 ……………………………… 87
3次元翼理論 ………………………… 43
3次元流 ……………………………… 45

ジオポテンシャル高度 ……………… 71
次元解析 …………………………… 56, 57
指示対気速度 ………………………… 38
実在流体 …………………… 14, 47, 49
失速 ……………… 3, 86, 113, 119, 158
失速角 ………………………………… 86
失速速度 ……………………… 268, 270

索　引

実用上昇限度 …………………… 255
質量流束 ………………………… 29
質量流量 ………………………… 29
自転 ……………………………… 159
写像関数 ………………………… 100
自由渦 …………………………… 133
縦横比 …………………………… 77, 146
縦横比の影響 …………………… 146
重航空機 ………………………… 1
ジューコフスキー翼 …………… 99
主軸系 …………………………… 230
循環 ……………………………… 38, 42
循環流 …………………………… 38
衝撃波 …………………………… 12, 274
衝撃波角 ………………………… 275, 284
衝撃波層 ………………………… 293
昇降舵 …………………………… 219
上昇角 …………………………… 253
上昇性能 ………………………… 253
上昇速度 ………………………… 253
上昇率 …………………………… 253
状態変化 ………………………… 18
状態方程式 ……………………… 17
状態量 …………………………… 17
上反角 …………………………… 75, 80, 207, 208
上反角効果 ……………………… 207, 209
上昇限度 ………………………… 255
擾乱の伝播 ……………………… 273
ジョーンズの翼理論 …………… 166
真対気速度 ……………………… 38
振動数方程式 …………………… 237

吸込み翼 ………………………… 172
垂直衝撃波 ……………………… 278
垂直尾翼 ………………………… 206
垂直尾翼容積 …………………… 206
垂直離着陸 ……………………… 3
水平定常飛行 …………………… 243
水平尾翼 ………………………… 202

水平尾翼容積 …………………… 205
推力パワー ……………………… 181
ステルス性 ……………………… 186
ストレイク ……………………… 186
ストレーキ ……………………… 186
スポイラー ……………………… 224
スラット ………………………… 172
スロット ………………………… 171
寸法効果 ………………………… 60

正圧 ……………………………… 2, 38
静圧 ……………………………… 32, 55
静圧管 …………………………… 34
静安定 …………………………… 194
成層圏 …………………………… 69
静的浮力 ………………………… 1
静的揚力 ………………………… 1
絶対温度 ………………………… 17
絶対上昇限度 …………………… 255
絶対迎え角 ……………………… 137
ゼロ揚力角 ……………………… 86
全圧 ……………………………… 32
遷移 ……………………………… 117
遷移点 …………………………… 15, 59, 116
遷移レイノルズ数 ……………… 116
遷音速 …………………………… 12, 276
遷音速エーリア・ルール ……… 184
遷音速面積法則 ………………… 183
全機の抗力係数 ………………… 176
先尾翼式 ………………………… 205
前翼式 …………………………… 205

総圧 ……………………………… 32
相似則 …………………………… 56, 59
操縦性 …………………………… 218
造波抗力 ………………………… 13, 185, 275
層流境界層 ……………………… 15
層流剥離 ………………………… 120
層流翼型 ………………………… 119

速度勾配 25
速度プロファイル 26
束縛渦 133
ソニック・ブーム 129

タ 行

大気 69
対気速度 37
対気速度計 37
対称翼 79
体積弾性率 22, 23
対地速度 37
ダイヤモンド翼型 79
対流圏 69
楕円翼 76, 140, 141
タックアンダー 128
ダッチロール 216
縦運動 196
縦の静安定 199
縦揺れ 196
縦揺れモーメント 82
縦揺れモーメント係数 82, 86
ダランベールの背理 13, 46, 48, 113
短距離離着陸 3
短周期モード 239
断熱可逆変化 18
断熱変化 18, 19
断熱方程式 19

地上滑走距離 268
着陸距離 269
着陸速度 270
中立安定 194
超音速 12
超音速前縁 289
超音速流 275, 276
長周期モード 239

釣合い離陸滑走路長 269

TAS 38
定常流 27
定速プロペラ 252
テーパー比 77
テーパー翼 76, 77, 142, 143
デルタ翼 76, 163
電離圏 69

動圧 32
動安定 194
等エントロピー変化 281
等温変化 18
等角写像 99
等価軸パワー 181
胴体の抗力係数 182
動的空気力 54
動的浮力 1
動的揚力 1
動粘性係数 16, 58
ドーサル・フィン 207
鈍頭物体 294

ナ 行

内部エネルギー 17, 20
流線 27
斜め衝撃波 278

2次元翼 78
2次元翼理論 88
2次元流 45
ニュートンの摩擦法則 26

捩り下げ 80, 160
粘性 13, 24
粘性係数 16, 25, 115
粘性率 25
粘性流体 14
粘度 25

ハ　行

薄翼の数値解析法 …………………… 98
薄翼理論 …………………………… 43, 88
剝離 ……………………………… 47, 114, 120
剝離点 ………………………………… 47
バズ …………………………………… 128
馬てい形渦 …………………………… 133
バフェッティング …………………… 128
バンク角 ………………………… 208, 222
伴流 ……………………………… 13, 15, 114
伴流抗力 ……………………………… 14

BLC …………………………………… 170
ビオ・サバールの法則 ……………… 43
飛行機 ………………………………… 4
飛行機効率 …………………………… 178
飛行機の動安定 ……………………… 210
飛行機の横すべり …………………… 208
飛行船 ………………………………… 4
飛行力学 ……………………………… 196
微小擾乱法 …………………………… 232
比体積 ………………………………… 18
ピッチング …………………………… 196
ピッチング・モーメント …………… 82
必要推力 ……………………………… 243
必要スラスト ………………………… 243
必要パワー …………………………… 248
非定常流 ……………………………… 27
ピトー管 ……………………………… 34
ピトー静圧管 ………………………… 34
比熱比 …………………………… 19, 21
標準大気表 …………………………… 73

負圧 ……………………………… 2, 38
VLM ………………………………… 149
VTOL ………………………………… 4
フィレット …………………………… 176
風圧中心 ……………………………… 80

風圧中心係数 ………………………… 81
風洞 …………………………………… 59
フォン・ミーゼスの翼型 …………… 101
吹下ろし角 …………………………… 135
吹下ろし速度 ………………………… 134
吹出し翼 ……………………………… 172
復元性 ………………………………… 193
復元力 ………………………………… 193
フゴイド運動 ………………………… 240
普遍気体定数 ………………………… 18
フライング・テール ………………… 221
フラッター …………………………… 128
フラップ ………………………… 169, 171
フラッペロン ………………………… 225
プラントル－グラウワートの法則 … 124
プラントル－マイヤー膨張 ………… 277
ブレゲーの式 ………………………… 264
プレナム・チャンバー ……………… 65
プロペラ効率 …………………… 180, 251

ヘリコプター ………………………… 5
ベルヌーイの定理 …………………… 29
偏向角 …………………………… 278, 284
ベンチュリ管 ………………………… 36

方向静安定 …………………………… 206
方向舵 ………………………………… 219
膨張波扇 ……………………………… 277
補助翼 ………………………………… 219
補助翼の逆利き ……………………… 224
ボルテックス・ジェネレーター …… 170

マ　行

マグナス効果 ………………………… 51
摩擦応力 ………………………… 24, 25, 55
摩擦抗力 ……………………… 13, 14, 24, 56, 114, 146
摩擦抗力係数 …………………… 115, 116
マッハ角 ……………………………… 274
マッハ数 …………………… 11, 58, 273

迎え角……………………………………… 80

ヤ 行

矢高………………………………………… 79

有害抗力…………………………………… 175
有害推力…………………………………… 245
有害パワー………………………………… 249
有限翼………………………………………… 87
有効迎え角………………………………… 135
U字渦……………………………………… 133
誘導抗力…………………… 131, 135, 136, 146, 175
誘導推力…………………………………… 245
誘導パワー………………………………… 249
誘導迎え角………………………………… 135

揚抗比…………………………………… 3, 86
揚抗比曲線………………………………… 86
揚力………………………………………… 1, 55, 81
揚力曲線………………………………… 85, 86, 148
揚力傾斜………………………………… 86, 163
揚力係数………………………………… 55, 82, 96
揚力勾配…………………………………… 86
揚力線理論………………………………… 136
揚力面理論………………………………… 148
翼…………………………………………… 2
翼厚………………………………………… 79
翼型……………………………………… 2, 78
翼型抗力…………………………………… 113
翼型の表し方……………………………… 104
翼型の空力特性…………………………… 112
翼型理論…………………………………… 88
翼弦…………………………………… 76, 79
翼効率……………………………………… 139
翼端渦……………………………………… 132
翼端板……………………………………… 167
翼端失速…………………………………… 158
翼断面……………………………………… 78

翼幅荷重…………………………………… 245
翼面荷重…………………………………… 169
横運動……………………………………… 196
横すべり角………………………………… 209
横揺れ……………………………………… 196
余剰推力…………………………………… 255
余剰パワー………………………………… 254
よどみ点……………………… 16, 23, 32, 53
よどみ点圧………………………………… 32
よどみ点温度……………………………… 290

ラ 行

ラウスの安定判別条件…………………… 238
らせん不安定……………………………… 216
ラバール・ノズル………………………… 66
乱流境界層………………………………… 15

理想気体…………………………………… 18
理想迎え角………………………………… 94
理想流体…………………………………… 13
離着陸性能………………………………… 266
流管………………………………………… 28
流体粒子…………………………………… 28
利用パワー………………………………… 248
離陸滑走路長……………………………… 268
離陸距離…………………………………… 268
離陸速度…………………………………… 268
臨界点速度………………………………… 269
臨界マッハ数……………………………… 275
臨界レイノルズ数………………………… 116

レイノルズ数……… 15, 47, 58, 62, 113, 115
レンズ翼…………………………………… 287
レンズ翼型………………………………… 79
連続の式…………………………………… 29

ローリング………………………………… 196

〈著者略歴〉

牧野光雄 (まきの・みつお)

　1960 年　日本大学理工学部機械工学科卒業
　1966 年　日本大学大学院理工学研究科博士課程修了
　1967 年　工学博士
　1973 年　日本大学理工学部助教授
　1977 年　日本大学理工学部教授（航空宇宙工学科）
　2001 年　日本大学名誉教授

航空力学の基礎（第 3 版）

1980 年 2 月 29 日　初　版 第 1 刷
1987 年 4 月 25 日　初　版 第 7 刷
1989 年 4 月 7 日　第 2 版 第 1 刷
2011 年 2 月 22 日　第 2 版 第 22 刷
2012 年 6 月 28 日　第 3 版 第 1 刷
2022 年 2 月 23 日　第 3 版 第 7 刷

　　　　　　　著　者　牧野光雄
　　　　　　　発行者　飯塚尚彦
　　　　　　　発行所　産業図書株式会社
　　　　　　　　　〒102-0072 東京都千代田区飯田橋 2-11-3
　　　　　　　　　電話　03(3261)7821(代)
　　　　　　　　　FAX　03(3239)2178
　　　　　　　　　http://www.san-to.co.jp
　　　　　　　装　幀　菅　雅彦

　　　　　　　　　　　　　　　印刷・製本　平河工業社

© Mitsuo Makino　2012
ISBN978-4-7828-4104-4 C3053